科学新视角丛书

新知识　新理念　新未来

身处快速发展且变化莫测的大变革时代，我们比以往更需要新知识、新理念，以厘清发展的内在逻辑，在面对全新的未来时多一分敬畏和自信。

巨浪来袭

——海面上升与文明世界的重建

［美］杰夫·古德尔（Jeff Goodell） 著

高 抒 译

上海科学技术出版社

图书在版编目（ＣＩＰ）数据

巨浪来袭 : 海面上升与文明世界的重建 / （美）杰
夫·古德尔（Jeff Goodell）著 ; 高抒译. -- 上海 :
上海科学技术出版社，2021.3（2022.12重印）
（科学新视角丛书）
书名原文: The Water Will Come: Rising Seas,
Sinking Cities, and the Remaking of the Civilized
World
ISBN 978-7-5478-5246-0

Ⅰ. ①巨… Ⅱ. ①杰… ②高… Ⅲ. ①全球变暖—研
究 Ⅳ. ①X16

中国版本图书馆CIP数据核字(2021)第034047号

————————————————————————————————————

THE WATER WILL COME: Rising Seas, Sinking Cities, and the Remaking of the
Civilized World by Jeff Goodell
Copyright © 2017 by Jeff Goodell
This edition published by arrangement with Little, Brown and Company, New
York, New York, USA. All rights reserved.

上海市版权局著作权合同登记号　图字：09-2019-166 号

封面图片来源：视觉中国

巨浪来袭
——海面上升与文明世界的重建

［美］杰夫·古德尔（Jeff Goodell） 著
高　抒　译

上海世纪出版（集团）有限公司
上海 科 学 技 术 出 版 社　出版、发行
（上海市闵行区号景路159弄A座9F–10F）
邮政编码 201101　　www.sstp.cn
上海盛通时代印刷有限公司印刷
开本 787×1092　1/16　印张 19.25
字数 240千字
2021年3月第1版　2022年12月第2次印刷
ISBN 978-7-5478-5246-0 / N·216
定价：59.00元

译者序

　　杰夫·古德尔（Jeff Goodell）担任北美《滚石》杂志特约编辑，曾出版多部科普著作，受到读者的广泛赞誉。他的书知识点较多，从地理、考古、科技到人类社会，涉及面很广，而且注重细节刻画，读起来如同身临其境一般。他的这本《巨浪来袭——海面上升与文明世界的重建》一书的主题是未来海面上升、风暴加剧及其对社会造成的影响。同时，本书也涉及一些目前尚在争论的科学问题。在此，让我们先浏览一下全书要点，然后来谈谈书中提到的海面上升、风暴加剧等问题的科学研究进展。

　　古德尔首先以"亚特兰蒂斯情境再现"为切入点，把未来将要发生的变化与西方文化中的亚特兰蒂斯联系起来。亚特兰蒂斯，又称为大西洲，它的传说最早来自古希腊哲学家柏拉图的记述：古时候在大西洋一个大岛上曾有一个建筑宏伟、城市结构严谨的神奇国度，但一场突如其来的海啸吞没了海岛，这个盛极一时的文明国度从此沉入大海。然而，传说中的情境却很快要在美国富庶的海滨城市迈阿密重现了："2037 年一场飓风过后，迈阿密海滩的枫丹白露酒店大堂里名气不小的蝶形领结图案地板上堆了一英尺厚的沙，一头海牛尸体漂浮在摇滚歌星猫王曾经享用过的那个泳池里。"

这是怎么回事？古德尔从海面上升、风暴加剧风险最大的城市之一的迈阿密入手，展开了他的论题。亚特兰蒂斯虽然只是个传说，但海面变化、沧海桑田却是历史上真实发生过的。就在迈阿密这个地方，外来居民到来之后所记载的岸线变化、岛屿消长、海滩形成、沼泽地淤积、风暴潮袭击等现象，已经成为环境变化的常态。

那么，曾经是一片沙洲、潟湖和沼泽地的迈阿密为何能成为一个梦幻般的城市？早先来到这里的人们，最初只是想开垦土地种庄稼，但后来有人从海滩里看到了商机，于是修建了通往沙洲的桥，在海滩边建起了高楼大厦，后来又排干了沼泽地的水，建成住宅区，一座海滨度假旅游城市快速兴起，房地产业蒸蒸日上。所以说，迈阿密是依靠现代工程手段才开发起来的，这里的人们也由此在海边过起了免受风暴灾害威胁的悠闲生活。

然而，迈阿密的持续繁荣却受到了气候变化的威胁。古德尔跟随科学家来到格陵兰岛实地考察，他看到了冰川后退、冰盖融化和气温上升，对气候变暖有了切身体会。"春江水暖鸭先知"，地球的两极对气候变暖最为敏感，所以当生活在上海的人们刚开始感受到夏季更热、台风更强的时候，北极圈里的人们早就生活在新的气候状态下了。对于远在热带的迈阿密而言，北极地区发生的变化有着远程影响。极地冰盖融化，淡水流入海洋，海面就要上升，单是格陵兰冰盖的融化，就会使全球海面平均上升 6 米以上（幸好目前尚未全部融化）。全球变暖也使得低纬地区热能聚集，从而形成更强的风暴，美国东海岸近年来就遭受了历史上罕见的强飓风侵袭。迈阿密在这种情况下首当其冲，成为全球海岸灾害风险最大的城市之一。以后这座城市还能继续成为大海里的诺亚方舟吗？书中打了一个大问号。

　　问题不仅出在迈阿密，它是全球性的，涉及政治、经济、军事、社会和海岸城市安全以及岛屿国家生存条件等各个方面。

　　阿拉斯加州是美国的油气资源开发基地之一，而现在气候变化成了一个棘手的问题。如果扩大能源开采，就会增加大气中的二氧化碳排放，加剧全球变暖，但能源开发又是本地的经济支柱，除非有国家补助，否则油气只能继续开采。奥巴马总统造访阿拉斯加州时，讲了气候的重要性，但并未指明国家要为该州的经济买单。古德尔采访了这位美国总统，在采访中，古德尔追问道，气候变化是已知的事实，问题是联邦政府该如何应对？而奥巴马总统却说气候变化的确重要，但在他的总统任期内只能解决最迫切、最明显的问题。古德尔暗示，在美国的管理体制内，从联邦政府到地方政府，这个问题难以解决。

　　说到明显的问题，就必须提到房地产。沿海城市的房地产是经济发展的重要组成部分。为了应对风暴加剧，美国给不同的风险等级区域划定了不同的房地产保险补助等级，但这又带来了新问题。例如，分区划线的两侧，房地产的情况差不多，却被人为分割成不同的保险补助等级区块。人们用一辈子的积蓄买来的房产，如何保障是个大问题，一旦出现抛售、逃离，这些城市的经济在风暴到来之前就要垮了。

　　迈阿密的情况是，由于海滩经济的重要性，海滩后侧无法抬高海堤的高度，而市区地面高程的提升更是受到资金来源的限制而无法动工。当然，用工程措施来保护城市可能是一个选择，但实施起来却存在很多问题。首先，海堤造价很高，以美国纽约当下正在实施的海堤加固工程为例，未来随着海面进一步上升，费用将达到难以解决的天文数字。此外，建造的防风暴潮设施不一定起作用，古德尔用威尼斯的"摩西水闸"来举例子：人们想依靠看上去很高大上的"摩西水闸"工程技术来抵御未来的风暴潮灾害，但实际上是不可行的。

　　海面上升，对那些建在珊瑚礁岛上的小国会是一场大灾难。所以，在巴黎气候谈判大会上，人们提出了这个问题。由于发达国家二氧化碳的排放量最大，那么他们对于岛国的命运是否应该承担一定的责任？像马绍尔群岛共和国，美国过去在该国做过核武器试验，为此接收了一部分移民到美国，现在遇到海面上升问题，也应该同样施以援手。

美国海军也受到了海面上升的影响。主要的海军基地诺福克现在经常受到风暴潮影响，而要想重建，又缺乏资金。海军作为国家重器尚且遭遇困境，社会上由于气候因素而加剧的贫富分化问题就更加难以解决了。在非洲的穷国，城市拥挤不堪，尼日利亚首都拉各斯就是如此。这里正在新建富人居住的"大西洋新城"，而拉各斯旧城的数百万人居住在破旧的房屋里，每次潮水上来都会淹没地面。住在水边贫民窟里的人们，可能是未来大量气候难民的一个源头。

面对种种问题，有什么对策？古德尔在本书里建议的对策是"有计划地撤离"。这实际上是西方不少国家所考虑的，比如英国就提出了"管理有序地向岸边撤离"思路。既然迈阿密沉没是不可避免的，那么弃城而走可能是一种合乎理性的选择，但这意味着要撤出资金和财产、安排沿海城市基础设施使用的过渡期、在新地方安置人口。这一切需要较长的时间准备和较多的经费投入，而政府决策却迟迟不能到位。

在人类历史的长河中，将要来临的海面上升事件虽然对当事人的影响会很大，但最终不过是一个插曲。在本书的后记里，古德尔以轻松、浪漫的笔触，刻画了迈阿密城淹没很多年之后的一幕：人们潜入水下的城市，搜寻保龄球、不锈钢餐刀、高尔夫球棍、瓷砖等物品，然后感叹道，当初确实有人在这里生活过。

在古德尔的独特视角里，气候变化能带来这么多故事，引发这么多需要思考的社会问题。然而，作为海面变化和风暴潮灾害的研究者，我也想指出，目前气候变化尚是一个争论中的热点问题，科学家们持有不同的看法。

　　首先，关于气候变化及其影响因素，如人类活动作用的大小，目前科学界还有不小的争议。过去几十年的观测结果表明，全球气候正在变暖，具体表现为两极冰盖融化、高纬地区夏季气温上升、中低纬地区极端风暴事件频发等现象。与此相伴的是大气中二氧化碳浓度自1962年开始记录以来逐年升高，这引发了科学家之间的激烈争论。一派人认为，这段时间的气候变暖是人类活动的结果，大量使用石油、天然气、煤炭是大气中二氧化碳浓度上升的原因。而另一派人则说，地球历史上有不同周期、不同变幅的气候和海面变化，即便没有人类活动，也有比现在暖得多的时候，由此可见，气候是按照其本身的节律变化的，与二氧化碳没有关系。所以，无论二氧化碳浓度怎样升高、气候如何变暖，都没有理由要对这些变化感到恐慌，人类的生活该怎么过还怎么过就可以了。

　　上述两种对立的观点所指向的是社会管理措施的不同，而古德尔本人是赞同前一种观点的。所以他在本书第3章里说，他所讨论的问题有不少都是在这个前提下才产生的。例如，如果当前气候变化确实是人类活动的结果，那么富国由于在历史上使用了最多的化石燃料，理应对此承担责任，包括对穷国的援助，而有关巴黎协定内容、气候难民等建议都是基于这个观点而产生的。否则，富国对穷国的援助就只不过是出于人道主义考虑而已。可见，气候变化是否是人类自身造成的这个问题对全球政治有很大的影响。在科学争论没有结束之前，人类应该如何应对气候变化，需要有多方均可接受的方案。

　　其次，海面和风暴变化也有不确定性。目前的不确定性来自两极冰盖动态，有些研究者认为，格陵兰冰盖未来会加速融化，最终全部融化时会使海面上升6米多，而何时全部融化还不得而知。气候变暖带来的海面上升是事实。根据全球潮位观测站数据分析和模型计算，南北两极冰盖融化、海水因升温而导致体积增大，诸如此类的因素使得全球平均海面以每年数毫米的速度上升，加上有些地区（如长江三角洲地区）还受到地面沉降和大洋环流增强或减弱的影响，因此按照当地的参照系，海面上升的速度就更快了。一般认为，2050—2080年，海面变化较大的地方将上升 0.5～1.0 米。

气候变暖条件下风暴潮灾害演变也是个复杂的问题。大气变暖，使得其中所含的热能增加，因此风暴会更加猛烈。虽然这是可以预计的，但问题在于，热带风暴以及冬季风暴具有纬度和经度地带性，即在空间分布上是有差别的。那么在气候变暖的条件下，风暴空间分布格局会变化，强风暴可能产生纬向和经向迁移，因此尽管有风暴增强的总体趋势，但各地的情况可能有所不同，风暴出现频率可能提高也可能降低，风暴强度可能加大也可能减小。近年来，全球各地确实有不同变化情况的报道。例如，有的研究者认为，上海地区未来台风的数量将会减少，但强度将会提高。但是目前已经获取的观测数据，其时间序列过短，不足以给出明确的趋势。

海面上升幅度和风暴动态预测的不确定性，给未来的海岸防护带来了困难。如果海堤不加固，未来风暴潮灾害将造成巨大损失，而如果决定加固海堤而风暴却没有加剧，投资就浪费了，这是个两难问题。古德尔在书中多次提到海岸防护的难题，用巨额投入来解决一个可能是虚无缥缈的问题，比如纽约的海堤、威尼斯的"摩西水闸"，似乎不太靠谱。

最后，对于未来海面上升、风暴加剧，应如何采取行动？本书作者古德尔以迈阿密为例，提出从海岸线向内陆撤退。古时候，人们的财富很少，搬个地方照样过日子。但现在却不同，社会财富在沿海城市集聚，不能说搬就搬，港口等大型基础设施的搬迁撤退就存在很大的困难。又如，荷兰的国土大多位于海岸低地，无处可退，因此该国也不准备采取撤退策略，而是提出了加固海堤，使其能够抵挡千年一遇风暴的国策。我国也是如此，长三角、珠三角是国家经济发展的重点区域，不到万不得已不能撤退，因此要划分未来海面变化、风暴加剧的不同阶段，制定相应的对策。在21世纪内，加固海堤应成为主要的防护措施。

想要加固海堤，那么前述的强风暴何时发生和建设是否会投资过高的两难问题又出现了。既要降低海堤成本，又要有效防范未来风暴，这个难题的可能解决方案之一是建设绿色海堤。为了防范风暴潮，以往传统的海堤必须修得高大、坚固，投资必然惊人。而如果采用两道海堤，分别针对高水位和大浪，那么就可允许降低挡水海堤的坚固程度，而抗浪海堤的高度也无需过高，这样就能减少建设成本。同时，两道海堤之间的区域和抗浪海堤之外的地方可以布设盐沼湿地，进一步利用海岸生态系统抵挡风浪，从而保护海堤，同时也能促进生态建设。总之，应对未来海面变化，海堤建设要依靠更加先进的科学技术手段。

高　抒

2020 年 7 月 16 日

于华东师范大学闵行校区教师公寓

目 录

亚特兰蒂斯情境再现

2037年一场飓风过后，迈阿密滩（Miami Beach）*的枫丹白露酒店（Fontainebleau Hotel）大堂里著名的蝶形领结图案地板上铺满了1英尺（1英尺=0.304 8米）厚的沙，一头海牛尸体漂浮在摇滚歌星猫王曾经享用过的泳池里。飓风带来的主要损失，其实不是由每小时175英里（1英里=1.609千米）的风力造成的，而是由于20英尺高的风暴潮淹没了这座地势低洼的城市。在迈阿密南海滩（South Beach），那些具有装饰派艺术风格（Art Deco）的历史建筑群被大浪冲得偏离了地基。洪水淹到了星岛（Star Island）上豪宅的雕花玻璃门把手。从著名的海滩景区通往佛罗里达州劳德代尔堡（Fort Lauderdale）的A1A高速公路，有17英里长的一段被大西洋的海水没过。建在弗吉尼亚岛（Virginia Key）上的污水处理厂被摧毁了，迫使整个城市把数亿加仑（1加仑=3.785升）未经处理的污水倾倒进了比斯坎湾（Biscayne Bay）。卫生棉条、避孕套散落在海滩上，臭气熏天的粪便更

---

* 迈阿密滩是美国佛罗里达州迈阿密市管辖的一个街区。——译者注

是引发了人们对霍乱流行的恐慌。300 多人死亡，其中不少人是被涌入迈阿密滩和劳德代尔堡的海水卷进大海的，还有 13 人死于匆忙逃离城市时发生的交通事故。他们之所以企图逃走，是因为听信了一则假新闻，说是建在迈阿密以南 24 英里处的土耳其角（Turkey Point）的一座老旧核电站已经被风暴严重损毁，并向城市的上空释放了一大朵饱含放射性物质的蘑菇云。

　　美国总统依然以他惯常的方式说道，迈阿密会恢复的，美国人不会放弃，这座城市将比以前建得更好、更强。但是明眼人都知道，这次风暴标志着迈阿密这座曾经繁荣过的 21 世纪城市开始走向衰落。

　　所有的强飓风都是灾难性的，但这一次出乎意料的糟糕。此时的海面比 21 世纪初的时候抬高了 1 英尺多，甚至在这次飓风来袭之前，南佛罗里达州大部分地区的水位已经有所抬升，环境变得相对脆弱。由于水位较高，风暴潮向该地区推进的范围超出了人们的想象，海水沿着排水沟渠上溯，淹没了距离海岸几英里远的住宅和商店。尽管跑道地面才加高不久，迈阿密国际机场还是关闭了 10 天。灌进城市的海水使得地下电线短路，导致迈阿密戴德县（Miami-Dade County）部分地区连续数周处于黑暗之中。海水还污染了城市的饮用水，数千名无家可归的人只好争相抢夺美国国民警卫队（National Guide）空投的瓶装水解渴。在周边泥泞的地方，携带着寨卡病毒和登革热病毒的蚊子成群孵化出来。公共卫生官员曾经希望通过给雄性蚊子注射沃尔巴克氏菌（Wolbachia）来抑制病毒的传播，但现在看来完全不管用，因为携带病毒的埃及伊蚊（Aedes aegypti）对这种细菌已经产生了耐药性。迈阿密戴德县南部的霍姆斯特德（Homestead）地势低洼，劳工居多，曾经被 1992 年的飓风"安德鲁"（Hurricane Andrew）所夷平。此时，推土机推平了那里几千座废弃的房屋，人们认为如果不这样做，肯定会引发公共卫生灾难。在迈阿密岸边，开发商们找到市政官员，要求买下整个街区被水淹没的公寓，然后把街道挖成水道，两侧可供家用小艇停靠。不过，这些工程所需的经费一直都没有着落。

飓风来袭之前，不断上升的海面已经把市政府和县政府的经费预算弄到了捉襟见肘的地步，来自州政府和联邦政府的经费也很少。造成这种情况的部分原因是，迈阿密这座许多美国人认为富裕而阔绰的大城市几十年来一直对城市建筑太靠近水边的警告置之不理。人们企盼用建造海堤、提高建筑物地面高程的办法来进行海岸防护，然而实际上雇人动工来做的只有极少数的富人。海滩也消失得差不多了。过去每隔几年就必须拿出上亿美元把新的沙子运回海滩，而如今联邦政府明确表示无法提供这笔巨额资金。在无力实施海滩填沙的同时，海面却越升越高，海滩就只能任由海浪冲蚀。到21世纪20年代末期，仅存的海滩只有那些高档酒店前的绿洲式的小片沙滩，这些都是靠富人们的私人财力来维持的。在这次风暴席卷沙滩之后，高档酒店和公寓大楼就赤裸裸地矗立在石灰岩峭壁旁边了。前来旅游的人群也失去了踪影。飓风过后，这座城市变成了贫民、精神治疗师及律师的圣地。在尚能勉强居住的地方，只有最富裕的人才有能力为房屋投保。购房贷款几乎不可能获得，主要因为银行都不相信这些房屋30年后还会矗立于此。

水位依旧在不断上升，差不多每过10年就要上升1英尺。每次的大风暴都吞没了更多的海岸线，使得海水一步步向城市逼近。在经济繁荣时期拔地而起的摩天大楼也渐渐地被废弃了，成为毒贩、野生动物走私商聚集的场所。鳄鱼在弗罗斯特科学博物馆（Frost Museum of Science）的废墟上筑窝。历史学家们特别提到，这座博物馆是以亿万富翁菲利普·弗罗斯特（Phillip Frost）的名字命名的[1]，而这位亿万富翁本人是气候变化怀疑论者。水位仍在不断上升，到了21世纪末，迈阿密变得面目全非：这座城市转变成了热门潜水地，人们在鲨鱼和表面布满藤壶的 SUV 跑车中间游泳，到水下探索那座曾经的美国大都市的残骸。

　　以上所讲述的只不过是一种可能的未来景象。当然也可以将未来想象得更加光明，或者更加黑暗。然而我本人是一位新闻记者，不是好莱坞编剧。在这本书里，我要告诉大家一个真实的故事，关于我们正在为我们自己、我们的孩子以及我们的子孙后代所造成的未来。故事的前提是：气候正在变暖，世界上的大冰盖正在融化，海面正在上升。这并不是胡思乱想，也不是一些头脑发热的科学家的假说，更不是娱乐恶搞。海面上升是我们这个时代的一个基本事实，就像重力存在那样真实。它将以绝大多数人难以想象的方式重塑世界。

　　我本人对这个故事的兴趣，始于一场真实发生过的飓风。在 2012 年的飓风"桑迪"（Hurricane Sandy）横扫纽约市之后不久，我访问了曼哈顿下东区（Lower East Side），也就是飓风来袭时遭受洪灾最严重的地区之一。我来到这里的时候，大水已经退去，但处处都能闻到腐烂的气味。供电断了，店铺关了，眼中所见一片狼藉，折断后倒下的树木、丢弃的车辆、碎屑杂物散落满地，人们从住宅的底层拖出了被毁坏的家具。在许多店铺的门窗上，黑色的水迹线清晰可见。东河（East River）水位飙升的幅度超过了 9 英尺，洪水越过海堤的顶部，淹没了曼哈顿下城（Lower Manhattan）的低洼街区。环顾四周，看着人们慢慢恢复正常的生活秩序时，我不由得想，假如来自大西洋的海水没有在几个小时后退去，而是停留在这里的话，这座城市将会变成什么样呢？

　　关于气候变化主题的写作，我已经持续了 10 多年，但看到曼哈顿下东区洪水淹没的实际情况时，我还是感到震惊不已。直到飓风"卡特里娜"（Katrina）袭击的几年之后，我才去了新奥尔良市（New

Orleans）。有关新奥尔良洪水的画面，我是在电视报道上看到的，虽然那是灾难性的，但给人的印象远没有我去过的曼哈顿下东区那么深。飓风"桑迪"来袭的前一年，我采访了美国国家航空航天局（NASA）的科学家詹姆斯·汉森（James Hansen）[2]，他是一位研究气候变化的老前辈。汉森告诉我，如果我们人类不能减少化石燃料的使用，那么到了 21 世纪末，海面的高度将会上升 10 英尺。当时，我还不能领会他话中的含义，但这次飓风之后，我终于明白了这意味着什么。

去过曼哈顿下城之后，我又转到了迈阿密，去了解这座城市赖以建成的多孔疏松的石灰岩地基和平坦地形的情况。涨潮时，在迈阿密滩附近，我在齐膝深的水中蹚行，看到海水淹没的范围向西深入劳工阶层居住区，靠近大沼泽地国家公园的边界。不需要太多的想象力，我就能感受到我现在站在了一座现代的、正在形成中的亚特兰蒂斯岛。现在我看清楚了，面对上升的海面，我们人类所做的准备工作是多么的糟糕。与全球流行病等问题不同，海面上升对人类的生存并不会产生即刻的威胁。对于古时候的人们来说，要适应海面上升，并没有什么难度，他们只要朝着陆地方向更高一些的地方迁移就可以了。不过现代社会不一样，事情变得没有那么简单。在化石燃料时代，人们所建立起来的基础设施，诸如那些海岸边的住宅和写字楼、那些公路铁路、那些隧道和机场，使得我们不能随意搬家，从而让我们更易受其影响，这真是一个令人感到惊恐而富有讽刺意味的事实。

*　*　*

海面升降是地球自古以来就有的节律之一，在地球 40 多亿年的历史里一直如此，科学家们早就知道这个事实了。在最近的地质历史时期，海面波动的幅度很大，其驱动力来自地球运行轨道的变化，它改

变了阳光入射到地球的角度和强度，导致冰期（气候较冷）和间冰期
（气候较暖）的交替出现。*12 万年以前正处在上一次间冰期，地球的
气温跟现在非常接近，但海面要比现在高二三十英尺[3]。再往后，到
了 2 万年之前，在最后一个冰期的高峰期，海面的高度要比现在低 400
英尺[4]。

　　与历史上的情形相比，如今最大的不同是我们人类开始干预这
种自然节律。人类活动导致我们这颗行星的气温上升，格陵兰岛和
南极大陆的冰盖开始融化。直到几十年前，多数科学家还认为这些
冰盖是如此巨大、如此坚不可摧，就算 70 亿人都随意使用化石燃
料，也不至于在短时期内对其造成很大的影响。但如今他们已经了
解得更透彻了。

　　在 20 世纪，整个海洋的水位大约上升了 6 英寸[5]。不过，那时人
类对化石燃料的使用尚未对格陵兰岛和南极大陆的冰盖造成很大的影
响（20 世纪有记载的海面上升现象，一半是由于海水升温引发了体积
膨胀）。如今的情况不同了，海面上升的速度是 20 世纪的 2 倍以上[6]。
随着全球变暖加剧，冰盖开始受到这份热量的影响，今后海面上升的
速率将会迅速增加。美国国家海洋和大气管理局（National Oceanic and
Atmospheric Administration）**是研究气候科学的主要机构，它在 2017 年
的一份报告中指出，2100 年全球海面上升的幅度可达 1～8 英尺甚至
更高[7]。具体的数值取决于我们以多快的速度使我们的星球增温。21
世纪之后，海面上升的趋势还将再持续若干个世纪。尽管这些预测仍
存在不确定性，但我接触到的许多科学家现在都认为，随着他们对冰

---

　　* 在地球历史上，地面较大范围被冰盖覆盖、气温较低的时期称为"冰期"，而冰盖萎缩到较小范
围、气候较暖的时期称为"间冰期"，我们现在就处于间冰期。——译者注
　　** 原文为"National Oceanic and Atmospheric Association"，应为"National Oceanic and Atmospheric
Administration"。——译者注

冻圈动力学了解的深入，其预测的海面上升幅度的上限还将继续提高。在气温方面，上升趋势线明显。2016 年是有史以来最热的一年[8]，就在我写本书的时候，北冰洋区域的气温已经比正常值高了 36℉ *[9]。

　　然而，居住在海岸边的人们知道，比海面上升幅度更重要的是海面上升的速率。如果海面缓慢上升，问题还不太大，因为人们有足够的时间垫高道路，提升建筑的基准，并建造海堤，甚至可以迁移到别处去生活。在这种情形下，海面上升的破坏性虽大，但还是在可管控的范围。可是大自然并不总是这样的温顺。在历史上，海面曾有过剧烈的上升，这是冰盖的突然垮塌所导致的。有证据表明，在最后一次冰期结束后，海面在某一个世纪里上升了约 13 英尺[10]。假如类似事件再次发生，世界各地的沿海城市将遭受巨大的灾难，数以亿计的人们将不得不逃离海岸带，这些城市的房产和基础设施被淹没后造成的损失将达到数万亿美元之巨。

　　解救沿海城市最好的办法，是立即停止焚烧化石燃料。（气候变化和人类活动的关系是本书论证的前提。本书不适合否认这个前提的人阅读。）不过，即便我们明天就禁止煤、天然气和石油的使用，也不能立即让地球这部热机马上停下来。这是因为二氧化碳不像别的大气污染物，比如雾霾里的化学物质，一旦停止排放，其含量就会立即下降。（总体来说，在汽车上安装催化式排气净化器之后，汽车尾气就干净多了。）二氧化碳不是这样，今天排放的二氧化碳会在大气层里存留数千年。也就是说，即便我们明天就减少二氧化碳的排放，以往已经排放的二氧化碳仍然会使气候继续变暖。大气科学家戴维·阿彻（David Archer）写道："化石燃料中的二氧化碳排放到大气中，所造成的气候

---

　*　原文如此。在北极区域的气温变动范围内，这相当于提高了约 15℃。但在原书第 3 章中，作者写道："过去 20 年间，北极的平均气温提高了 3℉以上"。——译者注

效应的延续时间会比英国巨石阵*的历史还长[11]，甚至比时空胶囊、核废料以及迄今为止的人类文明时期都要长。"

地球气候系统的滞后响应对于海面上升有着长期的深远影响。即便我们用滑板替代地球上的每一辆跑车，用太阳能电池替代全部的火力发电，甚至明天就把大气中二氧化碳的排放量神奇地降低到零，也没有用。热量已经在大气和海洋中聚集起来，因此海面上升的势头无法停止，除非整个地球都冷却下来，而这需要几个世纪的时间才能做到。

我的意思不是说二氧化碳减排没有任何意义。相反，如果我们能够把全球变暖的幅度控制在比工业革命前高 3℉的水平，那么在 21 世纪，我们可能只会面临海面上升 2 英尺的问题。这样的话，人们就有较多的时间来适应变化[12]。假如我们不终止化石燃料的使用，全球变暖的幅度就会超过 8℉，那会带来多大困难就不好说了。21 世纪末海面可能上升 4 英尺，也可能上升 13 英尺。长期后果甚至更加令人担忧。如果我们把这颗星球上所有已知数量的煤炭、石油和天然气全部用完，那么未来的几个世纪里海面可能上升 200 英尺以上[13]，这几乎会淹没世界上所有的主要沿海城市。

应对海面上升的棘手之处在于，人们不可能在海滩上停留几个星期就能看出端倪。现实情况是，当更大的风暴潮发生时，潮位升高时，海滩、沿海道路、海岸基础设施被逐渐淹没时，人们才会感受到海面的上升效应。即便在最坏的情形下，这些变化也是在数十年，甚至上百年的时间里发生，而不是几秒、几分、几小时内。这种威胁不是我们人类天生就能应付的。我们进化出了尽量保护自己不被持刀歹徒或

---

* 巨石阵是欧洲著名的史前时代文化神庙遗址，位于英格兰威尔特郡索尔兹伯里平原，约建于公元前 4000—2000 年（2008 年 3—4 月，英国考古学家研究发现，巨石阵比较准确的建造时间在公元前 2300 年左右）。——译者注

长着利齿的动物所伤害的能力，但我们还没有能力对眼前几乎察觉不到的威胁做出决定，而这种威胁会随着时间的推移逐渐加剧。我们距离成为那只在缓慢升温的壶水当中逐渐被煮死的青蛙，其实并不遥远。

我遇到过一位建筑师，在谈到本书所涉及的问题时，他开玩笑地说，如果有足够多的钱，就能办好任何事情。我们不妨先假设他的说法是正确的。如果有足够的钱，能把迈阿密的每一条街、每一座建筑都抬高并重建，让地面整体提高 10 英尺，那么到了 22 世纪，迈阿密这座城市就可能不会有大麻烦。然而，我们生活的世界还真没有达到"钱不是问题"的地步。关于海面上升的一个严酷真相是，财大气粗的国家或城市能够建得起海堤，能够更新污水处理系统，能够把建有重要基础设施的地面抬高；但财力稍差一些的地方，根本做不到这一点。就算是富裕的国家，海面上升带来的经济损失也相当高[14]。最近的一项研究表明，如果海面上升 6 英尺，那么美国价值约 1 万亿美元的房产就会被淹没在水下，包括佛罗里达州 1/8 的房产。如果不采取足够有力的行动，到 2100 年全球由于海面上升所造成的房产损失每年都会高达百万亿美元[15]。

但这不仅仅是钱的问题。将会消失的还有很多，比如第一次亲吻你男朋友时的那片海滩、孟加拉的红树林（连同生活在其中的孟加拉虎）、佛罗里达湾（Florida Bay）出没的鳄鱼、硅谷的脸书（Facebook）总部、威尼斯的圣马可教堂（St. Mark's Basilica）、南卡罗来纳州查尔斯顿的萨姆特堡（Fort Sumter）、位于弗吉尼亚州诺福克（Norfolk）的美国最大的海军基地、美国航空航天局的肯尼迪航天中心（Kennedy Space Center）、塔斯马尼亚死亡岛（Isle of the Dead）上的墓地、印度尼西亚雅加达的贫民窟、像马尔代夫和马绍尔群岛这样的国家……不久的未来，美国总统唐纳德·特朗普（Donald Trump）的"夏季白宫"——海湖庄园（Mar-a-Lago）也会消失。在全球范围内，约有 1.45

亿人生活在海面以上 3 英尺或更低的地方[16]。如果海面上升，他们中的许多人就会流离失所[17]，而且他们大多来自贫穷国家，几代人都会因此成为气候难民。如今的叙利亚战争难民危机与之相比，完全就是小巫见大巫了。

　　这里真正的未知因素不是气候科学的变幻莫测，而是人类心理的复杂性。我们将在什么时候决定采取果断的行动来终止二氧化碳污染？我们是否愿意花费几十亿美元来改换基础设施，为应对不断上升的海面做好准备？还是我们什么都不做，静候什么都来不及做的那一天？我们是否会欢迎那些从被淹没的地区和岛屿逃离来的难民？还是会把他们都关进监狱？没人知道我们现在的经济和政治体系能否应对这样的挑战。一个简单明了的事实是，人类现在已经拥有像地质营力那样可以长时间重塑整个世界的能力。这种重塑力量正在改变地表的面貌，有一些改变是我们原本不想要的，还有一些改变我们也并不完全懂得究竟是为了什么。一天又一天，一步又一步，海面持续上升，冲走海滩，侵蚀海岸，海水冲进家里、店铺里和我们做祷告的地方。地球泛洪之际，人们不得不承受巨大的痛苦和灾难。当然，这也有可能促使人们齐心协力，激发出难以想象的创造力和凝聚力。无论是哪种情况，反正水患是要来了。有一天，当我们驱车前往海滩时，迈阿密大学（University of Miami）的地质学家哈尔·万利斯（Hal Wanless）用他那低沉的《旧约》（*Old Testament*）式语气告诉我："如果你没有在建造一条船，那么你就不会明白这里发生了什么事情。"

第 1 章

最古老的故事

在科学史册里，"诺尔号"（R/V *KNORR*）[1] 是一艘有名的海洋科学考察船。"诺尔号"之所以有名气，是因为它能够经受惊涛骇浪，并且它的船首和船尾都安装了推进器，如此非同寻常的设计使其具备很强的机动性。这条 244 英尺长的钢壳船属于美国伍兹霍尔海洋研究所（Woods Hole Oceanographic Institution）。科学家们已经使用它进行了数千次的全球海洋考察，并在其中的一次航行中发现了 1912 年沉没的英国巨型豪华邮轮"泰坦尼克号"的残骸。几年前，我在这艘考察船上待了一个月的时间。航行途中最大的目的，是从北大西洋海底获得底泥样品。通过从泥区钻取岩芯，分析埋藏在泥中的海洋生物贝壳，研究者们能够更好地了解海洋过去的水温和盐度。这些参数非常重要，因为科学家们要以此来重建地球气候的历史。

我们航行的时间大多花在百慕大海隆（Bermuda Rise），这里有众多现今已不再喷发的水下火山。我们在条件适合的地方停船取样，从泥层里获得岩芯样品。有一次，我们经过了被科学家们称为"哈得孙海底峡谷"（Hudson Canyon）的地方，大约距离纽约市海岸线 100 英里远。2 万年前海面比较低的时候，哈得孙河（Hudson River）曾经注入这条峡谷。在船上的实验室里，科学家用回声探测仪实时打印出了彩色的海底峡谷图像。峡谷的景象十分奇特，从图像中可以看到，哈得孙河曾经在现今的陆架区域冲击出一条河谷，谷底呈现出台阶状的地形，两边是高耸的谷壁。海底峡谷横跨大陆架，延伸距离达 450 英里以上，最后到达了 1 万英尺的深海。本次考察的首席科学家劳埃德·凯格温（Lloyd Keigwin）看着我盯住图像的神态，解释说："哈得孙海底峡谷的规模远远超过了美国西部的大峡谷（Grand Canyon）。"

2 万年以前，在上一次冰期最冷的时候，整个世界的面貌跟现在大不相同。气温比现在低 7℉，大部分地方的空气湿度也比现在低。在北美，冰期时生活的所有动物，如我们从电影《冰川时代》（Ice Age）中得知并喜欢上的猛犸象、树懒和剑齿虎，都出没于这里的平原和森林之中。在美国西部地区，你可以从现在的旧金山城区一直步行到法拉隆群岛（Farallon Islands）。劳伦太德冰盖（Laurentide ice sheet）覆盖了加拿大的大部分地区和中西部高地，并沿着东部海岸一直延伸到纽约，冰层的最大厚度在有些地方可达数千英尺。在欧洲，从伦敦到巴黎，从北方的苏格兰一直到瑞典，全都是陆地。在亚洲，你可以从泰国步行到印度尼西亚，然后乘船前往澳大利亚。

当时的人们也的确有过这样的行动。每个美国孩子都从中学的课本里面了解到那时有过一次移民潮，人们经由亚洲和北美洲之间的大陆桥来到北美大地，为好莱坞、硅谷以及本杰里冰淇淋（Ben & Jerry's ice cream）的诞生奠定了基础。但是有关人们跨越大陆桥长途跋涉的具体时间和原因，却存在很大争议。直到最近，关于他们到达北美的时间，人们认为最佳的猜想是在大约 13 200 年前。过去许多人类学家认为这个时间不可能再提前了。虽然大陆桥早就可以通行，但北美许多地方仍然为冰盖所覆盖，所以早期的探路者不太可能从那里一路旅行，到达北美大陆的中心地带。

　　然而这种说法现在受到了挑战。2012 年，佛罗里达州立大学（Florida State University）年轻的人类学家杰西·哈利根（Jessi Halligan）带领一支潜水团队，去探索距离佛罗里达州州府塔拉哈西（Tallahassee）大约 75 英里远的奥西拉河（Aucilla River）。这是一条缓慢流动的、暗色的神秘河流，它跨越佛罗里达州北部的石灰岩高地，最终流向墨西哥湾（Gulf of Mexico）。考古学家们曾经从河里打捞上来大量野牛和剑齿虎的骨骼，还有乳齿象的骨骼和长牙。有些骨骼上刻着一些符号，看上去像是古人所为。在冰期，海洋的位置要比现在远 100 英里，而奥西拉河现在流经的区域曾是一片地势很高的稀树草原。泉水从石灰岩里冒出来，形成了一些洼地或水坑，动物们可以集中到这里喝水。海面上升以后，海水重新回到这里，这些水坑被沉积物充填起来，同时也覆盖并保存了死亡动物的骨骼。

　　2013 年 5 月，哈利根的研究团队有了一个新发现，改变了人们原先的看法。河流中有一个深坑旁边布满了乳齿象的粪便，他们在这里发现了一把两面磨光的石刀，这显然是人类制造的物品。更重要的是，当哈利根对其进行精确的碳同位素测年后，发现这把石刀的年龄在 14 500 年以上[2]。

0　　　　　　　5 cm

14 500 年之前的石制刀具，发现于佛罗里达州的奥西拉河。（照片由得克萨斯 A&M 大学首批美洲人研究中心提供）

　　这项发现有好几处重要的地方。首先，它提供了无可争议的证据，那就是人类开始在佛罗里达州这个地方生活的时间比我们过去所了解的要早了 1 000 年。虽然还有其他的证据，包括遥远的俄勒冈州和智利等地的考古遗址的器物，都表明人类在北美洲的生活时间更早，但这里的证据比以往的任何证据都更为确凿。其次，这一发现表明，这些早期的移民具有过去的研究者所没有想到的创造力和利用天然资源的能力。"我们知道，12 600 年前，阿拉斯加通往北美内陆的道路都是被冰雪所阻隔的，"哈利根说道，"让 14 500 年前的人们从亚洲跑到佛罗里达州这个地方，不能时空穿梭，也不能瞬间移动，唯一的办法就是乘船。"哈利根推测，人们当时是沿着西海岸南行，到达北美洲中部，然后横跨墨西哥湾，最终来到佛罗里达州的。如果情况的确如此，那么这些旧石器时代的人已经有能力建造船只，清楚洋流的方向，会沿着海岸线航行并在船上储藏食物和水。当然，寻找他们沿海岸向南航行的证据是非常困难的，许多史前古器物和古人宿营地现在已位于太平洋沿岸水深 300 英尺的地方。

　　至少对于本书而言，这一发现的最重要之处在于，这把两面磨光的石制刀具与末次冰期后期冰盖的突然解体在时间上是一致的。

　　科学家们把这次冰盖解体事件称为"融冰事件 1A"（Meltwater Pulse 1A）。它发生的时候，正是末次冰期结束时的变暖时期。在世界各地的珊瑚礁及其他地质遗址，科学家们发现，从 14 500 年前开始，在大约 350 年的时间里，海面开始以每 10 年 1 英尺多的惊人速度上升[3]。他们知道，这种突发性的海面上升，只能跟体积庞大的冰块崩塌联系起来，而最有可能出现这种情况的就是覆盖北美的劳伦太德冰盖或是南极洲的冰盖。科学家们还不知道这些冰盖崩塌的机理，也许是拦截劳伦太德冰盖融水的巨型冰坝的突然垮塌，或者是温暖的海水从南极洲西部的冰盖之下冲出。然而这次事件的地质证据本身是毫无疑问的，它的确发生了。

由于佛罗里达州海岸地形平坦，上涌的海水对任何居住在那里的人都会造成剧烈的影响。据哈利根估算，该地海水涌入内陆的速度是每年 500～600 英尺[4]，也就是说，每过 10 年就会有 1 英里宽的海岸陆地消失，这个速度快到站在海滩上的人们在还没剖完一条鱼的时间里就能看到海水上涌。

迄今为止的证据表明，在佛罗里达州，古人猎杀动物的行为只在很短的时间内发生过，因此哈利根猜测人们是因为海面上升而放弃了水坑。当时文字还没有被发明出来，所以自然也就没有留下文字记载。但不管发生了什么，很清楚的一点是，海水的剧烈上涌的确重塑了人们当时所生活的世界，而且他们也不是唯一遇到这种事情的人。在"融冰事件 1A"出现的时候，地球上大约有 300 万人，跟现在洛杉矶的人口数量差不多。他们过着小规模群居生活，制造工具、狩猎、养育婴儿，一步步向现代生活演化。关于海面变化，他们曾经想过什么、害怕过什么，研究者只能根据他们的宿营地、制作过的工具和散乱分布的史前古器物来推论。

当然，最明显的线索可能隐藏在他们流传下来的故事里。

* * *

尼科尔斯·里德（Nichols Reid）是一位澳大利亚语言学家，他研究的是澳大利亚原住民正在消亡的语言。20 世纪 70 年代，里德还在念本科的时候读到了一本名叫《伊迪语之文法》（*A Grammar of Yidiɲ*）的书[5]，讲的是澳大利亚北部几乎快要消失的原住民语言。尽管过去了很多年，那本书里有一句特别的话仍然让他非常在意，"然而值得注意的是，贯穿于所有海岸带伊迪人神话之中的一个主题是，海岸线曾经位于现在的大堡礁上面（事实上是在大约 1 万年以前）。后来海面上升，海岸线就退到了现在的位置。"在里德的脑海里有一个想法多年来一直挥之不去：是否有可能在 1 万年前确有一个海面上升事件，由此构成了原住民神话的基础？

2014 年，里德把他的想法告诉了他的同事帕特里克·纳恩（Patrick Nunn），一位研究太平洋海面上升相关课题的海洋地质学家。纳恩建议，如果神话里的情节具体、清晰、详细到能够跟地质数据对比的话，那么他就能与里德一起研究，把神话发生的时间确定下来。

在 1788 年欧洲人来到这片大陆之前，原住民的社会已经在澳大利亚存在了差不多 6 500 年。对人类来说，澳大利亚的生活环境无疑是很艰苦的，之所以能够一代又一代生存下来，肯定要依赖上一辈流传下来的关于食物、景观和气候的信息。但这不等于说原住民所告诉我们的故事在经过几千年的口口相传后，仍有足够的精确度。

"长期以来，语言学家们一直认为最古老的口头故事只能流传 800 年，过了这个时间段，故事里的所有细节都会走样，"里德向我解释说，"这个故事，讲了一遍又一遍，已过了 1 万年，怎么可能还是准确的呢？"

尽管如此，纳恩建议中的可能性还是令人激动的。因此，里德开始阅读原住民的神话，这些神话大多是在 19 世纪后期到 20 世纪初期由西方学者收集的。他没费什么周折，就发现了 21 个有关海面上升的故事。每个故事各有不同，但似乎都指向同一个时间段，在此期间，海面正在上升，而居住在海岸边和海岛上的人们不得不应付这种局面，因此生活过得十分艰辛。在澳大利亚海岸边地势较低的一些地方，即使海面上升的幅度很小，也能够快速淹没一大块土地。"那时的人们肯定知道，年复一年，海面变得越来越高了"，里德说道，"他们的故事一定是从他们的父辈、祖辈和曾祖辈那里听说的，故事里提到，过去的海洋要比现在远得多。"

这里有一个例子：

> "最初，在我们的记忆中[6]，我们居住的地方还根本不是今天这样的岛屿。它是从大陆伸出去的半岛的一部分。那时我们可以直接步行到大陆，不像现在还要划船前往。然后，海鸥女神（Garnguur）用她的木筏在半岛最狭窄的地方来回拖曳，于是海水就灌了进来，把我们的家园变成了岛屿。"

这则故事讲的是澳大利亚北部岸外的韦尔斯利群岛（Wellesley Islands）的起源。澳大利亚其他地方也有类似的故事。在南部海岸，殖民时代早期记录下来的故事里就记载着当时有一片土地，人们在那里猎捕袋鼠和鸸鹋，但被海水淹没之后，水就再也没有退下去。

里德告诉我："这个区域里还有很多有关原住民的故事，他们都提到那时候海岸线离现在的大堡礁还很远。"其中的一个故事提到，大堡礁原来是海岸，有一个名叫古尼亚（Gunya）的人居住在那里。古尼亚吃了存在习俗禁忌的鱼，冒犯了众神。为了惩罚他，众神让海水上涨，想把古尼亚和他的家人淹死。里德说道："古尼亚逃到附近的山丘上，躲过了这一劫，但海水从此就再也退不下去了。"

另一个从居住在凯恩斯（Cairns）地区的伊迪人那里收集而来的故事说，菲茨罗伊岛（Fitzroy Island）从前是陆地的一部分，而现在距离海岸线差不多1英里远。现在的凯恩斯是一个海边小镇，要去大堡礁考察，就得从那里下海。这个故事里还提到了多个具有历史文化记忆的地标，然而它们现在都被淹没在水下了。按照纳恩和里德二人的说法，根据这个故事的细节，研究人员几乎可以肯定，末次冰期时，这个地区的人居住在大堡礁现在所在的海岸上。当时的大堡礁是一个宽广的泛滥平原，其上有蜿蜒的丘陵，其边缘是陡峭的悬崖，而现在则变成了像菲茨罗伊岛那样的岛屿了[7]。

"我们原先认为，海面上升应该是十分缓慢的过程，一个人的一生当中不太能够感受到，"里德跟我说道，"但做了这项研究之后，现在我们意识到，澳大利亚肯定一直充斥着关于海面变化的新闻。人们肯定在不断地向内陆迁移，重新建立起他们的居住地，还要跟生活在内地的邻居们谈判，因为侵入了他们的领地。这件事一定带来了很大的影响。"

不过，认为这些故事是对实际事件的记录，还是很大胆的。"如果你说的是1万年的时间，那么就会涉及300～400代人，"里德继续说道，"觉得一件事情能够口口相传400代人，这个想法本身就非同寻常。"但是里德相信，澳大利亚原住民确实有讲故事的文化传统，他们讲的故事经历了同代、隔代的交叉传播，因此千年来经久不衰。按照同样的流程和方式，父亲会把故事传给儿子们，而儿子们的侄子侄女会负责保证他们的叔叔伯伯也准确地知晓这些故事。

当然，这些故事并没有告诉我们那些原住民对于在他们身边发生的海面上升现象的感想和感受，但或多或少反映出这种经历是多么奇特，多么令人费解。

* * *

西方国家最著名的洪水故事，无疑是关于挪亚（Noah）的。《旧约》里讲述了挪亚如何建造一艘方舟，把所有的动物都放入其中，以便在上帝派来净化地球的洪水中幸存下来。因为在上帝眼里，他所精心创造的乐园现在有太多的腐败和放荡，他必须做点什么。这是一个令人震撼的关于罪恶和救赎的故事，不过这个故事其实并不是《旧约》的原创。许多研究《圣经》的学者认为，诺亚方舟的故事是根据《吉尔伽美什史诗》(*The Epic of Gilgamesh*)中一个更早的洪水故事改编的[8],它讲的是一位美索不达米亚国王的探险故事,比《圣经》早了2 000年。

无论是《圣经》还是《吉尔伽美什史诗》,都没有提到洪水的故事与10万年前或任何其他时候的海面上升的关联性。在这两本书里,洪水是由超强的降雨引发的。

还有两位学者认为,实际情况要比书中复杂得多。威廉·瑞安(William Ryan)和沃尔特·皮特曼(Walter Pitman)都是哥伦比亚大学(Columbia University)的地质学家,他们认为,《吉尔伽美什史诗》以及后来诺亚方舟的故事,都是基于约7 000年前在黑海发生的一个真实事件而改编的。那时正处于末次冰期结束的时候,海面仍在上升。黑海那时是一个孤立的淡水湖泊,与地中海之间有狭长的陆地相隔,而这片陆地就是现在的土耳其。有一小群人居住在湖边的肥沃土地上,用小船捕鱼,并尝试种植庄稼以获得食物。

随着冰盖的消融,地中海的海面上升得越来越高。大约在公元前5600年,海面高出黑海水面500英尺。然后,横隔在地中海和黑海之间的土地被冲蚀了,海水从这片土地上流过,冲出了一个280英尺宽、450英尺深的狭道,它就是现在的博斯普鲁斯海峡(Bosporus Strait)。据瑞安和皮特曼的计算,海水冲开峡谷的时候,每天通过海峡的地中海海水体积多达10立方英里,相当于尼亚加拉大瀑布流量的200倍,足以让纽约市曼哈顿地区淹没在半英里深的水中。于是,黑海这个原先的淡水湖的水位每天上升6英寸,淹没了三角洲,并以每天1英里的幅度侵入了上游平坦的河谷。"难以想象当地的农夫该有多么恐慌[9]。他们被迫逃离,却全然不知究竟发生了什么。这是一股多么令人恐惧的力量,仿佛所有的神瞬间释放出所有的暴怒,把他们紧紧包围,"瑞安和皮特曼写道,"他们拖家带口地逃离,搀扶着老人,抱着孩子，带上他们所能携带的全部东西，包括环湖地区发展起来的各种语言，以及各种新想法和新技术。"

　　两年之后，黑海的水位上升了 330 英尺，直到湖面与地中海持平为止。原先生活在湖边的人们分散到欧洲和中东，将他们的农业技能和专业知识传播到西方和后来的美索不达米亚，而有关这次洪水的记录则成为《吉尔伽美什史诗》和《圣经》中洪水故事的基础。

　　并非所有科学家都接受这种说法[10]。美国伍兹霍尔海洋研究所的利维乌·乔桑（Liviu Giosan）与布加勒斯特大学（University of Bucharest）的同行们合作，在附近区域打了一些钻孔，在多瑙河注入黑海的地方检测沉积物数据。他们发现的证据表明，黑海水位上升的幅度其实只有瑞安等人所说的一半，仅约 800 平方英里的土地被淹没，

19 世纪法国艺术家古斯塔夫·多雷（Gustave Doré）在《圣经》（插图版）中所绘的"大洪水"。（照片由维基共享资源网提供）

面积差不多是美国罗得岛（Rhode Island）的一半，而不是瑞安和皮特曼提出的 25 000 平方英里（如果那样，就相当于整个西弗吉尼亚州的面积了）。

无论黑海的洪水曾经多么猛烈，研究者们都永远无法确定这场洪水究竟是否激发了《吉尔伽美什史诗》或《圣经》中的洪水故事。然而可以肯定的是，古代洪水频发，破坏性大，而且是政治动荡和社会解体的常用隐喻。在《吉尔伽美什史诗》和《圣经》里，洪水都是灾难性的，但同时也是一种净化，一种让堕落的世界迎接新秩序的方式。

* * *

与冰期的其他哺乳类动物不同，人类能够较好地适应气候变化及海面上升。在这个方面具有突出才能的一群人是卡卢萨人（Calusa）[11]。这些美洲的原住民居住在南佛罗里达州，直到 18 世纪携带天花病毒的欧洲人来了以后才销声匿迹。为了深入了解卡卢萨人当时是如何生活的，我参观了芒德岛州立考古公园（Mound Key Archaeological State Park），它坐落在佛罗里达州墨西哥湾海岸之外的一个岛上，那里曾是卡卢萨人的首府所在地。

我的向导是特里萨·肖伯（Theresa Schober），她是一位考古学家，曾经当过博物馆的馆长，研究卡卢萨人的历史已经有 10 多年了。我在迈尔斯堡（Fort Myers）附近的情人岛州立公园（Lovers Key State Park）的汽艇入水斜坡处见到了她。我们把装备装上一条 16 英尺长的小渔船，由肖伯的一位朋友来掌舵。46 岁的肖伯又高又瘦，很有力气，提起有关卡卢萨人的话题时非常有激情。我们乘船穿越埃斯特罗湾（Estero Bay），避开一路上遇到的水上摩托艇和渔船，那些小船穿梭在天空底下，而天空中高耸、翻滚的云彩，则是佛罗里达州特别的杰作。

从远处看，芒德岛与佛罗里达州的其他岛屿一样低矮、绿意盎然且宁静祥和。唯一突出的不同点是，这座岛完全是人工建造的，卡卢萨人用丢弃的海洋贝壳堆成了这座岛。

我们穿过一片密集的红树林来到了岛上，沿着一条狭窄的水道蜿蜒前行，仿佛时光倒流穿越到了另一个时代。当我们费力地离开小艇，踏进一小片海滩的时候，肖伯向我解释说，在原住民的语言里，"卡卢萨"是"凶狠之人"的意思。没有人确切知道卡卢萨人在这个地方生活了多久，可能有几千年的时间吧。他们第一次遇到欧洲人是在1513年。据说，当时西班牙探险家庞塞·德莱昂（Ponce de León）前来寻找长生不老泉。*卡卢萨人攻击了德莱昂的船，驱赶了这些西班牙人。不太明智的是，差不多10年以后，德莱昂又回到了这个地方。卡卢萨人再次向其发起攻击，这次他们用毒箭射中了这位西班牙人，而毒箭中含有毒番石榴树的汁液。毒番石榴树长得有点像苹果树，生长在佛罗里达州的红树林中，西班牙人称之为"死亡之树"，因为这种树的枝叶所含的毒素是一种叫做"佛波醇"（phorbol）的有机化合物。结果，德莱昂几周后在波多黎各去世了。

我把脚跟踩进沙滩里，心里想着能否挖出一只古老的牡蛎壳。肖伯取笑我说："你还要往更深处挖才行。"真是难以置信，整个125英亩大小的岛屿，竟然是由一代又一代的美洲先人用从他们居住的小屋里扔出的牡蛎壳和贻贝壳堆积起来的，这还真是很有工程设计风格的废物倾倒办法。世界上其他地方也有类似的做法，从澳大利亚到丹麦，猎拾者都留下了此类贝壳堆积物，人们称之为"贝丘"。在佛罗里达州，海滨和大多数河流边都有这种贝丘。海边的许多贝丘现已沉入水中，或者被海岸经济开发活动所毁坏。但是肖伯解释道，芒德岛上的

---

* 传说其位置在西印度群岛和佛罗里达州。——译者注

贝丘却保留完好。

我们沿着一条小径继续前行，穿越一片红树林。肖伯告诉我，当初西班牙人到达的时候，大约有1 000名土著生活在这座岛屿及其周边的地方。这些人并不处于相互隔离的状态，他们与相邻的部落交换各种物品，像皮毛、食物、玻璃珠之类，什么都有。甚至还有证据显示，他们曾经乘着独木舟，驶向远处的古巴。

"那他们有没有留下什么艺术作品或者故事呢？"

"什么也没有，"肖伯回答说，"全都消失了，只留下了这些贝丘。"

差不多行走了20分钟，我们来到一处看上去宽而浅的水沟，它横亘在小路上。"这里曾经是一条大运河，"肖伯解释说，"卡卢萨人擅长水利工程。他们挖建运河，再修上水闸以控制水位。还有一个巨大的

佛罗里达州画家迪安·奎格利（Dean Quigley）的作品《松原遗址》（*The Pinelands Site*）。像卡卢萨人这样的佛罗里达州的早期居民，很好地过着与水亲近的生活。（图片由奎格利本人提供）

水上广场，其功能就像一个城市广场。卡卢萨人并不抗拒水，因为水已经深深地融入了他们的日常生活。"

　　当然，卡卢萨人并非唯一知晓如何在水边生活的古人。在新英格兰，美洲原住民居住在木屋里，屋顶覆盖着草甸或者树皮，这些物品都可以拆下并通过水路运走。在纽芬兰（Newfoundland）的一些地方，现在还能看到移动房屋的使用：当水位上升或者海岸线发生变化的时候，受影响的木屋就由木筏拖着，转移到新的地方。美国独立战争时期，从缅因州（Maine）逃出来的保守党人拖带着他们的房屋转移到新不伦瑞克省（New Brunswick），现在这些房屋还在海港边整齐地排列着。科德角（Cape Code）的房屋也被移动并重新翻修过。有人考察后发现，当地居民并不把很久以前就建造起来的房屋看得比家里的桌椅板凳更重要。他们认为房子只不过是临时的栖身之处，就像寄居蟹背着它的贝壳一样，可以到处跑。根据具体需求，房屋可以迁移和交换，地点和用途也可以变换。

　　现在，这一点大多已经被遗忘了。

　　肖伯说，飓风"查利"（Hurricane Charley）来袭的时候，她正好住在南佛罗里达州。这是第四预警等级的飓风，发生在 2004 年。"飓风过后，没有电，也不能给汽车加油，对许多人而言是一场大灾难。"肖伯指出，卡卢萨人以前也必然要应对这种风暴，但对他们来说这也许算不了什么。"他们只需要重建房屋就好了，这本来就是他们生活的一部分。如果风暴改变了海岸线的位置，那就随它改变吧；如果风吹走了草屋，他们也能很快重建。从前的人不会有建设一个永久性家园的概念，他们认为家本来就应该是这个样子，他们居住的世界每天都在发生变化。"

　　我们离开运河，踏上了一条狭窄的小径，穿越红树林，来到贝丘的顶部，其高度差不多有 30 英尺。在南佛罗里达州，这个高度都可以媲美珠穆朗玛峰了。"当时原住民头领的屋子就在地势最高的地方，"肖伯解释说，"屋子的地势越高，就显得越有地位，就像现在城市里的那些高楼大厦一样。"

这真是一个又惊喜又充满期待的时刻。是的，我站在了卡卢萨人1 000年前建造的人工岛顶部，其建筑材料是一片又一片的牡蛎壳。肖伯向我解释了牡蛎壳如何相互交织在一起并且发生钙化的过程，其形成的坚实结构能够抵御千年的海浪冲刷。这不仅是一块象征着人类聪明才智的纪念碑，还是我们的祖先长期傍水生活的标志。当然，那时的卡卢萨人用不着担心海水会腐蚀他们的电线，损毁他们的财产，或把他们的核电站淹没并化为乌有。

第 2 章

诺亚方舟里的生活

　　与所有受人尊敬的迈阿密律师一样，韦恩·帕斯曼（Wayne Pathman）拥有一辆高档的法拉利车，居住在迈阿密滩日落群岛（Sunset Islands）海岸边的一座大房子里。日落群岛包含 4 座岛屿，就像比斯坎湾的许多小岛一样，它们都是人工岛。其建造方式是先用泥土堆成一个高地，再在四周造一堵墙，以防泥土被海浪冲刷掉。这种办法与卡卢萨人几千年前建造人工岛的方法基本一致。建在这些岛上的别墅，地面高程只有几英尺，却要卖到 1 000 万～1 500 万美元，主要因为从这里可以远眺迈阿密主城区。帕斯曼跟富有的迈阿密滩镇长菲利普·莱文（Philip Levine）住在同一条街上，距离摇滚乐大咖伦尼·克拉维茨（Lenny Kravits）曾经拥有的那幢价值 2 500 万美元的地中海复兴风格的豪宅也不太远[1]。在我写这本书的时候，帕斯曼刚刚 50 岁出头。他是在迈阿密滩当地长大的，他的律师生涯是靠受理土地租赁业务，以及为迈阿密的生意人和土地开发商提供土地界线谈判服务而发展起来的。2017 年，帕斯曼成为迈阿密滩商会（Miami Beach Chamber of Commerce）主席，他做了很大的努力来使迈阿密的商界大亨们了解海面上升的风险，并试图阻止开发商们将房屋建得过于靠近水边。有一次我与他共进晚餐时，他说道："挪亚说得对！提到洪水，没有人听得进去。没有人认为这事跟他们有关。你有没有乘坐直升机从空中看过这座城市的'钢筋水泥之林'？"

我还真的从来没有过这样的经历，但听起来是个好主意。几个星期之后，我将此提议付诸行动，同谢里尔·戈尔德（Sheryl Gold）还有罗尼·阿维萨尔（Roni Avissar）一起在空中俯瞰这座城市。戈尔德是迈阿密滩本地人，长期从事社区活动。阿维萨尔从前当过以色列空军飞行员，现在担任迈阿密大学大气科学教授。我们从一个小型直升机机场升空，向城市的西部飞去，先靠近佛罗里达州著名的埃弗格雷斯湿地公园，然后从低空逼近迈阿密城区。我们看到许多小船驶过比斯坎湾，人们在屋顶享受日光浴。然而帕斯曼说得对：从空中看，迈阿密主城区就像一座钢筋水泥铸造的森林，有许多高楼大厦，其中不少是由诺曼·福斯特（Norman Foster）或扎哈·哈迪德（Zaha Halid）那样的著名建筑师设计的。这些设计很有趣，有着 21 世纪初期后现代派的风格，但从空中看下去，却并没有什么区别。

从空中可以看到城市是如何被推挤到海边的。不仅仅是新建的公寓大楼，宾馆、医院、大学的建筑等，全都紧贴着海岸线，就像站在水边的一个人，把脚趾伸入水中，摇晃来，又摇晃去。

《寂静的春天》（Silent Spring）一书的影响很大，它讲述了杀虫剂的危害，因而掀起了现代环境运动。这本书的作者蕾切尔·卡森（Rachel Carson）曾试图说明为什么人类有居住在水边的愿望。她叙述了生物是如何从海洋中诞生的，而我们人类又是如何诞生于一小片属于个人的小海洋[2]，也就是胚胎发育所依赖的母亲的子宫。整个胚胎发育的阶段正好重复了人类整体演化的步骤，即从最初靠鳃呼吸的鱼类，进化到能够在陆地上生活的生物。卡森还预见到，说不定人类哪天会重回海洋。这不是指把身体整天泡到海水中，而是在精神上和想象中重返大海。

从空中看，这似乎是迈阿密正在发生的事情。

* * *

亿万年前[3]，佛罗里达州曾是非洲的一部分。大西洋开始张裂形成的时候，佛罗里达州从非洲分离出来，紧贴北美大陆。那时的佛罗里达州就像一块巨石。在地球演化的岁月里，海面起起伏伏。数百万年来，佛罗里达州被几百英尺深的海水覆盖着，然后又再次露出水面。大部分的时间里，海面的位置都很高。海水里满是各种微小的生物，它们觅食，排泄，最后死亡。每次海水淹没佛罗里达州的时候，它们的骨骼、排泄物和介壳，连同珊瑚礁碎屑和泥沙一起沉到水底。海底的泥沙大多来自北面的阿巴拉契亚山脉（Appalachian Mountains），被河流带到了这里。最后，这种混合堆积物由于化学变化而胶接在一起，变成了石灰岩。石灰岩层越堆越厚，里面有数不清的排泄物、动物骨骼和珊瑚碎屑，最厚的地方现在有3 000英尺深。

在海面上升和下降的过程中，如果海面稳定的时间足够长，那么含钙质骨骼的生物要么会堆成礁石，要么会形成鲕粒堆积，其形态像一粒粒小珍珠[4]。鲕粒形成所需的独特条件出现于12万年前，那时的海面比现今大概高出20英尺。沿着佛罗里达州的南部海岸，温暖而湍急的海水，加上浅水环境，创造了一个生产鲕粒的工厂。细小的生物介壳、泥虾排泄物和珊瑚分泌物被反复黏合、翻动，外面再包裹上一层薄薄的碳酸盐物质，这样的颗粒就有了珍珠的光泽。鲕粒变成像沙粒那样大小的时候，就沉到海底堆积起来。（同样的现象现在也正在巴哈马群岛的海滩上发生，如果你仔细观察，就能够看到。）随着时间

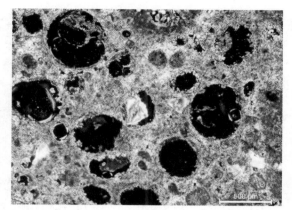

显微镜下的迈阿密鲕粒石灰岩，鲕粒受到侵蚀后留下了孔洞，即图中深色部分，水可以从这样的孔隙中流过。（图片由迈阿密大学的麦克尼尔提供）

的推移，鲕粒层不断堆高，当海面再次下降之后，鲕粒被胶接到石灰岩中，此类石灰岩就被称为"鲕粒石灰岩"。经历陆地风化作用后，鲕粒可能受到侵蚀，这时候石灰岩里面就充满了孔洞。在大西洋海岸脊（Atlantic Coastal Ridge）就有这样满是孔洞的鲕粒石灰岩，它大约高出海面 13 英尺，从棕榈滩（Palm Beach）一直延伸到霍姆斯特德。如今，有 500 多万人居住在那里。

在像煎饼一样平坦的南佛罗里达州地区[5]，海岸脊状地形的出现可是一件大事。它可以保持本区域的地表水不向西流动，从而形成沼泽地，即大沼泽*。后来，有几条小河穿过低洼的地方，从沼泽区泄出了一部分水体，流经城区中心的迈阿密河（Miami River）就是其中最大的一条河流。随着时间的推移，古老的珊瑚礁被侵蚀了，植物的种子散播到各处，耐旱的树木，如松树和红木树开始生长起来，海岸脊变成了沼泽与海滩之间的石质高地。特奇斯塔（Tequesta）当年是佛罗里达州东海岸的一个原住民部落，他们与西海岸的卡卢萨人有亲缘关系，把这道海岸脊作为交通要道。当然，这也是南佛罗里达州的美洲

---

　* 该区域现在是大沼泽国家公园。——译者注

豹、鹿等陆生动物的通道。1890 年，就在这个沿海山脊上，靠近迈阿密河河口处，一位 41 岁的寡妇朱莉娅·塔特尔（Julia Tuttle）[6] 买下了一座曾经归属于达拉斯堡（Fort Dallas）的房子。达拉斯堡是 19 世纪早期的军事前哨基地。塔特尔修缮了这座旧屋，把它变成了陈列馆。可以说，她是南佛罗里达州第一个既能欣赏美景又能迅速致富的人。

当然，塔特尔的房子早已不复存在。但人们仍然在那个地点保留了一点历史标记。如果说当今"钢筋水泥之林"的城市迈阿密曾有过一个如今已经消失的市中心的话，那就是它了。两边高耸的公寓俯瞰着比斯坎湾，远眺湾内的海港和迈阿密滩。有一天，我沿着岸边散步，看到河中数不清的游艇开来开去，船上还有衣着轻薄的男女，有些人大声放着德雷克（Drake）或者坎耶·维斯特（Kanye West）的音乐。我不由得回想起塔特尔这位"迈阿密之母"，她最早说服了标准石油公司（Standard Oil）极其富有的联合创始人亨利·弗拉格勒（Henry Flagler）在这个荒凉的地方出资建造了一条铁路。1896 年，她给在棕榈滩拥有一座别墅的弗拉格勒送去香橙花，并说服他将在建的铁路从棕榈滩延伸到迈阿密。这个故事如今已经成了这座城市的创始神话。铁路建到这里以后所发生的一切，我就不多说了，大家都知道，这座城市由此进入了 20 世纪。

尽管当地人并未意识到他们居住在古老的珊瑚礁上，但还是把那片地势较高、基岩出露的脊状地形称为"礁平台"，而把低地所在的泥泞地块称为"林间空地"或"下沉洼地"。人们很喜欢这片林间空地，因为它易于清理，这里的土壤也适宜种植蔬菜，特别是在夏季降雨之前成熟的冬季蔬菜。在清理了松木和红木之后，较高的地势特别适合种植柑橘类水果；隆起的山脊也保护了移民，使他们免受水的威胁。在南佛罗里达州，水陆之间的边界向来是不明确的。

乔治·梅里克（George Merrick）写过一本回忆录[7]。梅里克是科勒尔盖布尔斯区（Coral Gables）的创始人，科勒尔盖布尔斯区是迈阿密南部一个规划完善的社区，佛罗里达州的许多名人现在都居住在这个小区，包括前州长杰布·布什（Jeb Bush）。1901 年，梅里克还只是个 15 岁的少年。他住在迈阿密附近的一个家庭宅基地上，房屋就建在沿海山脊上，但在那一年的大风暴雨之中，海水还是袭击了这座房屋。梅里克回忆道："我们住在诺亚方舟里。"他后来写了一篇关于他在宅基地生活的报道。海岸脊状地形周边的所有低地全部被淹没了，梅里克家的蔬菜地消失在 6 英尺深的水下，道路也没法通行了，低洼的路面上积水很深，一些板车也随着水流漂走了。

被梅里克称为"方舟"的房子情况更严重。水位升上来的时候，他的家人把木板从畜棚里拉出来，钉到地板上，在洪水水面之上搭出一块立身之地。一大群蟑螂和其他昆虫来到屋里避难。"你打死的越多，出现的也越多，它们好像从天而降一样。"梅里克写道。青蛙也大肆入侵。"令人恐惧的喧闹声笼罩着小屋，就像下个不停的雨。各种从未听过的声音：呱呱、咯咯、咕咕、啾啾、啊啊，无休无止。"鳄鱼从沼泽里游了过来，吞食已经淹得半死的兔子。梅里克和他父亲去畜棚取木柴，想要用放置在临时木筏上的炉子烧火做饭。这时候粪池溢了出来，导致他父亲在忙乱中把自己的脚弄伤了。一道鲜血从伤口处流淌出来，他的母亲忙不迭地帮忙往伤口上涂抹碘酒。

像梅里克这样的早期定居者都清楚，如果文明想要延续下去，就必须采取一些行动来应对洪水。更重要的是，这些先驱者们发现，排干佛罗里达埃弗格雷斯沼泽地的水就意味着获得更多的免费土地。到了 1909 年，迈阿密运河（Miami Canal）的疏浚工作已经开始了[8]，随之而来的可能是人类尝试过的最迅速、最具戏剧性、最不顾一切的景观改造。当规模浩大的排水工程完成的时候，沼泽地里数千英亩土地上的水被抽干，等待着投资商前来开发。

投资商也确实来了。对这片土地的征服欲带来了房地产的空前繁荣，过去在美国从来没有看到过这样的情形。曾有一份报纸这样报道："自从希伯来人到达埃及[9]，或者自从穆罕默德先知诞生至今，有什么事情能与之相比呢？"率先到达的人里面包括许多名人，像拳击手吉恩·滕尼（Gene Tunney）、演员埃罗尔·弗林（Errol Flynn）、商界大咖艾尔弗雷德·杜庞德（Alfred du Pont）、彭尼（Penney）、亨利·福特（Henry Ford）等。不仅如此，美国各地的普通人也蜂拥而至，前来赚钱、度假、享受阳光下的退休生活。迈克尔·格伦沃尔德（Michael Grunwald）在《沼泽地：埃弗格雷斯湿地、佛罗里达州和政治天堂》（*The Swamp: The Everglades, Florida, and the Politics of Paradise*）一书中写道："被太阳晒得黝黑的皮肤，过去是劳工的象征[10]，现在却变成了闲暇、富裕的象征。"

但即便在那个时候，也有持反对意见的人。正如格伦沃尔德所指出的，当地的环境保护者查尔斯·托里·辛普森（Charles Torrey Simpson）提出了一种新的道德观。他认为佛罗里达人不能再自认他们比自然优越，并且应该停止驯服自然、开发自然的举动：

> 正在逐渐发生的对荒野的破坏[11]、森林的毁坏、沼泽地地表水的排干、原本长满花草的美丽草原被开发转化，再加上来到这里的文明人缺乏远见的各项建设、他们的争权夺利、丑恶和虚伪，此类事情令人惊恐不安。要不了多久，这片广阔的、孤傲的、美丽的荒原，将被彻底开发，使其布满运河和公路，还有铁路。繁忙的拼命劳作的人们将占领众多野生动物赖以生存的栖息地……而在鸟类发出哀鸣的地方，人们将听到火车汽笛和汽车发动机的声音。我们不断吹嘘我们国家妙不可言的发展，我们自豪地面对埃弗格雷斯湿地宣布：就在几年以前这里还是分文不值的沼泽地，

而今已经转变成一个人类帝国。但是如果说因为我们破坏荒野而引来无数的人在此落户，所以才使世界变得更好一些的话，我是十分认真地加以怀疑的。

从地质上说，迈阿密滩只是城镇里的一个新生儿。3 000 年以前，就是大约在建造埃及大金字塔的时候，我们现在称为"迈阿密滩"的沙坝开始形成于海岸边的鲕粒石灰岩平台之上。海滩上的沙粒（大多来自阿巴拉契亚山脉的侵蚀地区）在浅水中逐渐堆积起来，红树林的种子被水冲走了，各种昆虫来到了这里。19 世纪末，这里还是一片茂密的红树林和矮棕榈林，响尾蛇、田鼠、蚊子和其他昆虫出没其中。"原始森林一直延伸到现在的海滩位置[12]，树木之茂密使人难以进入。只有热带地方的原始森林才会是这个样子。"早年的一位来访者写道，"除非带一把斧头一路砍过去，否则要进入这片林子，哪怕只是几英尺远，都很困难。"

在大部分人类历史上，很少有人会把海滩说成是一个可爱之地。事实上，早期的欧洲探险者们在旅行中是要尽量避开海滩的。海滩除了可以让船舶靠岸这个优点之外，它只是一个暗藏危险的地方，令人联想到死亡和疾病，也是一道隔离现代文明和天然蛮荒之地的界限。17 世纪，当英国人、荷兰人和法国人开始移民到美洲新世界的时候，他们并未把海滩看成是潜在的旅游、休闲胜地，他们想要索取的只是木材、皮毛和鱼。

在欧洲，最早占据海滩并且在海边建造房屋的一批人，是富人和中产阶级。他们听说并且相信，海风和海水具备治疗疾病的价值。到了18 世纪中叶，被各种关于神奇治愈效果的传说所吸引的英国疗养者们逐渐聚集到海边，比如英吉利海峡岸边的布赖顿城（Brighton）。他们在新发明的活动更衣室玩耍，一天要在海滩上漫步、游览几个小时，这些举动在当地人看来完全无法理解。小说家简·奥斯汀（Jane Austen）曾观察到[13]，在发现海水可以给人们带来生计之前，当地人一直是回避海水的。"观海只是城里人的事，因为他们从来没有体验到海洋的威力；而真正的航海人却宁愿待在岸上，而非面对海洋的大风大浪。"

到了 19 世纪中叶，人们开始在海岸边建设住宅和宾馆。在新泽西州大西洋城（Atlantic City）这样的地方新建的码头，本质上是陆地的延伸，为了迎接游客上陆地，而不是把人往海滩送。码头为游客提供了一个安全的观察场地，使得他们既能看到海又能看到陆地。对这些早期的度假者们来说，海滩吸引他们的点在于其空旷和干净，没有沉船遗骸，没有动物死尸，没有工业化带来的脏东西。有一位法国的社会学家将海滩旅游称作"度假思维对海岸的美学征服"[14]。

到了 19 世纪 70 年代，大西洋城成了一个全方位成熟的海滩旅游胜地，科尼艾兰（Coney Island）有了摩天轮和豪华酒店，但那时迈阿密滩仍旧是红树林和蚊子的天地。1876 年，美国政府投资了迈阿密滩上最早的永久性建筑，也就是比斯坎避难所（Biscayne House of Refuge）。避难所是为沉船救援而建的。在这段海岸线上有过数不清的沉船事件，所以房子里面堆满了食品、衣服、被褥和急救设备。不过这个地方也可能有过一段罗曼史，历史记载上说，这座建筑曾经的主人杰克·皮科克（Jack Peacock）[15]的两个孩子就是分别于 1885 年和 1886 年在此出生的。

19 世纪 90 年代，差不多在塔特尔劝说弗拉格勒将铁路建到迈阿密的时候，第一批投机商来到了迈阿密滩。最重要的一位是来自新泽西州的农民约翰·科林斯（John Collins）（现在迈阿密滩上的科林斯大道就是以他的名字命名的）[16]。他以非常低廉的价格买下了岛上几百英亩的土地，把其中的一部分清理出来，种上了 38 000 棵椰树，希望以此致富。但他失策了，实际上什么收益也没有得到。随后他又种了

2 945 棵牛油果树，这回倒是挣到了一些钱。不过，科林斯做的最引人注目的事情，是开始修建一座桥，从迈阿密横跨比斯坎湾，通往海岸沙洲，他想借此吸引更多的人，进而提升地价。此事最关键的地方在于，它引起了卡尔·费希尔（Carl Fisher）的注意。此人是一位大胆的、说干就干的美国中西部大企业家，此前因经营专利、大规模制造汽车前灯、参与建设印第安纳波利斯赛车场（Indianapolis Motor Speedway）和第一

费希尔，1923 年摄于迈阿密。（照片由迈阿密滩数字档案馆提供）

条州际公路而致富。但现在更重要的是，费希尔看到了把迈阿密滩转化为美国冬季旅游地的潜力，从而成为建桥计划的竭力助推者。费希尔给科林斯提供了资金来建成大桥，作为交换，科林斯转让了数百英亩看上去毫无价值的沼泽地给费希尔。

　　这真是一个疯狂的项目。费希尔的妻子简（Jane）在被带去参观丈夫新获得的土地时马上看出了其中的门道。"在头顶的大树枝上，令人打颤的动物们就待在那儿，一动不动地看着我们[17]，"她回忆道，"丛林热得像一个蒸笼。身上的皮肤一旦露出一点点，蚊子就一拥而上。在这片蛮荒之处找不到任何可以让人着迷的地方。但费希尔好像看到了远景，他捡起一根树枝，跑到空白的沙地上，勾画起他的建设计划来。我由此知道，他看上的是整个迈阿密滩，他要在那片沼泽地里建起一片区域来。"

　　费希尔雇用了数百名黑人劳工，砍倒矮棕榈林和红树林，然后把沙填到这片沼泽里面，这些沙是从附近的比斯坎湾挖来的。他弄来几条钢壳疏浚船，其中一艘装备了完整的机器、维修设施和制冰厂，

还有一台 1 000 马力的发动机，把水下的沙通过 20 英寸的管道推送到岸边。在 24 小时内就能运送 2 万立方码（1 码 =3 英尺或 0.91 米）的沙子。

填到沼泽里面的物质，是沙、泥、泥灰岩的混合物，看上去像"随意捏成的麦粉乳酪"*，一位观察者描述道[18]。在泥地里干活的人穿着长筒靴子，以防被蛇咬着，泥水淹没到他们的膝盖。工程的第一步是改造公牛岛（Bull's Island）。

公牛岛是科林斯大桥的终端，要从这里继续向前修路，以便让道路直接通向海滩。在 4 天的时间里，一条疏浚船就往岛上填入了 30 万

从比斯坎湾海底抽取泥浆用于围垦土地，建设"迈阿密滩"。(照片由迈阿密滩数字档案馆提供)

---

　* 麦粉乳酪是一种面粉加维生素、无机盐制成的食品，通常用于早点。——译者注

立方码的沙子，围垦出了好几英亩的土地。1914年，为了更有美感，这个岛被重新命名为"贝尔岛"（Belle Isle）。如今，贝尔岛以其公寓大楼而闻名，还有时髦的斯坦达德大酒店（Standard Hotel），在那里的礼品店可以买到按摩器。当然，对于打上来的泥浆，还要排掉里面的水分才行，不然在泥浆地上什么也干不了。所以在接下来的6个月时间里，什么工程动作也没有，只是任由泥浆里的藻类植物和海洋动物晒干腐烂，散去熏人的气味。

周边需要垒起结实的边界，以防止泥沙流失。打桩机放下桩架，用钢缆和木头固定住。数千吨石块从佛罗里达州的内陆被装上船，沿着奥基乔比湖（Lake Okeechobee）运到迈阿密的人工运河，经过比斯坎湾，最后在码头卸下来，用骡子车拉到迈阿密滩各处。有一位目击者说："海湾的岸边仿佛逐渐被一层厚厚的、闪闪发光的白雪所覆盖[19]，高出高潮位5英尺。"为了保护新围垦的土地不被海水冲走，又从埃弗格雷斯湿地运来大量覆盖物，在地面上分区铺设。简还记得，"数百名黑人[20]，大部分是妇女和儿童，手脚着地，全力向前推着运草的篮筐。"渐渐地，荒野的岛被驯服了，中西部的人们得以开车来到这里。

沿着海岸线向北几英里的地方，也就是佛罗里达州的劳德代尔堡，有一个名叫查尔斯·格林·罗兹（Charles Green Rhodes）的人。他来自西弗吉尼亚州，是一位煤矿工人，家里有12口人，在新河（New River）一带挖掘了数条运河，又在运河沿岸建起了无数个小的半岛形状的土地，就像手指那样伸向河心。这样一来，每条街的各个地方都连着一条运河，可以当成水景区来卖。他把这块区域命名为"美国的威尼斯"[21]，赚了不少钱。他的运河建造技术被戏称为"指状岛屿建造技术"，很快受到追捧。几年以后人们才意识到，这些人工运河变成了死水一潭，过度开发导致海牛等野生动物的栖息地被破坏。另外，建造在上面的房地产也可能陷入过于湿软的地基中。再往后，到了21世纪，海面开始上升，"美国的威尼斯"听上去就不太妙了。

当时这块地方的钱很好赚。有一位老兵曾在一战之后用一件长大衣换到了海滩前缘一块10英亩的土地，在大开发的浪潮中，这块地升值到了25 000美元。那时候，一群人拥挤着、吵闹着，在3个小时内，花费3 300万美元拍下了海滨一块400英亩的红树林地。"除了房地产，佛罗里达州的人们几乎什么也不再谈论了[22]……那段时间，半岛地区突然来了那么多的人，当地人还能有什么别的念头吗？除了找个能睡觉的地方。"《纽约时报》(*New York Times*) 这样报道。1916年，费希尔的公司只卖出了4万美元的房产，而9年之后的1925年，该公司差不多卖出了2 400万美元的房产。那一年，迈阿密滩有56家酒店（4 000个房间）、178座公寓、858个私家住宅、308家商铺和写字楼、8家赌场和浴场、4个马球运动场、3个高尔夫球场、3家影院、1所小学、1所中学、1所私立学校、2个教堂以及2个广播电台。

1925年，幽默作家威尔·罗杰斯 (Will Rogers) 把费希尔描述为"第一个聪明到能发现水下有沙子的人[23]。正因为如此，他调来了挖掘船，把沙子移到了岸上，把水留在了海底。费希尔发现沙可以堆起房地产，这正是他想要的"。

当然，昙花一现的繁荣很快就没落了。美国国家税务局 (Internal Revenue Service) 对佛罗里达州的投机商进行了调查，商业改善局 (Better Business Bureau) 曝光了佛罗里达州的骗子，而新闻记者揭露了佛罗里达州发生的丑闻。再往后，仿佛大自然要对南佛罗里达州的人为破坏活动进行报复似的，1926年9月18日的凌晨2点[24]，一场四级飓风席卷了费希尔新建的天堂。"迈阿密滩被冲成一座孤岛[25]，周边一片白花花的浪头。"新闻记者玛乔丽·斯通曼·道格拉斯 (Marjory

Stoneman Douglas) 写道。飓风的风力达到了每小时 128 英里，把电线杆子刮得像在空中飞舞的标枪一样。建筑的屋顶被掀翻，10 英尺高的风暴潮淹没了迈阿密滩。许多房屋被连根拔起，随水漂向别处。海水退去之后，街上布满了泥沙，海岸边奢华的宾馆大堂里也是如此。这次飓风最后的统计数字是：113 人死亡，5 000 幢房屋损毁。

　　回想起来，这个结果其实并不太令人惊讶。佛罗里达州繁荣的全部基因就是要赚快钱。谁会去思考能不能经得起自然灾害的打击？没有人能够静下心来想一想，在飓风经常光顾的路径上，又是在海岸边，建一座城市会有什么后果。轻薄、不结实的房屋，粗糙安装的线路，脆弱的桥梁，直接修在水边的路，谁关心这些问题？这就是那个时候的迈阿密滩。没有政府管控，也没有长远规划。人们只关心享乐，比如下一杯鸡尾酒、下一次美丽的晚霞、下一场在爵士音乐俱乐部的派对。

　　质量低劣的建筑非常危险，这一点不仅仅在迈阿密得到证实。1926 年的飓风带来的风暴浪，冲毁了奥基乔比湖岸边的土堤，淹没了土堤后面的大片土地，400 人被淹死。两年后来了另一场飓风，这次土堤被冲毁得更加厉害，15 英尺高的大浪再次冲进农田[26]。这回死了2 500 人，很多都是居住在穷人区的黑人，他们被淹死在佛罗里达埃弗格雷斯湿地上开垦出的蔬菜地里。

　　终于，转机出现了。迈阿密市通过了美国的首份建筑规范（此后又成为第一个国家建筑规范的蓝本）。该规范要求，屋顶必须用螺栓固定住，建筑的框架要牢固地连接到地基，窗户要用抗击飓风的玻璃。这份建筑规范随着时间的推移经过了多次修订，迈阿密就像许多现代城市一样，如今抵抗飓风的能力得到了空前的提高。

　　但是，南佛罗里达州还留存了不少低造价、低标准的建筑。所以人们能够看到，1992 年飓风"安德鲁"荡平了迈阿密以南的霍姆斯特德，造成 260 亿美元的财产损失，65 人死亡，25 万人无家可归。我在南佛罗里达州旅行的时候，得知用于建造南海滩大家都喜爱的装饰派艺术风格建筑的混凝土经常会混入咸水或者浸泡过海水的沙，这样一来混凝土中的钢筋就容易受到锈蚀，从而导致混凝土强度减弱。在整修南海滩的一家宾馆时，我认识的一位建筑师发现，结构墙脆弱到用一把榔头就可以把它敲倒。于是整修无法进行下去，除了门面以外的所有部分都不得不拆除，再按照现代标准重建。迈阿密还有多少老建筑存在同样的问题呢？电气工程师、灯光设计师伦纳德·格莱泽（Leonard Glazer）曾于 20 世纪 50～60 年代在迈阿密滩工作，他负责枫丹白露和埃当·罗克（Eden Roc）两家酒店的豪华照明设计。当被问及建筑标准时，他笑着说："没有什么标准！即便是有标准，也没有人在意。那时人们只想快点把活干完，而且最好只花一点点代价。在迈阿密滩，没有人想得那么久远。"

1926 年的飓风之后，佛罗里达州的政界人士和商界大佬忽而支持提高标准，忽而反对，摇摆不定的态度直到现在也是如此。费希尔第一个站出来描述佛罗里达梦：阳光、海滩、寻欢（正如佛罗里达州一位记者在 2016 年所述，"迈阿密滩的经济发展基于一个事实[27]，即外地人喜欢来这里，喜欢在海滩上喝醉"）。费希尔靠大象、比基尼女孩和公关人员来建造这座天堂。房地产永远是不错的投资，男欢女爱总是令人愉悦，气候始终完美。那么飓风呢？1921 年，报纸上登出了一则吸引游客和投资商来迈阿密滩的广告，向人们保证"这个地方的夏季风暴实际上并没有什么危险"。然而，几千年来的记录很明确，夏季风暴和飓风时不时就会光顾南佛罗里达州。

飓风来袭之后，否定飓风危害的声音又占据了上风。迈阿密商界大佬们担心，飓风信息的公开化会把游客和投资商吓跑。所以当地有影响力的人刻意隐瞒飓风的影响，批评有关灾害和损失的报道是谣言和夸张，甚至公开反对救援工作。《迈阿密先驱报》(*Miami Herald*)的一位编辑整理了一份报道，被他的老板要求将 1 亿美元的损失改成 1 000 万美元。迈阿密市长拒绝了外界提供的救助，佛罗里达州州长则坚持说飓风后生活很快就会恢复原样。红十字会主席控诉道："相较于佛罗里达州的酒店和旅游业，在飓风中遭难的穷人所受的关注太少太少[28]。"但官方依旧将风暴描述成天堂里小小的不便。更有甚者，《迈阿密先驱报》有过一整版的广告，说佛罗里达州正处于发展的好时机，而跟中西部的洪水、新英格兰的冬季流感、加利福尼亚州的地震相比，这里的风暴根本不算什么。"飓风来的话是会死一些人[29]，但人们一辈子也只看到一次大飓风而已。"

或许费希尔还有其他佛罗里达州的早期开发者确实贪婪又善于敛财，但他们知道如何战胜自然、追求快乐。他们懂得，不管有蚊子和鳄鱼出没的沼泽地多么糟糕，总可以把水排干，把地面填高，赚一笔快钱。无论飓风多么强大，城市总是可以重建的。与美国其他地方相比，南佛罗里达州更是一个需要依赖技术才能保障人们 20～21 世纪生活的地方：这是一个由疏浚船创造的世界。需要空调制冷，需要核能发电，出行离不开汽车，农业离不开杀虫剂，生活离不开网络和电视。只有相信自然能够被驯服，像高温、虫子、鳄鱼，以及最重要的水患问题可以得到解决，人们才可能在这里生活。

第 3 章

新气候、新天地

格陵兰岛西海岸的雅各布港冰川（Jakobshavn Glacier）是地球上移动速度最快的冰川，也是全世界最为关注的冰川。如果新闻报道或纪录片里出现巨大的冰体从冰川表面脱落的镜头，那十有八九就是这条冰川。它是冰川里的金·卡戴珊（Kim Kardashian）*，其移动速度快，变幻莫测，是世界发生变化的一个重要象征，因而令人难以忽视。在从哥本哈根飞往格陵兰岛南部小镇康克鲁斯瓦格（Kangerlussuaq）这个供游客前往冰盖的主要落脚点的途中，由于马上就能近距离见到这条世界闻名的冰川，我感到兴奋不已。

陪伴我此次旅行的是贾森·博克斯（Jason Box），一位在丹麦和格陵兰地质调查所（Geological Survey of Denmark and Greenland）工作的美国气候学家，这个半官方的研究机构对格陵兰冰盖的动态很感兴趣（格陵兰岛曾经是丹麦的一个省，现在仍然属于丹麦王国的领土）。

---

* 金·卡戴珊是美国娱乐界名媛、服装设计师，时装品牌 Kardashian Kollection 的创立者。——译者注

博克斯是一位年轻而又特立独行的研究者，对格陵兰冰盖异常着迷。2012年，就在夏季来临前的几个星期，他通过媒体预测说，格陵兰冰盖将迎来创纪录的融化。他说对了。2012年的夏天，热浪席卷北极地区，比气候模型所预测的还要厉害。格陵兰冰盖开始融化，就像夏天路边的冰淇淋一样。在格陵兰岛，以往夏季冰的融化通常只在地势较低的地方发生，而这一年，在整个冰盖上都观察到了融化现象[1]，即便在地势最高的地方也是如此。航空照片显示，清澈的蓝色水体从冰盖表层流动，消失在被科学家称为"冰川蜗穴"的地方，它实际上是冰盖上的大洞，冰面融水像瀑布似的流向冰盖内部。2012年的融冰事件吸引了全球媒体的关注。油管（You Tube）网站有一段视频，拍摄到康克鲁斯瓦格的一条河流由于冰川融水而暴涨，将一部拖拉机卷走的画面。该视频吸引了几百万人观看。

在康克鲁斯瓦格机场见到博克斯的时候，他一副野外工作科学家的打扮——邋遢的衣着，被风吹乱的头发，肩背一个黑色的筒状帆布包。他留着山羊胡子，微微有点叛逆，给人一种滑板朋克青年的感觉。寒暄几分钟后，我们出发前往康克鲁斯瓦格镇。这个小镇原先是美军在第二次世界大战期间围绕着机场而建的，现在仍然能够看出军事基地的影子，但营房已经被改造成了商铺和旅馆。我很惊讶地看到，镇上有许多穿着崭新的北面（The North Face）牌夹克衫的中年人。"灾难旅游，"博克斯评说道，"他们是来与冰盖告别的。"

我们沿着镇上的主街向前走，我头一回见到了格陵兰岛。高耸起伏的山峦使我联想起旧金山北面的山丘，这种感觉有些怪异。只是格陵兰岛没有树木，在我来访的6月份，也没有看见其他绿色植物。尽管已经到了初夏时节，这里还是比较寒冷的，我们都要穿上薄羽绒服才行。眼前也没有见到冰雪，但博克斯说，在地平线的尽头有许多冰川。"徒步前往也只要几小时的时间。"他解释道。听他这么一说，我很惊奇地立刻闻到了空气中冰的味道，就像什么人打开了一个巨大的冰箱的那种味道。

我们入住了小镇边上被博克斯称为"科学宾馆"的旅馆，基本上那就是一座半圆拱形活动板房 *，里面配置了床铺和有线电视。傍晚时分，我们到外面初步转了一下。博克斯领着我看了沃森河（Watson River）。2012 年的融冰事件中冲走拖拉机的油管视频就是在这里拍摄的。眼前的沃森河，不足 30 英尺宽，就像庭院后面的小沟一样平静，水中因含有从冰川融水冲来的泥沙而呈现灰色。在格陵兰岛 2012 年热浪的高峰时期，这条小河却变得激流滚滚，流量达到了英国泰晤士河的 10 倍[2]。

我们在小镇附近散步的时候，博克斯聊到他这次旅行的目的是要检验一些非主流的猜测，关于为何格陵兰岛的冰川突然快速融化。在各种因素中，他判断可能与冰雪变黑有关，而使冰雪变黑的烟灰也许来自美国西部和加拿大北部的森林大火，或是来自冰川表面上生长的深色藻类和细菌。"与洁净的雪相比，黑色的雪可以吸收更多的热量，从而使冰川融化得更快，"博克斯说道，"这件事对格陵兰岛这样的地方有多大影响呢？我不知道。但影响可能是显著的。而现有的气候模型中没有考虑许多重要因素，这就是其中之一。"

*　　*　　*

未来将要淹没迈阿密、纽约、威尼斯和其他沿海城市的水从哪里来？大致上来自两个地方：南极洲和格陵兰岛。在报纸和电视中，人们经常可以看到有关乞力马扎罗山（Mount Kilimanjaro）的冰雪消失或

---

　　* Quonset hut，一种预装构件的活动房屋，因罗得岛州 Quonset Point 制造而得名。——译者注

者巴塔哥尼亚（Patagonia）的冰川融化的消息，但就城市淹没这件事而言，陆地冰川的变化不会成为主要原因，真正起作用的是地球极地区域两大冰盖的变化。

根据已知的科学认知，格陵兰岛和南极洲很不一样[3]。南极洲的面积比格陵兰岛大7倍，冰量也要大得多。如果整个南极洲的冰盖都融化（可能要花费几千年的时间），那么地球上的海面就要上升200英尺；而如果格陵兰冰盖融化（所需的时间会短得多），那么全球海面将上升22英尺。想想看，如果地球上的70亿人全部跳进海里[4]，海面可以上升多少呢？百分之一英寸。当前，格陵兰冰盖融化导致海面上升的幅度是南极洲的2倍。然而，这种状况也可能在未来发生改变。

格陵兰岛所在的北极地区，是全球变暖中温度上升最快的区域之一，因此，冰盖融化成为这里的主要问题一点也不奇怪。冰盖的融化不仅是由气温上升所驱动的，大气中的水汽含量、风的速度和方向、天空中的云量，还有博克斯所说的冰盖表层有多少冰雪因混入烟灰和细菌、藻类之类的生物而变黑，因而得以吸收更多的热量，这些因素也起到了一定的作用。

南极洲就不同了，它是全球最寒冷的地方。最大的冰盖形成于南极洲的东部，那里的天气特别冷。冰盖表层融化在南极洲不是什么大问题，但这并不是使冰盖消失的唯一途径。对于南极洲来说，科学家们更为关注的是，海洋水温的上升可以从下面开始融化冰盖，进而使其全部瓦解。最紧迫的是南极洲的西部，这里的许多巨型冰川，包括差不多有宾夕法尼亚州那么大的思韦茨（Thwaites）冰川在内，被科学家们称为"海洋终止冰川"，因为这类冰川有很大一部分淹没在海面之下。南极洲西部附近洋流的细微变化会带来升温的海水。虽然变化不算大，但足以提高冰川底部的融化速率。形成手指形态，并向海洋延伸的漂浮冰架特别容易从底部融化。如果海水继续升温，冰体就会从冰盖上脱落下来。

这些漂浮冰架的断裂本身不会造成海面上升，就像在一杯水中放入一块冰，它的融化不会导致水面上升一样。要紧的是冰架后面冰川的连锁反应，那些厚度达到上万英尺的冰川也可能会跟着崩落，掉入海洋。

增加南极洲西部险情的另一个因素是南极大陆本身的形态。假如我们有一部巨大的 X 光机可以透视冰盖，那么马上就能看出南极大陆的地形是下凹的，这是沉重的冰盖压在上面数百万年的结果。"想想看，就像一只盛满了冰雪的巨大汤碗。"宾夕法尼亚州立大学（Pennsylvania State University）研究极地冰盖的学者斯里达尔·阿南达克里斯南（Sridhar Anandakrishnan）告诉我说。这个比喻的意思是，南极大陆上的冰川的边缘正好处于碗口的位置，碗口高程是海面之下上千英尺。在碗口的后面，地势更低，其下凹范围达到几百英里，一直延伸到把南极洲分为东西两块的横贯南极山脉（Transantarctic Mountains）[5]。在这片盆地的最深处，冰的厚度超过了 2 英里[6]。

有些科学家担心，如果南极大陆周边的海洋继续变暖，导致冰架崩溃，冰川就会融化下滑，边缘则沿着坡度往回退缩，"就像一个球滚下山坡那样。"俄亥俄州的冰川学家伊恩·豪厄特（Ian Howat）解释说[7]。冰川回缩得越厉害，冰盖前部的陡崖就会越不稳定，越容易开裂而崩落到海洋里，最终导致科学家们所说的"冰盖失控式崩塌"，当然，随之而来的就是海面迅速上升。

格陵兰岛和南极冰盖的融化，在全球各地导致的后果是不同的。挺有悖论感的一点是：格陵兰冰盖的融化将在南半球造成更大的影响，而南极冰盖的融化对北半球影响更大。科学家称之为"区域性影响标记效应"[8]，这是地球自转作用下，重力导致水体重新分布的结果。在格陵兰岛和南极洲两地，冰盖融化都使冰的体积变小，对冰体周边水体的引力也变小，造成近处的海面下降，而近处海面的下降又推动地球另一面的海水上升。所以说，格陵兰冰盖融化对雅加达的影响远大

2017年年初，一条100英里长的裂缝出现在南极洲西部的冰盖上。（照片由美国国家航空航天局提供）

于对纽约的影响。同样的道理，如果南极冰盖融化的话则正好反过来。例如，南极洲西部冰川的崩落将导致全球海面平均上升10英尺，但由于重力的作用，纽约附近的海面将上升13英尺[9]。

"一般人难以想象，北极地区的变化有多快。"罗格斯大学（Rutgers University）的大气科学家珍妮弗·弗朗西斯（Jennifer Francis）在我出发前往格陵兰岛时对我说[7]。据美国国家航空航天局的报告，与20世纪90年代相比，格陵兰岛现在每年损失的冰量达到了3倍之多[10]。单单是2012—2016年，就有1万亿吨冰消失了[11]，相当于一个边长为6英里的立方体冰块，它放在地面的高度超过了珠穆朗玛峰。此前不久，连接大西洋和太平洋的西北通道需要破冰船的作业才能保持航道畅通。而到了2016年夏天，1 700人乘坐备有多个泳池、数个影院、600名船员的"水晶尚宁号"（Crystal Serenity）豪华邮轮竟然可以毫无障碍地穿越该航道[12]。很可能在2040年之前，北极地区的夏季海冰就会全部消

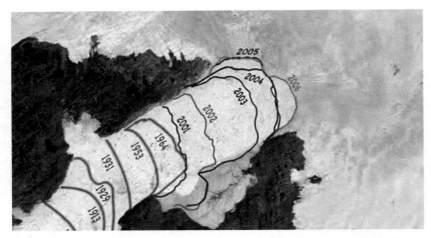

雅各布港冰川在过去 100 年里快速退缩。(照片由美国国家航空航天局提供)

失，说不定到时都能在北极冲浪了。

过去 20 年间，北极的平均气温提高了 3℉ 以上[13]，差不多相当于全球平均升温幅度的 2 倍。在海冰融化的同时，这个区域的阳光反照率也发生了变化。洁净而新鲜的冰雪是自然界中反照率最高的物质，阳光到达雪的表面之后，90% 以上的能量都被反射回去了。但是，当冰体的硬度下降，其内部结构就发生了变化，阳光反照率就会下降，从而吸收更多的太阳热能。冰雪一旦融化，更多的水面和陆面就会暴露出来，而水和陆地要比冰雪暗得多，它们能够吸收更多的热能。如此循环往复，更多的冰雪被融化，使这个正反馈过程进一步加速。

北极气候环境如此剧烈的变化，会引起全球气候系统的连锁反应。举例而言，已有研究揭示了北极海冰的减少与加利福尼亚州最近所记录的干旱事件之间的关联性[14]，尽管这种关联性还有不确定的地方。另一项研究表明，北极变暖正在减小北极和热带的气温差异，从而减缓北半球的风力。其结果是夏天的极端天气气候事件增加了[15]，欧洲 2003 年的热浪和巴基斯坦 2010 年的严重水灾就是这样产生的。

虽然科学家早就已经知道阳光反照率的基本物理过程，但是冰盖的变化却难以用通常的气候模型来捕捉。它非常符合混沌理论所表达的特点，即微小的变化，像大气中气流路径或者云量的变化，都可以造成巨大的后果。2012年的融冰事件就是一个实例。"科学家们并不认为格陵兰冰盖在几十年里就会融化[16]，"宾夕法尼亚州立大学地球系统科学中心主任迈克尔·曼安（Michael Mann）说，"要问这件事何时会发生，就必须弄清楚我们的模型里面还缺什么。是否还有一些我们尚不明白的物理学原理，或者我们没有考虑在内的人类活动因素，比如冰雪表面的烟灰。"

* * *

现在，即便是小学生也知道，水分子是由两个氢原子和一个氧原子构成的。氢元素早在140亿年前大爆炸的时代就形成了，而氧是一个更为复杂的元素，是在恒星超热的内部形成的。当恒星衰亡，进入超新星阶段，爆炸过程就将氧元素送入太空，和氢一起结合为水。

宇宙是沐浴在水中的。科学家最近发现，距地球120亿英里*的一个黑洞周边有一大团水[17]。仅在我们的太阳系，木星、土星、海王星、天王星内部也有大量的水。火星的两极有冰盖，就像地球一样，在其南纬和北纬地区也有条带状冰川（据科学家计算[18]，火星冰川中的水量若变成冰均匀覆盖在火星表面，平均厚度可达3英尺[19]）。木星、土星的卫星，其冰层之下也有海洋。与之相比，地球表面水体的不寻常之处在于，它主要是以液体的形式存在的，介于固体和气体之间，盐度不太高，酸碱度也适中，对人类而言是极其友好的状态。海

---

* 原文如此。距离单位应为光年。——译者注

洋覆盖了地球表面约 70%，要是没有这么多水，一天的工作之后，我们不可能吃到寿司，划到皮筏艇，或者洗上一个温水澡。不仅如此，连生命也不会存在。生命诞生于水，经过数十亿年的演化，才有鱼类出现，才有水生动物上岸，才有搭建在陆地上的帐篷。

　　但是我们还没有完全弄清楚的是，地球上的水最初来自哪里？最普遍的解释是，地球上的水来自由冰块组成的彗星和小行星，它们在地球形成的早期时代撞击地球的次数特别多，撞完之后这些冰和水就留在了地球上[20]。在外太空，大量混杂着杂质的冰雪球不断冲向地球，这听起来不可思议，但的确是可能的。另一个理论是，在 46 亿年前地球形成的初期，至少一部分水与其他物质一起裹挟在地球内部。无论水的最初来源如何，科学家们已经知道，地球表面的水量几十亿年以来一直如此。所发生的变化仅仅是水在地表的重新分布，其分布格局与我们这个行星的表面温度有关。

　　冰期来了又去，是除了只相信宗教书以外的人们已经接受的概念。然而，这个概念直到 20 世纪 40 年代还不为人所知。那时，一位塞尔维亚的工程师米卢廷·米兰科维奇（Milutin Milankovitch）提出[21]，地球运行轨道的变化引发了到达地球表面的太阳热量的周期性变化，当变化幅度足够大的时候，就导致冰期—间冰期的周期性变化。冰量增减的周期为 10 万年，在冰量增加的时候，圈闭了大量的水，海面就下降；当这些冰融化的时候，海面就上升。如果我们来看地球在百万年尺度上运行的快镜头，就能看到冰量的周期性增减。看上去就像我们的地球是活的、会呼吸一样。

＊　＊　＊

　　到达康克鲁斯瓦格之后的第二天，我们原本计划飞往海滨小镇伊卢利萨特（Ilulissat），那里已经成了科学研究的圣地，因为它就坐落在冰川前部。但是，博克斯租用的直升机的飞行员突然失联了。对于在格陵兰冰盖做研究的科学家来说，直升机就像自行车那样重要。没有直升机，要去冰盖地区做野外工作几乎是不可能的。

　　没办法，博克斯和他的同伴陪着我在镇上又过了一天。博克斯很着急，因为时间在流逝，待在镇上的每一个小时都意味着野外工作时间的浪费。然而饭还是要吃的。傍晚时分，博克斯和我一起步行到1英里以外坐落于冰融湖边缘的一个小餐馆，享用格陵兰当地的美食，有麝牛肉、烟熏大比目鱼、生鲸肉片等。

　　在吃晚餐时，博克斯和我谈论起2012年的融冰事件。融冰发生速度如此之快，远远超出了气候模型的模拟结果。这个事实说明，预测模型中应该是缺失了什么变量。但到底缺失了什么？是波状翻滚的气流把热能带到这个区域的吗？是低层云对热能的圈闭作用所导致的吗？可能吧。但博克斯根据他正在进行的"冰川学统一理论"所研究的结果，认为烟灰和生物造成冰层表面暗化是一个被忽视的重要因素。"理论的形成还需要花费一些时间，"他说，"可惜的是，现今世界的变化速度太快了，我们等不及再花费这么多年的时间去细细研究。"

　　我发现，博克斯吸引人的地方在于，他敢于描绘出一个宏观图景，而且他很清楚他真正的听众不是同行科学家，而是普通公众。在他看来，许多科学家不敢做出大胆的科学预测，这已经辜负了普通公众对科学的期待。对于博克斯而言，大胆地做出预测并不是问题。例如，在2009年，他宣布格陵兰岛最大的冰川之一的彼得曼冰川（Petermann Glacier）将在那一年的夏天裂解，成为北极迅速暖化的强有力信号。他甚至率领一支考察队，在偏远的冰川上布设观测仪器，以便记录下冰川崩溃的过程。许多研究冰川的人都认为他说的是无稽之谈，特别是在当年的夏天什么也没发生之后，嘲笑他的声音就更大了。但到了2010年，彼得曼冰川真的开始裂解了。两年之后，释放出来的冰山有两个曼哈顿地区那么大。

"我喜欢冰，因为它是大自然的温度计。"博克斯一边吃着麝牛肉披萨，一边对我说，"这不是政治问题。当整个地球都升温的时候，冰当然会融化。道理就是这么简单。这样的科学，人人都能懂的。"

*　*　*

起初，海面高程的实时监测与海面上升没什么联系。早在19世纪初期，潮位计就开始使用了。1807年，托马斯·杰斐逊（Thomas Jefferson）要求美国政府对海岸带进行系统的调查[22]，完善制图工作，以便发展海洋产业。由于海岸线变化与潮汐有关，因此在调查中必然需要进行潮位观测，了解海岸带水位的变化情况。全世界最早的连续潮位观测站位于旧金山克瑞丝菲尔德（Chrissy Field）附近的栈桥尽头，从1854年6月30日起记录潮位至今。

潮位观测记录最早是用水尺来进行的。木头制成的水尺竖立在水中，然后以人工方式阅读尺子上的水位数据。到了19世纪后期，水尺让位给了固定式潮位仪。有一根空心管子固定在栈桥的立柱上，管内有一个浮子，连接着记录笔。当浮子随着水位上下移动的时候，笔就在卷起的纸上记录下水位的高度变化。现在，潮位仪的技术含量已经大大提高了，利用微波来探测探头到水面的精确距离，再把信号发射到卫星，全球的研究者都可以实时地掌握数据。

但是，无论潮位观测多么准确，所记录的数据都是相对于潮位仪所在的陆地而言的，而陆地地面高程始终处于变动的状态。在一些地点，例如路易斯安那州的墨西哥湾海岸，地面处于下沉状态（地面沉降是由抽取地下水等行为造成的），如果仅看潮位数据的话，会觉得这里的海面比别处要高得多。在另一些地方，例如阿拉斯加州和芬兰，地面因为"冰川回弹"而处于抬升状态 *。

纽约市是冰川回弹正在发生作用的一个实例[23]。2 万年前正处于上一个冰期，冰盖的重量压在美洲大陆北方的地面上，主要是加拿大和美国北部，使得现在纽约所在地区的地面向上鼓起（就像把手掌按压在坐垫中间，其周边鼓起的样子）。如今，鼓起来的地方又因为地壳的恢复力而向下沉降了，相当于提高了海面上升的速率。

面对这种地域性差异该怎么办呢？有一个办法是获得全球各地验潮站的平均数据。尽管如此，全球海面变化是很复杂的现象，验潮站的平均值仍然是很粗糙的估算值。近期发展的新技术提供了更好的方法。1992 年，美国国家航空航天局和法国国家太空研究中心（CNES）联合发射了托帕克斯卫星（TOPEX/Poseidon）。这是第一颗能够准确测量海面变化的卫星。之后又陆续发射了三颗卫星，它们在观测时段上能够做到衔接，并已经持续提供了 25 年的海面变化数据。最近一次是在 2016 年初发射的 Jason-3 卫星，这颗卫星围绕地球飞行时，根据从海洋表面返回的雷达波来计算卫星到水面的距离，同时也记录下卫星到地心的距离。这种测量方式排除了潮汐和波浪的影响，数据也不会因为地面升降而失去真实性。所获得的资料与验潮站所记录的平均值相结合，再加上海洋浮标所记录的海水热容量变化的数据，科学家就能更清楚地掌握海面上升的幅度以及上升的原因。

随着数据质量的提高，如今科学家们能够更清楚地了解陆地移动以外的其他因素对海面变化速率的影响。其中一个因素是我前面已经

---

* 这是冰盖消融后地壳反弹上升而生成的一种现象。——译者注

提到过的重力示踪标记效应。格陵兰冰盖融化的海水被推往南半球，而南极冰盖融化的水被推往北半球。另一个重要的因素是气温，它有日变化、季节变化和年变化。海水变热的时候，体积就膨胀（当然，如果到达沸点的话就会气化，不过不用担心，因为海洋还从来没有热到那个程度）。在全球范围内，气温上升导致的海洋受热膨胀因素，对于过去 50 年中记录到的海面变化总量差不多有一半的"贡献"[24]。未来这个"贡献"的比例会降低，因为来自格陵兰岛和南极大陆的冰融水量的增加将会产生更大的作用。

洋流也能够影响区域性的海面变化。美国东部海岸有湾流（即墨西哥暖流），北方的冷水被带往赤道海域，循环一圈后再将温暖的海水带回北极，其流速的大小变化可影响从弗吉尼亚州到佛罗里达州的近岸区域的海面变化。湾流流速增大，海水被带离岸线；而如果流速下降，就会堆积在岸边，使局地海面上升。弗吉尼亚州的诺福克海岸带地势低平，地面正在发生沉降，因而成为研究海面变化的热点区域。在这个地方，如果湾流流速下降，把海水推向海岸，可不是什么好事。关于 1950—2009 年海面变化的最新研究显示，哈特拉斯角（Cape Hatteras）以北的海面上升速度比全球平均值快了 3 ～ 4 倍[25]。

冰盖融化和海面上升，两者叠加起来的后果更令人担心，它们就像一部时间机器[26]，改变着我们每天的长度。它们是这样起作用的：冰盖融化和海面上升使得更多的海水在重力作用下涌向赤道海域，整个地球的形状就会发生一些微小的变化，中间地带变宽了一点。这样一来，地球自转的速度也会降低一些，就像芭蕾舞演员伸展双臂时身体旋转的速度就会下降一样。虽然所造成的地球自转速度下降是微小的，相当于每年慢了千分之几秒，但正如每年不起眼的海面上升那样，会存在一个累积效应。在地球被恐龙所统治的时代，一天的时间长度差不多是 23 个小时，可比现在快了不少 *。

* * *

博克斯出生于科罗拉多州（Colorado），在丹佛市（Denver）的近郊度过了他的青少年时光。他的父亲是一位电气工程师，为一家航空制造公司工作。"博克斯小时候很聪明[27]，喜欢制造麻烦。"博克斯的姐姐莱斯莉（Leslie）回忆道。他 10 岁的时候在野地里放了根避雷针，险些引起了镇上的一场火灾。

他十几岁时经常穿一件无袖军装夹克，脚蹬滑板到处溜，爱听"死亡肯尼迪"（Dead Kennedys）、"差宗教"（Bad Religion）和"犹大圣徒"（Judas Priest）等乐队的音乐。博克斯后来考入科罗拉多大学博尔德分校（University of Colorado Boulder），与他的姐姐一起加入了一个叫"传感器"（Sensors）的车库乐队，他本人担任吉他手兼主唱。演出期间，他喜欢用旧电器来装饰舞台，如旧示波器、破损传真机之类。"有些人能够喝烈酒，狂欢到半夜，第二天

博克斯在格陵兰岛获取冰芯。[照片由彼得·辛克莱（Peter Sinclair）提供]

---

* 恐龙时代的一天时间短于现在，实际上并非由于作者所说的效应，而是潮汐摩擦作用所导致。——译者注

照常起个大早去听那深奥的科学课，博克斯就是这样的人。"他姐姐回忆道。在大学里，他从计算机科学（"很书呆子气"）跳到天文学（"有趣但不接地气"），又跳到地质学（"节奏太慢"）。"后来我上了一节气候学的课程，看到了基林曲线（Keeling Curve），之后就入了这一行。"博克斯对我说。基林曲线是以科学家查尔斯·戴维·基林（Charles David Keeling）的名字命名的，是 1958 年以来观测大气二氧化碳浓度上升的知名曲线，它成了全球变暖研究领域的基石。"我知道它会产生巨大的影响。"博克斯说道。

博克斯第一次到格陵兰岛旅行的时候只有 20 岁。"我记得，他进入我的办公室，直截了当地说：'我要跟着你一起去格陵兰'。"冰川学家康拉德·斯特芬（Konrad Steffen）说道，当时他担任科罗拉多大学的地质学教授。那次野外工作，博克斯的职责是安装和维护格陵兰岛周边的小型气象站。在此过程中，他对风、气温和阳光是如何影响冰川的这个问题产生了兴趣。后来写成了他的博士学位论文，主题是格陵兰岛冰川的冰量减少与蒸发过程的关系。毕业之后，博克斯来到享有盛名的俄亥俄州立大学（Ohio State University）伯德极地与气候研究中心（Byrd Polar and Climate Research Center）任职。2013 年，他带着妻子克拉拉（Klara）和女儿阿斯特丽德（Astrid）一起搬到哥本哈根，加入了丹麦和格陵兰地质调查所。他的首要工作任务之一，是完善实时监测格陵兰岛冰体变化的计算机模型。此外，还协助丹麦政府评估在格陵兰岛开发融冰资源的项目，例如利用冰川水力发电。

2012 年夏天，从纽约拉瓜迪亚机场（LaGuardia Airport）前往格陵兰岛的旅途中，博克斯第一次看到了科罗拉多州熊熊山火的视频。"在电视里看着自己的家乡着火，这种感觉很奇怪。"博克斯跟我说，但这同时引发了他的一个想法。美国国家航空航天局的托马斯·佩因特（Thomas Painter）回忆道："博克斯给我打来电话，问了一个问题，'山火里出来的烟灰会使格陵兰冰盖融化吗？'我告诉他，我不知道烟灰会不会到达那里，但考虑到大气环流，应该是有可能的。"几个星期之后，情况真的严重起来了。博克斯从卫星激光影像中发现，冰盖的上方出现了一片烟云，很可能是从远方飘来的山火烟尘。

烟尘可以明显地影响冰雪的融化速率，这个想法并不新鲜。美国国家航空航天局的科学家汉森在 2004 年发表的一篇论文中就提到了这一想法[28]。他推论说，如果北极冰雪的反照率由于烟灰遮盖而降低 2%，其对冰雪融化速率产生的影响就会与大气中二氧化碳浓度加倍所产生的影响相同。博克斯的创新之处在于，他试图将 2012 年科罗拉多山火与同年的格陵兰冰盖融化直接关联起来，也就是说，将一次具体的山火事件和具体的融冰事件直接联系起来。

许多科学的思想都是富有诗意的，但博克斯的这个想法真的说到了点子上，说明气候上的微小变化可能以难以预测的方式进入正反馈，并相互放大。在博克斯看来，美国的气温上升给洛基山脉的松树林施加了压力，使其易受松树皮甲虫的攻击。甲虫钻进树干，导致松树死亡、干枯。野餐的人们一不小心扔了一个火星，一棵干枯的树被点燃，接着整座山都烧起来。烟灰被卷入大气，随着气流飞向高空，其中一部分降落到了格陵兰岛，使雪的表面变暗，加速了冰的融化。融水流入北大西洋，再向迈阿密、上海、纽约、威尼斯、孟买、拉各斯和孟加拉国的稻田深入。更多融水进入海洋，海面便进一步上升，深入陆地。

南佛罗里达大学（University of South Florida）的地质学家尤金·多马克（Eugene Domack）是见到南极半岛拉森 B（Larsen B）冰架的最后一波人之一。2002 年 12 月，正当南极盛夏，他在南极大陆花了三个星期的时间采集阿蒙森海（Amundsen Sea）的海底泥样，试图从中寻找被运到冰山底部海水中的砾石沉积物，从而了解历史上冰盖破裂的速率。那年 12 月，他在紧邻拉森 B 冰架的地方工作了很长一段时间。拉森 B 冰架是当时世界上最大的冰架之一，其面积差不多有罗得岛那么大，冰的最大厚度有 200 英尺。在那个夏天，多马克注意到，天气特别暖和。如果当时他登上冰架，就能在冰面上看到许多融池（南极半岛向北伸入海洋，是南极洲唯一一处在最近几十年里表面冰层明显增温的地方）。但实际上，多马克并没有登上冰架，他也没有意识到冰架已经处于不稳定的状态。毕竟，这座冰架已经矗立在那儿 12 000 年了。

返回美国后又过了一个月，他惊讶地听到拉森 B 冰架成了国际新闻[29]。整个冰架以异常壮观的方式崩溃了，这一事件的前后过程被卫星影像捕捉到了。冰架的崩溃是在不到一个月的时间里发生的。"太令人震惊了[30]，"多马克对我说，"从未有人想到冰架会裂解得那么快。"

对气候学家来说，拉森 B 冰架和 10 年之后整个格陵兰冰盖表面的融化是极大的警示信号。"这一事件说明，我们对于目前冰盖正在发生的变化知之甚少[31]。"俄勒冈州立大学（Oregon State University）的知名海面上升研究专家彼得·克拉克（Peter Clark）说道。克拉克是联合国政府间气候变化专门委员会（Intergovernmental Panel on Climate Change，IPCC）的第五次报告以及后续报告中有关海面上升主题的主要作者之一。报告发表于 2013 年，还来不及包含前一年格陵兰岛融冰事件的研究结果，当然也未能包含南极洲西部冰川的脆弱性研究的最新结果。因此，在 2013 年刚刚发表的时候，这份报告就已经过时了[32]。

这件事举足轻重，因为 IPCC 报告是为全球气候协议和海岸带规划提供科学依据的重要文件。2013 年 IPCC 报告中有关 2100 年海面上升 3.2 英尺的预测尤为重要，它是 2015 年巴黎气候协定谈判的科学依据，各国政治家和社会活动家都把它看成是达成务实的全球协议、降低碳排放的有力支撑。IPCC 报告每 6 年更新一次，它既是历史数据（记录过去海面变化的幅度和速率），又是最高水平的模型和研究。当然，科学以一种刻意的方式缓慢前行，IPCC 报告并不被看作最前沿的知识来兜售。尽管如此，由于 IPCC 报告被政治家和科学家当成"金科玉律"，因此许多人也认为，IPCC 报告预测到 2100 年海面上升 3.2 英尺，已经是海面上升幅度的最大估算值。但真实情况并非如此。

2012 年过后，格陵兰冰盖的大规模融化，加上拉森 B 冰架的崩落，种种迹象表明冰盖的变化要比过去预测的快得多。现在，有关冰盖未来的动态，科学家们究竟了解了多少？美国国家航空航天局的汉森在 2015 年发表的论文里说，由于南极冰盖融化速率呈指数式上升[33]，到 2100 年，海面上升的幅度有可能达到 9 英尺[34]。马萨诸塞大学（University of Massachusetts）的罗伯·迪康托（Rob DeConto）和宾夕法尼亚州立大学的戴维·波拉德（David Pollard）合写的另一篇论文指出，仅南极洲西部的思韦茨和派恩岛（Pine Island）等大型冰川的快速融化，就能导致 2100 年海面上升 3 英尺。科学家在野外目睹的冰架破裂和冰川加速融化证实了这一切。"来自南极洲西部的最新现场数据令人咂舌[35]。"美国国家海洋和大气管理局的海岸带规划负责人玛格丽特·戴维森（Margaret Davidson）在 2016 年的一封电子邮件里写道。

对于居住在迈阿密滩、南布鲁克林、波士顿的后湾（Back Bay）或任何低地海岸的人们而言，2100 年海面上升 3 英尺或 6 英尺，两者之间的差别意味着要么被淹没但仍能生活，要么被彻底淹没——包括价值亿万美元的海洋带房地产，更不用说生活在那里的 1.45 亿人了。他们居住的地方海面高程还不到 3 英尺，许多人居住在像孟加拉国或者印度尼西亚那样的贫穷国家。3 英尺或是 6 英尺，是尚可管理和陷入海岸带长期灾难的差别。对于许多太平洋岛国而言，这又是一个生死存亡的差别。

根本性的问题仍然在于：科学家至今没有弄明白尚未纳入模型里的那些加速冰盖融化的关键驱动因素是什么？是摇摆不定的气流吗？还是洋流的变化？冰面上的烟灰？在迪康托和波拉德关于南极洲西部的合作论文里，只是简单地考虑了南极洲西部冰川表面之上的一小部分融水的因素，再加上一点稍作改进的冰悬崖裂开的物理因素的知识，就得到了冰川快速崩溃的结论。"我们还是不知道崩溃速率的上限在哪里。"宾夕法尼亚州立大学的地质学家理查德·阿利（Richard Alley）告诉我说。他可能是最懂冰盖动力学的一个人，"我们在处理一个棘手事件，人们从未经历过、从未看到过，我们也没有什么参照物可加以类比。"

像曾经同我交谈过的许多科学家一样，博克斯很爽快地承认，IPCC 报告中关于 2100 年海面上升 3.2 英尺的数字大大地低估了实际情况。我问他是否认为 2100 年上升 6 英尺的数字还是太低。

他毫不犹豫地回答说："肯定是。"

* * *

就在我们饭也吃完了、腿也跑酸了的时候，博克斯终于找到了直升机飞行员，于是我们准备出发了。我们进行了一次短暂的飞行，前往格陵兰岛西海岸以北 100 英里处的伊卢利萨特。就在我们飞到空中的时候，我看到了冰盖，宛如一条条白色的河流伸向深蓝色的大海。接近伊卢利萨特的时候，博克斯指给我看脚下的雅各布港冰川。那宽广、平坦的冰川集水区，还有向下流动朝着迪斯科湾（Disko Bay）而去的雅各布港冰川，在水边线处突然停住了它们的脚步。峡湾的水面上漂浮着一些冰山，从空中看，它们就像一块块摆放在水面的鹅卵石。

我们在伊卢利萨特的小机场着陆，卸下装备后乘摆渡车前往住宿的宾馆。在格林兰语里，"伊卢利萨特"是冰山的意思。这座迷人的渔村布满色彩明亮的新英格兰式木屋，村子的地面是倾斜的，通向小海湾。我们住的北极宾馆（Hotel Arctic）坐落在山麓，面向小海湾，可以远眺峡湾。与我们在康克鲁斯瓦格住过的小屋相比，简直就是华尔道夫酒店＊了。[在办理入住手续时，我们听见另一位旅客说："艾尔·戈尔（Al Gore）来访时就住在这里。"]在博克斯再次检查野外设备的时候，我沿着宾馆旁的小道走了一小段，浮冰就漂在岸边不远处，在夕阳照耀下闪闪发光。有的浮冰有第五大道上的纽约公共图书馆（New York Public Library）那么大，也有小的，像邮筒那么大。它们让我想象起列队走向战场的士兵。

格陵兰岛迪斯科湾的浮冰。（本书作者拍摄）

＊ 华尔道夫（Waldorf Astoria Hotel）是一家高档品牌酒店。——译者注

·

上午我们搭车去机场，遇到了跟我们合作的第二位直升机飞行员马利克·尼尔森（Malik Nielsen）。他的情绪一会儿紧张，一会儿放松，显然他知道自己在做什么，但从未忘记在这样的条件下飞行的危险。我们讨论了飞行方案，飞行中要观察雅各布港冰川前缘的崩塌情况，然后向上飞到冰盖的顶部，采集冰盖表层的烟尘样品。

我们钻进贝尔 212 型直升机，它在格陵兰岛是一种普通的交通工具，里面的空间大得出奇。摄影师彼得·辛克莱（Peter Sinclair）也加入了我们，与飞行员一起坐在前舱，博克斯和我则坐在后排。我们戴上头盔，再次作了安全检查，然后开始 25 分钟的飞行，前往雅各布港冰川。

我们在冰川前缘海湾的上空飞行，高度约 500 英尺，可以俯瞰这片冰山哺育场。雅各布港冰川的前缘冰面在我们的眼前闪烁，那是一道蓝白色的冰墙。我看见冰面上脱落的冰块，向下落入大海之中。

在我们到达冰川表面采样站位之前，直升机向南转弯，飞向与冰川平行分布的崎岖山脉。我们要寻找一片博克斯从卫星图像中找到的开阔平地。他跟飞行员用对讲机说了几句话，然后微笑着对我竖了一下大拇指。又过了一会儿，直升机在一块还算平坦的石质地面着陆，这块空地大约有一个足球场那么大。博克斯跳下直升机，"欢迎来到新气候大陆。"他说道，然后摆出轻盈、博学的姿态，让摄影师辛克莱给他单独拍了一张照，这张照片足以让他的高中科学课老师为他感到骄傲。几千年来，他解释说，这里被高楼大厦那么厚的冰雪所覆盖，但现在，过去的几个月里，所有的冰雪都踪迹难寻了。"我们可能是第一批踏上这片无冰地面的人。"他激动地说道。

在起飞前往冰盖深处之前，我问我们能否再次经过雅各布港冰川，再看一下冰川的前缘景色。博克斯点了头，但警告说我们的直升机不能太靠近冰川前沿。大规模的冰块崩落事件是很难预料的，一旦发生，冰川悬崖崩塌到峡湾里时引发的气流紊动会十分危险。

对此尼尔森显然不太在意，因为当我们迫近冰川悬崖的时候，他把直升机飞得如此之近，以至于我几乎能够伸出手来触碰冰面。冰川悬崖从直升机窗口掠过，蓝色、透明、充满裂缝。就在我们前头，我看见一块巨大的冰块掉入水中，它垂直地下落，就像下面打开了天花板的活板门一样。我定睛再看，又往下掉了一小块冰。我能够感受到其中的物理学作用，一股古老而又不可阻挡的力量使得冰川向下滑向海洋，以此重塑我们的世界。

第 4 章

空军一号

美国总统奥巴马来阿拉斯加州访问时，心情很不错。那是 2015 年的秋天，他的第二个总统任期还有一年多的时间就结束了，终点线已然在望。按照官方说法，他本次旅行的目的，是对世界面临的日趋严重的气候灾害表示关切。但实际上，除了他在安克雷奇市（Anchorage）所做的有关大政方针的一次讲话之外，他三天的大部分时间里都在阿拉斯加州北部跑得兴高采烈。"他对逃离自己的牢笼感到很高兴。"一位总统办公室顾问开玩笑说。另一些人则赞扬总统对美国经济繁荣所做的贡献，或者为总统刚刚得知的消息而兴奋。他已经得到了足够多的国会议员投票，来保护好不容易才建立起来的与伊朗之间颇具争议的核问题协议。几个月之前，特朗普刚刚宣布参加总统竞选，但此时此刻，特朗普的竞选活动还只是一个笑话，没有人真把它当回事。奥巴马总统的声望如日中天，他在总统执政期间的一切作为似乎都能得以延续。

无论出于什么理由，总之，奥巴马总统在安克雷奇的埃尔门多夫空军基地（Elmendorf Air Force）走出豪华防弹越野车时，显得很高兴。

总统一路微笑着与当地的头面人物逐一握手，然后登上"空军一号"的舷梯，要去位于阿拉斯加州西海岸的科策布村（Kotzebue）做一次短途飞行。该村被认为是受到海面上升威胁和气候变化影响的一个典型。这是本次阿拉斯加之行的第三天，也是最后一天，他没有穿戴西装和领带，而是像探险家那样身着黑色的户外长裤、灰色套头衫、黑色卡哈特牌（Carhartt）夹克衫。据白宫新闻发布的消息和博客视频，这次旅行是历史性的，奥巴马不仅是第一位造访北极地区的现任总统，而且是第一位使用自拍杆给自己拍下谈论人类文明末日视频的总统。

总统先生兴致勃勃的情绪，与他试图传达的信息的紧迫性和严肃性，正好构成了奇异的反差。"气候变化不再是一个非常遥远的问题，它就在这里发生，就在此刻发生。"他在安克雷奇一场有关北极的国际峰会上说道，当时是他本次旅程的第一天。他以令人惊讶的直白的语言警告说，除非能够采取措施降低碳污染，"否则我们将迫使我们的后代接受一个他们没有能力修复的地球：被水淹没的国家、被遗弃的城市、什么也不长的荒野。"他表达的紧迫感是很显然的，"我们行动得太慢了。"这句话，他在 24 分钟的讲话里面提到了 4 次。（后来有一位总统助手告诉我说，这句话是即兴发挥的，原稿上并没有。）

对于奥巴马来说，此次阿拉斯加之行标志着他总统任期里的最后一次大动作，就是要为当年晚些时候的巴黎国际气候谈判占据有利位置而造势。（"我要整个世界都跟着我去巴黎。"后来奥巴马对一位美国总统办公室的造访者说道。）《巴黎协定》被大众看作是把全世界各国都集中到一起的最终一次努力，为的是尽可能降低碳污染的水平，以降低气候变化的最坏影响，包括在未来几十年里减缓海面上升的速率。

在政策方面，总统并没有给阿拉斯加州提供什么帮助。他恢复了北美最高峰麦金利山的旧称，即迪纳利山（Denali），迪纳利是阿拉斯加原住民对其的称呼，他还要求加快建造美国海岸警卫队（US Coast Guard）的一艘新破冰船。在很大程度上，这只是一个象征性的姿态，对阿拉斯加人如何应对海岸侵蚀和永久冻土融化问题并没有很大的帮助（他后来想从 2017 年年度政府预算中给阿拉斯加州的村庄重建分配 1 亿美元[1]，但终究由于财政赤字而作罢）。事后看来，这次旅行其实只不过是为总统经过精准设计的宣传噱头。这里还引发了一个问题：假如美国民众看到美国总统站在一个正在融化的冰川之上，说这个世界遇到了麻烦，人们会在意吗？

"我为什么要开展此次旅行呢？部分原因是，我想以更多发自内心的方式来向人们强调，气候变化不是一个我们可以置之不理的、遥远的问题，"总统告诉我说，"这个问题要我们马上着手解决才行。"

奥巴马恐怕难以找到比阿拉斯加州更好的地方来阐明他的要点了。气候问题是化石燃料之兽的黑暗之心所带来的。一方面，阿拉斯加州的气温上升速度之快是美国别处的 2 倍[2]，冰川正在快速退缩。在我乘坐达美航空公司（Delta）的航班前往安克雷奇的途中，驾驶舱飞行员对乘客说："请关注飞机左侧窗外的冰川，它们不会待在那里很久了，不久的将来，它们就要完全消失了！"不仅仅是科策布那样的村庄会陷入困境，就在奥巴马造访的那个星期里，受到气温上升的影响，3 500 头北极海象挤在阿拉斯加州北部的海滩上[3]，因为过去它们在捕猎后赖以栖息的海冰已经消融得不见踪影了。

另一方面，阿拉斯加州的收入几乎完全依赖化石燃料生产。由于石油价格低廉，以及阿拉斯加北坡（North Slope）油气资源衰竭，其经济呈断崖式地下降，2015 年阿拉斯加州的财政预算就有 37 亿美元赤字[4]。阿拉斯加州州长比尔·沃克（Bill Walker）是在本次旅行开始时陪同奥巴马总统从首都华盛顿飞来安克雷奇的。据一位总统助手所说，沃克州长恳求总统允许在其他区域扩大油气田开发的面积，以便增加一些本州的税收。"阿拉斯加州经济体系单一，"阿拉斯加州的一个环境组织——库克水湾保护组织（Cook Inletkeeper）的执行经理鲍勃·沙维尔森（Bob Shavelson）告诉我说，"这里必须要开采更多的石油，否则经济是支撑不下去的。"

就在飞到科策布的那一天，空军基地安排总统的波音747飞机停留在安克雷奇机场，改用一架小一些的波音757飞机（它也被称为"空军一号"，任何一架飞机，只要总统在上面，就会用这个名称。总统的随从人员把它称为"小空军一号"）。总统的几位资深助手也同机前往，包括国家安全事务顾问苏珊·赖斯（Susan Rice）。

赖斯在此次旅行中的出现提示我们，北极地区冰雪的快速融化对国家安全也有影响。冰雪消失之时，一个新的大洋将开放出来。那里包含了全球30%未开发的天然气储量[5]和13%的石油储量。与俄罗斯不同，美国的油田装备是比较落后的，只有一条重型破冰船，而俄罗斯有40条。而且俄罗斯也不是唯一一个盯住北极地区的国家，就在我们飞往科策布的时候，向东几百英里，加拿大军队在举行代号为"纳努克"（NANOOK）的军演。这是一年一度的大规模军事演习，按照加拿大政府的说法，是要"彰显本国在北极地区的国家主权"。

在进入极圈之前，我们在迪灵汉（Dillingham）降落。迪灵汉是布里斯托尔湾（Bristol Bay）旁的一个小镇，阿拉斯加州三文鱼的主要产地。总统的车队直接开往海滩，已有几位当地的渔妇用渔网捕到了几条银鲑。这又给了总统一次在社交媒体上露面的好机会，他顺带着谈论了一下三文鱼对阿拉斯加经济的重要性。本次旅行中最有趣的一幕由此发生了。总统双手戴着橙色的橡皮手套，从渔妇手里接过来一条2英尺长的银鲑，向上举起。这条鱼明显是一条雄鱼，还很活蹦乱跳，它突然把体液射到了总统的鞋上。奥巴马大笑起来，一位渔妇在他耳边悄悄地说了几句话，总统再次笑出声来，高声转述妇女的话，旁边的人们都听到了，"她说那雄鱼见到我很高兴。"

　　旅行的最后一站是科策布。在路途中，总统要求飞行员再向北飞得远一点，环绕基瓦利纳（Kivalina）岛一周，以便看清这座小岛。与科策布一样，基瓦利纳岛也是一个气候变化正在毁坏阿拉斯加本地沿岸村庄的典型岛屿。海面上升造成每年最高可达 60 英尺长的岸线蚀退[6]，而永久冻土的融化造成土壤层失稳，使得房屋坍塌入海。这给居住在基瓦利纳岛的 400 人带来很大的麻烦。如果要搬到高处，就差不多得花费 1 亿美元，但阿拉斯加州政府和联邦政府都不会为这笔支出买单。

　　飞机飞了一个大弧形，在小岛上空降低了飞行高度。这座岛距离阿拉斯加海岸不到 1 英里，从空中看去，就像是北极版的迈阿密滩，一道细长形的堡岛漂浮在宽广、寒冷的灰色海洋之上。白宫摄影记者霍普·霍尔（Hope Hall）冲到舷窗边，对着这片将要沉入海洋的陆地拍了一张照片。后来这张照片被用于总统的一则视频信息里，在脸书和其他社交媒体网站上发布。

基瓦利纳堡岛，岛上有 400 名阿拉斯加居民，正在被海面上升所吞噬。（照片由 Shutterstock 图库提供）

下午 5 点，我们降落在科策布机场。北极西北自治镇（Northwest Arctic Borough）的雷吉·焦耳（Reggie Joule）镇长在停机坪欢迎总统的到来，然后我们分乘几辆摩托雪橇车前往不远处的中学。我们绕着经历了风吹日晒的脆弱房屋转了一圈，看到了挂在窗上的美国国旗，还有前院破损的狗拉雪橇。我们能够感受到在这个地方生活的艰难。冬季最低温度可达零下 100℉，冬天冷风嗖嗖，漫长又黑暗，这里距离代表人类文明的公路，最近也有 450 英里远。

在科策布中学巨大的金属建筑里，挂满了欢迎总统前来访问的横幅，用钉子钉在屋顶上。差不多有 1 000 人涌入篮球馆，手举蓝色和金色相间的科策布因纽特狗的徽标。奥巴马精神放松地做了一次关于气候变化和北方美景的讲话，显然，他很享受能成为第一位视察北极区的现任美国总统并被载入史册。他说他羡慕沃伦·哈定（Warren Harding）于 1923 年来到这里待了两个星期，然而又解释说他很快就要返回首都，因为"不能长时间丢下美国国会而不管"。

欢迎仪式结束的时候，一位白宫助手把我带到一间空教室，该教室中心仅放着一张大圆桌，还有两把蓝色的塑料椅子。用蓝色美术纸做成的冰晶从天花板上悬落下来，一位执勤人员站在门边看守。我跟本次全程陪同的白宫新闻发言人乔希·欧内斯特（Josh Earnest）闲聊了几句，又整理了一会儿笔记。出乎意料的一点是，白宫对我要问的问题没有设定任何限制，也没有事先审查。欧内斯特告诉我，我将有 45 分钟的时间单独会见总统。

门厅外响起了脚步声，总统走了进来。他平易近人，让你感到很熟悉。如果你不知道他是美国总统的话，都不会觉得他有什么威慑力。我们握了手，并就本次飞行寒暄了几句，然后他在其中的一把椅子上坐下，说道："让我们开始吧。"结果我们谈了一个多小时。在这段时间里，他在公众讲话里的那种高兴劲儿没有表现出来，而是用字斟句酌的口吻说话，严肃的样子表现出他有理由相信人类文明的命运就掌握在他的手中。只有到了谈话的结尾，当我问道，他是否会为由于快速变化的气候而失去的东西感到难过时，他才表露出了一些感情。他把目光转向别处，好像对未来几十年将要面临的气候变化难以承受似的。

在采访中，我首先问到的是关于北极地区钻取石油一事，因为在本次旅行的新闻中，这件事经常被提到。如果他认真对待气候变化问题，为何能够允许建设更多的油井？总统很快指出，开放北极地区石油钻井并非他所为。"作为总统，绝不是每件事都能从零开始。"他说道，但并未提到是乔治·沃克·布什（George W. Bush）当时允许开放海岸之外钻井的事情。他争辩说，不管有关气候变化的科学研究多么紧迫，政治的事情总是要慢慢来，特别是对待像阿拉斯加州这样过于依赖化石燃料的地方。"如果我只是空谈，却无法建立政治共识，那就什么也做不成。"他接着谈到了推进清洁能源的重要性，因为能够降低能源成本，创造更多的工作岗位。"通过这种方式，我们正在降低人们所认为的经济发展与拯救地球之间的冲突。"

"好吧，我明白了。"我眼睛盯着总统，同时也在脑子里想，我现在正视的可是美国总统啊，但我仍争辩说，"但问题在于，建立有关气候变化问题的共识与其他问题不同，因为你要考虑物理事实，对不对？没法等到达成一致的看法后再来应对气候变暖问题。"

"我知道。"总统冷静地回答道。他卷起袖子，露出瘦削的手腕，"如果我们真要解决这个问题，我认为是能够做到的。不过我们不得不考虑一个事实，对于普通美国民众，即便他们已经忘记了我们以往对气候问题所持的否定态度，他们首先仍然会关心天然气的价格、日常的上下班交通等问题，然后才是气候变化。而且，如果我们对如何讨论这个问题以及如何与各种利益相关者在这个问题上的合作缺乏策略，那么事情就会失控，我们就会陷入一种欲速则不达的境地。"

"所以科学是不变的，"他继续说道，"问题的紧迫性也是不变的。但是我工作的一部分，是找到对我来说最快的途径。从 A 点跑到 B 点，什么是最好的途径？我们怎样才能够实现清洁能源经济？不参与政治的一些人可能会说，两点之间的最短路径是直线，那我们就走直线好了。但可惜的是，在一个民主国家，我可能有时候不得不走走曲折的路线，因为还要考虑到真正重要的事情和利益。"

我于是想，奥巴马真是个实用主义者。然而，考虑到他是世界上最大经济体的领导，他是不是应该尽到一些责任来避免他的女儿在未来会碰到潜在的气候灾难？

我本以为他也许会回避"气候灾难"的说法，但是他没有。

"对这个问题我想得很多。"他说道，停顿了一会儿，眼睛看着他自己的双手，"我为马莉娅（Malia）和萨莎（Sasha）想过很多，我也为她们的孩子想过很多。"

过了一会儿，他又重新转回到总统风格的声调，继续说道，"成为一名总统，好处之一是有许多旅行的机会，能从一个更高的视角看世界各地的奇观，这是极少数人才能获得的机会。昨天我们离船的时候，看着那些峡湾景观，海獭肚皮朝上边游泳边捕食，一头海豚跃出水面，一头鲸浮在海面向上喷水，我对自己说，一定要保证我的子孙后代也能够看到这些。"

"我们每年都回到夏威夷，我希望不上班的时候能够在这里度过尽可能多的时光。我要保证，当我的孩子在夏威夷潜水的时候，也能够看到我在 5～8 岁潜水的时候所看到的景象。以前我年轻时在印度尼西亚生活过很长一段时间，我希望她们也能够有相同的一些经历，比如穿过一片森林时突然看见一座古庙。我不想这些景物在我们的时代里消失。"

奥巴马总统在阿拉斯加的迪灵汉海滩。［照片由白宫的皮特·苏扎（Pete Souza）提供］

　　总统提到，在他度假的时候，曾经阅读过伊丽莎白·科尔伯特（Elizabeth Kolbert）写的《大灭绝时代》（*The Sixth Extinction*）一书，该书讲述了气候变化对自然环境的影响。"书里说得很清楚，世界上可以发生突然的巨大变化，这样的变化完全是有可能的，"他说，"这些事过去发生过，未来也可以再次发生。"

　　他十指交叉搭成了帐篷状，然后继续说道，"所以说，这一切都让我感受到，我必须极尽所能攻下这个难题。但是，作为一位总统，在日常办公室工作之外应该注意到，很多事情不是一个人能够完成的。我要反复地强调一个基本信念，那就是让美国人民感受到我所感受到的紧迫感。而现在他们做不到这一点，但其实也是可以理解的，因为今天的科学对人们来说十分抽象。随着时间的推移，这种抽象的程度会逐渐降低。我们所看见的山火，或者当下西部的一半土地都处于重度或极端干旱之中的现实，能否让人们更好地理解气候问题？对此我是表示怀疑的。假如在悲剧性地牺牲了三位消防员之后，在目睹他们所在的地方到处都着火之后，你现在跟华盛顿州的人们谈论这个话题，他们能够更好地理解气候问题吗？我仍然表示怀疑。但假如你向南去往潮水上涌就会发洪水的佛罗里达州以及周边地区，那边的居民也许更能理解一些。"

正式采访结束后，总统又去会见了一些地方官员。会见完成后，按照时间安排，他将与我沿着科策布湾（Kotzebue Sound）边走边聊，以便摄影师能够拍下一段视频，供《滚石》杂志（Rolling Stone）制作此次旅行的短纪录片。我们乘坐摩托雪橇，驶过几个街区，来到水边。科策布湾的灰色海水很平静，尽管还在9月初，但已经能感受到冬天的迫近。几百英尺以外，总统离开散步的小道，跟当地人谈论起消失中的海冰和今后的洪水来。

我回忆起几天前的事情。当时我看见总统步行到一条山岳冰川的面前，冰川不大，但站在那里的总统看上去仍显得身形渺小。通过这次旅行，我见证了象征总统权力的各种标志，如喷气机、直升机、特工、地方政客的逢迎。但是，这一切与自然世界的更大的力量相比，又那么的微不足道。

过了大约10分钟，一位总统助手向我招手，要我加入他们的行列。于是我又和总统走在一起，沿着科策布那段新铺装的海堤前行。成吨的抛石和水泥块抵挡住海湾里上升的海水，保护村镇的安全。特工们紧跟在我们后面，但保持在能听到谈话的范围之外。天气有点冷，总统把双手插入了外套的口袋里。

"我已跟不少科学家谈论过气候变化。"我说道，想充分利用时间跟总统多说几句，"他们中的许多人对于所预见的未来趋势争论不休，是应该诚实些、迟钝些，还是乐观些？他们毫无头绪。显然，您对此事负有重大责任。据您的判断，美国能够获得多少真相？因为您知道将要来临的是……"

"好吧，事情是这样的，"他告诉我，眼睛朝对岸看了一下，"当我还是一名社区组织者时，遵循的一个基本原则是，应该把大问题分解为许多小问题，这样人们才能够吸收、才能分别处理。所以，假如与人们谈世界性的饥荒，他们的态度大概会是，'我可解决不了世界性的饥荒问题'。而如果跟他们谈如何解决一个具体的问题，比如减轻眼前这些孩子的饥饿问题，这时他们就会有一些行动了。所以我这次旅行的主要任务，是敲响气候变化的警钟。但是，我要确保这样做了之后，不会让人们觉得一切已经注定了，对这些事情我们什么办法也没有。"

他说话的方式还不能让我完全相信他认为我们的未来并非已经注定。但我没有再继续追问下去。

"我们并不是要拯救每一只青蛙，也不是要拯救每一片珊瑚礁，"他说，"但是我能够拯救一部分珊瑚礁和一部分青蛙。生活需要适应，有时候也需要出一点格，但我能够防止最差的情况出现。希望我们的星球最终可以恢复得比现在好。不过头等重要的事情是，至少要表达出问题的迫切性。我们需要比现在所表现的更加积极一些，在这一点上不能退缩。"

我继续问道："但是您了解科学，会不会偶尔对研究结果感到恐惧？"

"会。"他说，坦率而简洁。

我提出，许多科学家相信到21世纪末我们将看到6英尺以上的海面变化，这是IPCC报告中估算值的2倍。

"6英尺吗？"总统问道，好像突然听到这个数据就使得他之前的想法变得更真实了一样。

"是啊，"我说，"正如您所知道的，这些研究还存在着一些不确定性，但是误差在于海面上升的幅度比我们预期的更大，而不是更小……"

"你看，我工作的一部分，就是阅读这些随时让我感到恐惧的材料。"

他说这话时的方式让我忍不住笑出声来，"我想，真实的情况的确会是这样的。"

"例如，我长期关注流行病。而在我们的一生当中，可能会有一些像西班牙流感那样造成许多人死亡的事件……如果我们不小心的话。我要尽我所能且极尽所能，我不愿意被一件事情的规模之大所吓倒，我也不愿意民众因为认为某件事情是不可控的而被吓倒。我非常非常地相信，人类的想象力能够解决问题。通常我们解决问题的速度比我们想象的要慢一些。这在某种意义上来说，是民主的双重好处。事情就是那样。我们尝试其他各种可能，我想丘吉尔（Churchill）是这样说过的，最终，当我们穷尽了所有可能性的时候，我们就把事情做对了。我希望这句话也适用于现在面临的问题。"

谈到这里，我们的散步也结束了。一位总统助手带他去见了"艾迪塔罗德 2011"* 的冠军约翰·贝克（John Baker）。他给了总统一条可以抱着的小狗，又赠送他一顶棒球帽。我一边看着他们，一边与负责气候变化事务的特别顾问布赖恩·迪斯（Brian Deese）交谈起来。他是个聪明而不张扬的人，与总统站在一起显得非常可靠。即便是穿着破旧的徒步鞋，一边的鞋底都要掉了，他也会认为那是件有趣的事情。

我告诉迪斯，在与总统交谈的时候，总统提到了佛罗里达州面临着海面上升的风险。我很想知道，像迪斯那样能够协助总统在 2009 年给汽车工业成功地提供紧急财政援助的人，对于海面上升可能给海边城市带来的金融危机有什么看法。"当迈阿密被海水淹没的时候，你将会做什么？"我问他，"一个美国大城市的消失意味着什么？美国联邦

---

* "艾迪塔罗德 2011"是在艾迪塔罗德（Iditarod）这个地方举行的狗拉雪橇比赛。——译者注

政府将如何应对这件事情？如果迈阿密需要财政援助，那么许多沿海城市也会需要。”

　　"迈阿密有许多资源，"迪斯对我说，"当地人自己能够解决这个问题。他们可能需要提高税收来应对，不过我想，未来那里会出现许多革新。我倒是对基瓦利纳这样的地方更为关心，那里的居民哪儿也去不了，他们手头的资源也非常少。"

　　过了一会儿，迪斯离开我，加入总统那边。此时，总统正在走向他那辆装甲越野车。到了大约晚上 8 点半，我们乘坐摩托雪橇返回机场，总统就此登上"空军一号"的舷梯。一小群阿拉斯加人从一道铁丝网围栏后向他招手，高声道别。他在北极圈待了 4 个小时，然而与任何一位总统相比，他这 4 小时已经创下纪录了。当我坐到"空军一号"上自己的座位时，我注意到奥巴马总统已经坐在会议桌旁的皮椅上了，头上还戴着那顶艾迪塔罗德棒球帽。他对他的助手们说道，"我们继续工作吧。"

第 5 章

房地产的轮盘赌游戏

迈阿密的佩雷斯艺术博物馆（The Pérez Art Museum）于 2013 年开馆，是本市第一座承认迈阿密具备亚特兰蒂斯岛新特点的建筑，尽管当初并不是刻意要营造这样的印象。这座大楼由瑞士建筑行业有名的赫尔佐格和德默隆（Herzog & de Meuron）建筑事务所设计，花费 1.18 亿美元建成，位于迈阿密市中心城区边缘，可远眺比斯坎湾。建筑设计师们的灵感来自 20 世纪 30 年代建在水边的一组高跷房屋，人们称之为"斯蒂茨维尔式建筑"（Stiltsville）。这组建筑是给房屋拥有者寻欢作乐的地方，而这些活动一般游走在法律边缘。博物馆看上去就好像是悬在半空中，其主结构由多根细细的水泥柱所支撑。扁平的凉棚式屋顶可以让阳光透入，还有一个巨大的观景台，从上面可以直接俯瞰水面。悬在空中的绿色植物摇摇晃晃的，就像水中的海藻一样。最底层是铺满了砾石的开放型停车场，可以想象，即便风暴潮来袭后退去，对停在这里的车辆也不会有什么破坏性的影响。整座建筑就像是悬空在海湾的边沿，正在等待着海水的进入。这座博物馆被誉为迈阿密文化演进史上的一座里程碑，其名称来自开发商的名字乔治·佩雷斯（Jorge Pérez）（《时代周刊》戏称他为"热带的特朗普"[1]）。为换取博物馆的命名权，他捐献了价值 5 500 万美元的资金和艺术品[2]。

　　一天晚上，我来到博物馆听艺术家米歇尔·奥卡·多纳（Michele Oka Doner）*的演讲。她在这里举办了一次艺术家作品回顾展，主题是"我如何在半空中抓取到了一只飞燕"。奥卡·多纳是在迈阿密滩长大的，她的父亲早年是一位法官，20 世纪 50 年代曾担任本地区长。她的作品主题与迈阿密滩紧密相连。多年漫步于海岸线的经历给她带来了很多创作灵感：马尾藻塑造的人像、由青铜铸就的珊瑚组装成的椅子，还有浮木雕成的海洋神秘动物。而迈阿密周围的公共艺术设计则是奥卡·多纳最有名的作品，比如"漫步海滩"（A Walk on the Beach）。黑色水磨石与贝壳和硅藻形状的铜块嵌在一起，在迈阿密国际机场里占地超过 1 英里。我曾多次走过这里，有一天突然想到，这件作品给人的感受，与其说是在海滩上散步，不如说是在海底漫步。她似乎是在暗示，建在迈阿密戴德县地势低处、经常被洪水所淹的迈阿密机场，已经被大海召回去了。这多具有颠覆性啊！我与奥卡·多纳本人提到这一点的时候，她眼里闪着光说："没错，那正是我想要表达的意思。"

　　奥卡·多纳在博物馆的演讲中回顾起她的艺术作品，以及她是如何从南佛罗里达州的自然世界里获得灵感的。在一群衣着华丽的迈阿密政要和艺术品收藏家面前，她没有提及任何关于海面上升和气候变化的事情，但实际上她十分了解目前的情况。奥卡·多纳最近把她在迈阿密滩的部分住房出售了，因为她相信在海水到来之前出手刚合适。

　　演讲结束后，我回到了博物馆大厅，排队购买作品展的目录册。我注意到，排在我前面的是一位身着高档炭灰色西装的男士。他转过身来的时候，我立刻就认出了他，是佩雷斯，那个以他的名字命名了

---

* 奥卡·多纳是 20 世纪美国雕塑家。——译者注

博物馆的人。

如果说迈阿密有一位象征着 21 世纪早期建筑大发展浪潮的人，那就是佩雷斯了。"他就是迈阿密开发商里面那只重达 800 磅的'猩猩'。"公寓分析员彼得·扎莱夫斯基（Peter Zalewski）告诉我。我和佩雷斯在博物馆相遇的时候，他已经 66 岁了。他是一位古巴难民的儿子，出生于阿根廷，在哥伦比亚长大，在密歇根大学（University of Michigan）读的书。大学毕业后，他在迈阿密城市规划部门工作了几年，然后进入房地产行业。佛罗里达的瑞联集团（Related Group）是他与纽约的开发商斯蒂芬·罗斯（Stephen Ross）共同建立的，如今是迈阿密最大的建筑公司，每五座公寓中就有一座是由该集团建造的[3]。在建筑师看来，瑞联集团的建筑虽然设计得不起眼，但利润很高。"他敢于做梦[4]，并且敢于把梦变成现实。"好友特朗普在介绍佩雷斯的《大集团原理》（Powerhouse Principles）一书时说道，这本书写的是如何在房地产行业里致富。"其结果是，既改变了生活，又改变了城市。"佩雷斯在佛罗里达民主党内部很有影响力，他曾慷慨地资助了克林顿和奥巴马的总统竞选活动。2017 年，《福布斯》杂志（Forbes）估算，他的个人财产高达 28 亿美元[5]。

就在写这本书的时候，我几次试图通过他的办公室与佩雷斯接触，讨论海面上升问题以及对他的建筑的影响，但我的运气不好，一直没联系上。而现在他就站在我面前。他的西装剪裁得体，领带打得一丝不苟，脸色黝黑而面无表情，胡须修理得很干净，黑色的头发整齐地梳起。看上去是一个自律的人，习惯保持冷静。

* * *

自我介绍时，我说自己是一位新闻记者，目前正在写一本有关海

2015 年，佩雷斯（右）和特朗普在佛罗里达州的阳光岛（Sunny Isles）。（照片由盖蒂图片社提供）

面上升的书。他的表情变得僵硬。我们随意地聊了几句。他提到他已经收集奥卡·多纳的作品长达 20 多年了。

"有几个问题想趁这次机会请教一下您。"我对他说道，这时他的表情更加僵硬。我问道："海面上升这件事如何影响您对南佛罗里达州房地产行业的想法？"

"我们平常不考虑这个问题。"他回答。

他不屑一顾的态度令我感到惊讶。

"难道不会改变您想要发展的房地产类型吗？"我又问道。

"不会改变。"

"那么对您正在建造的大楼的设计是否有影响？"

"没有，"他说，声调变得有点激动，"我们建造大楼都是按照建筑标准进行的。"

"对这座博物馆的设计有过影响吗？"

"从来没有想过这个问题。"他回答说。

"好吧。那么您是否担心本市日益增多的洪水会影响您的房地产价值？我的意思是，这种影响是不可避免的，不是吗？"

"不担心，"他说，"我相信，二三十年以后一定会有人找到解决方案的。如果这对迈阿密的确是个问题的话，那么纽约和波士顿不也面临着同样的问题吗？那时候人们还能跑到哪里去？"他犹豫了片刻，继续说道："再说了，到了那个时候，我是不是还活在这个世上都是问题，那么它和我又有什么关系呢？"

我一时无言以对。我知道，他在社交场合对记者的问题是不会打怵的。然而，对于这个关系到迈阿密未来的问题，或者是他的房地产将要被水淹没的问题，他却连点个头都不愿意，这是出乎意料的。这次会面是在 2016 年的春天，这个节点很重要，因为迈阿密正经受着高潮位导致的洪水，多家主要报刊和新闻节目都在谈论海面上升给这个城市带来的风险。难以想象的是，佩雷斯没有思考过这个问题，也没有考虑过海面上升会对他的产业产生什么影响。不过我们可以分析其中的道理，就像一位在迈阿密与佩雷斯共事过的建筑商对我暗示的那样，佩雷斯可能会担心，谈论海面变化或者承认海面变化的风险，会使他的水畔项目受到质疑，最后的结果是遭受金钱损失。

队伍排到头了，我没有机会继续提问了，奥卡·多纳正在前面签名售书。他转过身去，说道："很精彩的演讲，奥卡·多纳。"

奥卡·多纳热情地招呼他，在他购买的那本书上夸张地签上她的名字。

* * *

佛罗里达州 3/4 以上的人口居住在海岸线边上[6]。几乎所有的别墅、道路、办公室、公寓大楼、电线杆、输水管道、下水道，都很容易受到风暴潮和高潮位的影响。未来海面上升，这些基础设施中的大部分将不得不重建或转移。根据一份由大富豪迈克尔·布隆伯格

（Michael Bloomberg）、汤姆·施泰尔（Tom Steyer）和亨利·保罗森（Henry Paulson）共同资助的风险行业项目的报告[7]，到2050年，佛罗里达州价值150亿～230亿美元的房地产将会被淹没于水下；而到2100年，海水淹没所造成的房地产损失将高达6 800亿美元。

在迈阿密，这样的信息正在逐渐流传到房地产拥有者和投资商那里。对于别墅或公寓大楼的拥有者，这一消息带来一个问题：要不要把房产卖掉？还能持有房产几年？应该立即放弃公寓大楼吗？据我所知，迈阿密拥有房产的人几乎都在盘算这个问题。这像是一个房地产的轮盘赌游戏，人们在想，我的运气怎么样？打算赌多大的一把？

每个人都在以不同的方式玩着这场游戏，这取决于他们听到的传言、了解到的科学、人性本能、与所居住地方的情感联系，以及对风险的忍受度。在我去听奥卡·多纳在博物馆所做的演讲的那天晚上（前面已经提到，奥卡·多纳本人也在盘算这个问题，并且决定出售她在迈阿密滩的房产），我通过"优步"（Uber）打到的一辆车的驾驶员卡迈勒（Kamel）碰巧也非常了解海面上升的风险问题。他10年前从土耳其移民到佛罗里达州，目前在迈阿密拥有好几处公寓房。"我在爱彼迎（Airbnb）*上把它们都出租了。"他告诉我说。然后我问他有关海面上升的事情，他并未争辩这会不会发生，而是提到他曾经读过的一篇杂志文章，文章说迈阿密的情况到2025年会真正变得糟糕起来。"所以，再过七八年，我就要把这些房子卖掉，"他说道，"而现在只要人们源源不断地来到这里，我就能从爱彼迎赚到钱。"

几天过后，我与一位富裕的退休商人一起吃饭。他拥有一座宽敞的公寓，在大楼的第17层，而这座大楼就位于迈阿密滩附近很容易被

---

* 爱彼迎（Airbnb）是一家从空房房主处获得房源，然后出租给旅游者的服务型网站。——译者注

洪水淹没的地方。这天傍晚，天气很暖和，我们一起站在他公寓的阳台，远眺比斯坎湾的水面和迈阿密市中心的灯光。"我太喜欢这个地方了，"他说，"能住在这里，我感到很幸运。"他边说边看着岸边停泊着的游艇。"海面上升 3 英尺前，或许还有办法，"他说，"即使上升得更高些，我也觉得这里是安全的。这座大楼这么值钱，总有人会来处理的吧。"然而，他停顿一下之后，指着北迈阿密滩的方向，那块地方的房地产价值低很多，他说道："不过如果你有一座普通的房屋，靠近高尔夫球场之类的地方，那么估计会有麻烦。因为没有人会去解决那种地方的问题。"几个星期之后，居住在同一幢大楼里面的一位朋友给我写电子邮件说，他对这个问题有不同的判断。"即便条件还允许继续居住下去，我也要想办法搬离，"他告诉我，"'狂欢的盛宴'已经结束了。"他在 5 年前用 100 万美元买下了这座公寓，最终又以 200 万美元的价格卖了出去。

在房地产轮盘赌游戏中，每个人都会有自己的策略。我遇到过一位艺术家，他预计迈阿密房地产市场将彻底倒闭。在这位艺术家看来，当海水上涌越过石灰岩，漫过树根，导致树木开始死亡的时候，就是城市迎来大洪灾的明显预兆。一位小学教师告诉我，就在她和她丈夫正计划出售他们的房子时，地产评估网站上房价已从 35 万美元下降到了 30 万美元。当然，我也遇到过不少人，他们告诉我他们绝对不会卖掉房子，因为他们是如此热爱迈阿密的生活，宁肯随着船沉到海底也不愿放弃。

瑞士精神科医生伊丽莎白·屈布勒-罗斯（Elisabeth Kübler-Ross）曾经写道，悲伤有 5 个阶段：否认、愤怒、谈判、沮丧、接受。据我所知，直到 2013 年，在迈阿密戴德县，也只有 4 个人公开承认海面变化将在不久的将来给城市带来严重的问题。就在 2010 年，戴德县完成了一个新的分区规划，人们称之为"迈阿密 21"，是用来颂扬新都市主义、为迈阿密度过 21 世纪作准备的，然而规划里压根儿没有提到海面上升的事情。戴德县的一位官员告诉我，"人们心想，如果他们不予理睬，问题就会自己消失。"

但是这种"否认"阶段正在退去。许多佛罗里达人跳过了"愤怒"的阶段，开始进入"谈判"阶段，特别是对于房地产的得失来说。对于我交谈过的多数人而言，问题不在于迈阿密是否会被未来某个时候被淹没，因为它肯定是会被淹没的，更急迫的问题是，需要在这个地方坚持多久？

*   *   *

如果说有什么活动能说明迈阿密滩海面上升的问题受到了知识界关注的话，那么 2016 年年初的一个晚上，在海滩边的奢华宾馆"W 酒店"的宴会厅举行的活动可以算得上其中之一。此次活动名义上是由迈阿密滩商会组织的，会议日程中公布的晚会主题是"海面上升的经济影响"。晚会未曾公布的主题是：真见鬼，这还弄成真的了，我们要怎么应对才行呢？

在鸡尾酒会环节，我与托马斯·鲁珀特（Thomas Ruppert）聊了起来。他是一位律师，与佛罗里达海洋基金会（Florida Sea Grant）合作进行海岸带规划的工作，该基金会是一个和政府还有大学合作的美国非营利性组织。"海面上升就像人慢慢变老的过程一样，"鲁珀特对我说，"没法阻止它。只有处理得好与坏的差别。"鲁珀特提到，基拉戈（Key Largo）的一位居民用一辆宾利车换了一辆皮卡车，因为他担心海水腐蚀的问题，还有财产被海水淹没之后是否还归属于你的复杂法律问题（多数情况下，这个问题的答案是否定的）。我还与一位房地产经纪人进行了交谈。那天下午听完关于房地产经纪人是否需要说明海面上升会为房产带来洪水风险的演讲后，她非常愤怒。"那样的话，真是荒唐极了，"她喝了一大口金汤力后对我说，"这样会毁了房地产市场。"

鸡尾酒会结束后，我们都移步到宴会厅，那里摆开了十几张桌子。活动组织者的安排是每桌坐 8 个人，其中有 2 个人是讨论的组织者，他们每人会对问题做一个简短的介绍，然后组织大家讨论。15 分钟之后，这两位组织者将会转移到另一张桌子，如此轮换，直到每张桌子都进行完所有问题的讨论为止。

碰巧，我与迈阿密的开发商戴维·马丁（David Martin）同坐一桌。他是泰瑞集团（Terra Group）的老总，该集团是一家专长于高端开发的老字号，椰树区（Coconut Grove）的两座高层建筑就是他们开发的，设计是由丹麦建筑师比亚克·英格尔斯（Bjarke Ingles）那样的名人完成的。马丁是美籍古巴人，40 多岁了，但仍像十几岁的孩子那样有活力。他在迈阿密地区出生、长大，无论从哪个方面来看，他对迈阿密这个地方都有着很深的感情。在 W 酒店见到他时，他深色的头发向后梳起，头油擦得锃亮，佩戴时髦的黑边眼镜，身穿白色长裤、修身白衬衣。建筑师雷纳尔多·博尔赫斯（Reinaldo Borges）后来向我描述马丁的时候说道，他是"一位有良心的开发商"。

我们桌上的第一位发言人是迈阿密大学的地质学家万利斯，几年前我就已经认识他了。他的打扮始终像是刚刚从野外工作回来一样，穿着一件白色的短袖衬衫，外面套着一件皱巴巴的夹克衫。他给每个人分发了 6 页文稿，题目是《海面上升来临的现实——太快、太紧迫》。他对着我们一桌人说道，"大家都应该知道的第一件事情是，全球变暖是真的。"他介绍说，1997 年全球升温以来，一半的热能都储存在海洋中，这意味着，即便我们现在减少二氧化碳排放，气候变暖也还要再持续很长一段时间。他讲述了科勒尔盖布尔斯区是如何制定一个未来发展规划以应对 6 英寸的海面上升幅度的。"我们需要这样有智慧的规划。"万利斯说道。

"好吧，这我懂，"马丁说，"但我想要知道的是，我们会看到海面上升到哪里、上升的速度有多快吗？"

"目前大家一致同意的看法是，到 2100 年上升 3 英尺，"万利斯回答说，"但还会增加。到 21 世纪末海面上升的幅度不会少于 4 英尺，我个人认为将会达到 15 英尺。"

一时间，坐在桌旁的人们变得十分安静，纷纷瞪大了眼睛。

一位坐在我旁边着装华贵的房地产经纪人想对万利斯发起挑战，"不要这样唬人。"她抗议道。听起来像是一个 6 岁的小孩正在耍脾气。"为什么专拣迈阿密来说事？为什么我们要在这件事情上成为典型？这件事整个东部海岸都在发生，媒体凭什么只是对着迈阿密说事？"

左图显示迈阿密的现状，右图为海面上升 7 英尺之后的情况。［图片由美国气候中心的希亚萨姆·侯赛因（Hiasam Hussein）提供］

"那是因为迈阿密的风险很大。"万利斯说。

"我认为科学家们拼命地说这个问题，是想得到钱。"房地产经纪人争辩道。

"我不想要钱。"万利斯说道，表情变得愤慨起来。

"也许你个人确实不需要钱，但你要发展呀，你在大学的科研项目需要呀。你不能吓唬别人，不能告诉人们迈阿密将会不复存在，这不对，也不公平。"

"我只是告诉你科学研究的一个结果。"万利斯冷冷地回答。这时候他的发言时间到了，要转移到另一张会议桌。

我们的桌上也轮换来另外两位发言人。其中一位是迈阿密律师韦恩·帕斯曼（Wayne Pathman），他支持气候变化的理论，也是他组织了本次活动。"海面上升改变了行业环境和规则。"他告诉我们。他谈了前瞻性思维的重要性，特别是事关重大建设项目的时候。他举了一个反例，就是迈阿密滩会议中心的改造工程。那是一个价值 6 亿美元的项目，但没有考虑海面上升的影响。"费了这么大一笔钱，就不能把建筑的地面抬高一点？明明可以在建造过程中设计一个容水空间来应对洪水，但没有这么做，这难道不荒谬吗？"他接着又提到连接迈阿密滩和市区其他地方的公路，"我们有三座桥，但每一座桥都很脆弱。只要海面上升 1.5 英尺，人们就去不了迈阿密滩了。"

接下来还讨论了建筑标准和建筑高度限制。发言人再次转换，这下轮到国际性工程公司 AECOM 的全球韧性城市总监乔希·萨威斯拉克（Josh Sawislak）来我们会议桌了，该公司专营大型基础设施项目。他很高大，戴着眼镜，一副兴致勃勃的样子。在加入 AECOM 之前，萨威斯拉克是白宫环境质量委员会（White House Council on Environmental Quality）的主任助理。他提出，迈阿密滩是整个南佛罗里达州的经济发展驱动力，佛罗里达州的未来如何全看这里的发展。

"我们要保持迈阿密滩的繁荣，这至关重要。"

"不错，是这样的，老兄，"马丁说着，目光同时离开了他正在做的笔记，"我们需要一个 50 人的团队，这些人能够离岗一年，专注于这件事，提出一个解决方案。我们需要向世界展示，这件事情是有解决办法的。"马丁指出，有些道路的路面只比海面高 5 ～ 8 英尺，而他正在建设的大楼，其底层要比海面高 15 ～ 18 英尺，"这有什么必要吗？"

没有人能给出满意的解释。

过了一会儿，萨威斯拉克说道："迈阿密要改变形象，成为韧性城市的标杆。"

"很对！"房地产经纪人大声说。

马丁以他惯用的直白方式，问萨威斯拉克："解决整个城市的问题需要花多少钱？"

"我不知道。"萨威斯拉克说。

"能把整个城市都抬升吗？"

"可以，不过……"

"能还是不能？"马丁追问道。

"能，我们能做到。"萨威斯拉克答道。

"那么要花费多少钱？能不能给一个数字？10 亿美元？50 亿美元？"马丁变得不耐烦起来，他坚持道，"我要知道总共需要花费多少钱。"

"好吧，这要从上层开始，然后再落实到地方上去执行……"

马丁对这个回答并不满意，"问题在于预算决定将如何做出，如果不知道总的费用，怎么分配税收额度？"

"我们可以先进行一些研究，然后再告诉你估算的数字……"

"我们需要实实在在的数字，然后才能做成事情。现在我只需要知道花费将有多大。"

"花费不会少。"

"我知道，但我们不是第三世界国家。"

"不是，当然不是。"萨威斯拉克说。

争论到此，会议就结束了。

＊　＊　＊

总部设在南佛罗里达州的企业很少，更不用说制造业和娱乐业了（不包括运动和色情产业）。即便是非法的毒品市场也衰落了，它曾在20 世纪 70～80 年代对迈阿密的经济繁荣起过不小的作用。迈阿密的核心产业是房地产和旅游，这是一个不动产和娱乐的帝国。

这一特点让迈阿密特别难以应对海面上升。人们来到海滩是要远离问题，而不是要被淹死。迈阿密远离海岸线的地方则是贫困、脏乱的城区，种族冲突根深蒂固。这里不是拉动经济发展的地方，而是消耗掉城市生长能力的地方。迈阿密与幻想有关，与人们重塑自我想象有关；而与驾驶越野车会带来什么道德批判的思考无关，也与海水会损坏家中真皮沙发的担心无关。

与前述应对海面上升费用问题相关联的第二个问题是，佛罗里达没有州一级的所得税。州和地方政府的税收来源主要是房地产，例如，在迈阿密戴德县，约 1/3 的财政预算来自房地产[8]。这表明，学校能够运行、警察局的警官们能够高兴地工作，全凭房地产。综合来看，只有两条途径可以提高房地产的税收：要么提高税率，要么建造更多更昂贵的房产。佛罗里达州向来为其低税收感到自豪，任何一位政客如果要提高税率，其政治生涯就会终结。因此，只剩下了一条路，就是继续建设，不能破坏现在的稳定，也不能让投资者产生恐惧，如果

市中心迈阿密河的河口。（作者本人拍摄照片）

他们觉得建在海边的公寓大楼并不安全，他们的投资将会打水漂。

第三个也是最大的一个问题是，没有人愿意把钱花费在建设一个对外界风险更有抵抗力的城市上，因为风险不属于任何个人。像佩雷斯那样的开发商要建设一座新的公寓大楼时，每套公寓差不多总是在动工之前就已经售出了。大楼刚一完工，开发商就把大楼转移给公寓管理委员会，由他们进行物业管理，后续跟开发商不再有任何关系。购买房产的业主们也不在乎，他们大多持有四五年的房产，只要房子能转卖出手，有谁会在意20年以后这个地方会变成什么样呢？房子的分期付款是一个类似的问题，银行提供了 30 年的贷款，但在大多数情况下，这些房子很快又被转卖了，一切都安全了。到了这个时候，在转移给另一家银行或者金融公司之前，没有谁还担着超过一年左右的分期付款的风险。那么，这些银行又怎么会在意 10 年以后一座别墅或者公寓大楼将会发生什么事情呢？

迈阿密还有其他像亚特兰大（Atlanta）和奥斯汀（Austin）那样的热点地方，其公寓楼突然繁荣的推动力部分来自年轻人，他们想要居住在一个阳光城市。不过，在迈阿密，大部分资金来自海外。2015 年，在迈阿密戴德县、布劳沃德县（Broward）和棕榈滩县，外籍人士购买了大约价值 60 亿美元的房产[9]，超过了当地购房总资金的 1/3。他们中的许多人是用现金支付的，迈阿密戴德县公寓销售的一半以上是以现金支付的方式[10]，这个数字是全国平均值的两倍。购房资金来自委内瑞拉、巴西、阿根廷、俄罗斯、土耳其等国。其中有些资金是有正当来源的，还有一部分是"黑钱"，通过离岸账号和其他非法金融手段而来。对外国投资者而言，迈阿密的一座公寓房就像是一个安全的储蓄箱，把钱放在里面，就会受到美国法律制度和基本经济信用体制的保护。

与海外投资的关联性，使得迈阿密公寓楼市场与其他地方不同（尽管美国其他一些大城市，如旧金山和纽约，也吸引了大量的海外投资）。原因在于，迈阿密市场主要依靠国外经济的力量，特别是与商品相关联的经济，如石油，俄罗斯和巴西的石油、天然气卖了钱后转移到了迈阿密。这座城市一方面因为化石燃料带来的钱而变得富裕，一方面又面临燃烧化石燃料所带来的海面上升的危机，真是讽刺。整个问题的要点在于，迈阿密被认为是一个安全的投资地点。然而，如果它实际上并不安全呢？外资可以快速涌入，就像以往在迈阿密发生的那样，但也可以以更快的速度流出。

当所有这些因素叠加在一起，迈阿密的房地产游戏看上去就会是这样：成功的场景是，上层领导提出海面上升的风险问题，呼吁采取措施，然后积极地向州和联邦筹措资金，鼓足政治勇气来提高税收。这样一来，城市就有了资金，可以抬高街道和桥梁的地面，投资建设更加先进的排水系统，逐步改进位于低地的国际机场的功能。海外投资者不会恐慌，房地产的价值不会暴跌。虽然人口有所下降，部分大楼被遗弃，但仍创新繁荣，在海面上升后产生新的生活方式，如浮动的住房、用运河取代街道、把花园建在屋顶等。随着海面的进一步上升，不断会有人选择离开，但由于一波波的创新和文明产生，整个过程缓慢而稳定。

而失败的场景是：越来越多的投资者意识到海面上升带给建筑和基础设施的风险，因而不再愿意投资这个领域。人们开始抛售房产，别墅和公寓房供给增加，房价下跌，房地产税收跟着下降。即便只是中等程度的下降，也会对城市和各县的财政预算造成很大影响。这样一来，学校、警察局、消防队的支出将会被削减，能够用于购买水泵、修补道路、建造海堤、建设和维护应对海面上升所需的基础设施的资金也会减少。政府没有勇气提高税收来填补亏空，为防止市场的进一步做空，只得挣扎着保持低税收。由于缺少维护和更新的资金，基础设施进入崩溃状态，进而导致更多的人抛售房产，经济进一步下行。有钱人开始逃离，而海盗和骗子进入城市。创新能力和文明建设不足，犯罪和违法行为增多。用不着等到迈阿密成为一个新的亚特兰蒂斯岛，这座城市就会早早破产，被海水所围困，处于半遗弃状态。蚊子滋生，下水管道破损漏水，比斯坎湾则变成一个长满绿藻的潟湖。

然而，除此之外，在这场轮盘赌游戏中，还有一个会对迈阿密产生重大影响的因素，特别是对于迈阿密的内陆地区而言，正如一位公寓分析员告诉我的，"那里居住着非常关心尿布价格的人。"

这个因素就是洪水保险。

* * *

2016 年秋天，我站在佛罗里达州圣奥古斯丁（St. Augustine）的海堤上，看着飓风"马修"（Matthew）将大西洋海水推送到这座历史名城之中。经过大约两个小时，风暴潮卷没了海堤。海水流过停车场，穿过街道，越过路缘，水位越涨越高。又过了半个小时，整座老城被海水淹没了好几英尺。亲眼见到整个过程有多快，真的很令人感到害怕。我驾车绕过这座感觉被人遗弃的城市，冰冷、灰暗的海水到处流淌，冲倒了树木，在建筑和房屋之间打转，里面漂浮着无数的树枝和城市碎屑物。只有在房屋楼上的窗口处可以看见人们的脸，他们向外看着上升的海水。还有一位警官坐在车中，车停在狮子桥（Bridge of Lions），挡住通往海滩的路，以防一些不明事理的人在这个时候还要开车前往海滩。

第二天早晨，水退了下去。人们走出屋子，清点损失。地方广播电台正在一遍遍地播放广告，一些不怀好意的律师说要来帮助大家，于是就有了这些广告。有一则广告说，对风暴潮所造成的损失，要保证从政府和保险公司那里"争取到最大限度的赔偿"。

对佛罗里达州来说，飓风并不是件新鲜事。住在佛罗里达海岸的最大风险始终是飓风袭击。当地居民对 1926 年的飓风记忆犹新，此后又有 1992 年的飓风"安德鲁"，它造成了 250 亿美元的损失[11]。每年飓风季节来临之时人们都会问这个问题：今年会特别严重吗？其实海面上升只是增大了飓风破坏的风险。海面的位置越高，飓风向内陆侵入的距离就越远。2012 年飓风"桑迪"袭击纽约的时候，风暴潮位与海面上升的效应相叠加，使城市增加了 20 亿美元的损失[12]。

房地产的拥有者应对这种风险的办法就是购买飓风保险。但这种保险只包含大风所造成的损失，不赔付洪水所造成的损失。如果是风力（也就是飓风）驱动的水流冲坏了建筑物，保险公司可能会赔付。但在多数情形下，暴雨、河流水位上涨、潮位上升引起的洪水造成的损失并不在赔付范围内。

在美国，几乎所有的洪水保险都来自1968年制定的国家洪水保险计划（National Flood Insurance Program）。那一年，飓风"贝齐"（Betsy）造成墨西哥湾沿岸的大面积洪水。灾害发生过后，许多商业保险公司拒绝将保险卖给居住在洪水发生地区的人。为了填补这个空白，并且给居住在地势低洼的海岸区域的低收入人群提供保护，国家出台了一项计划。

国家洪水保险计划规定，洪水风险的大小等级由联邦应急管理署（Federal Emergency Management Agency）确定，它负责根据地势高低等因素划定可能被洪水所淹没的区域范围。洪水区域里的每一座建筑，如果其贷款挂靠在房地美（Freddie Mac）或者房利美（Fannie Mae）这两家政府赞助的企业，由它们向银行和其他贷款者担保，那么都在洪水保险的范围内。实际上，这意味着每一座海岸或河流附近低洼地区的楼房都能被洪水保险所覆盖。目前，居民房产从国家洪水保险计划中最多可获赔25万美元，商业房产最多可获赔50万美元。

当时，国家洪水保险计划确实是解决问题的好方法。但是，它已经变成了补贴高风险区域房产拥有者的计划，官僚化、过时且管理不当。无论这一计划有多少优越性，在客观上却鼓励了人们到易发生洪灾的地方搞建筑，且导致一代美国房产持有人认为，获得低利率的洪水保险是他们作为美国公民的天然权利。2012年，国会通过了一项两党提案来完善这个计划，包括一系列提高保险费支付额度的措施，以便反映风险的真实代价。然而这引发了剧烈的政治动荡，甚至这项法案的两个发起人，加利福尼亚州民主党人玛克辛·沃特斯（Maxine

Waters）和伊利诺伊斯州共和党人朱迪·比格特（Judy Biggert）均投票要在一年内废除新规定。从那以后，国会对这项计划的规定做了一点修改，过时的计划照常执行，其依据仍是那些与现实不相符的洪水淹没范围的地图，没有考虑海面上升的因素。现在，该计划已经欠债 230 亿美元了[13]。

"国家洪水保险计划已经破产。"帕斯曼坐在他的办公室里，背后是迈阿密港（Port of Miami），他说道，"我思考南佛罗里达州未来的时候，最让我感到恐惧的是洪水保险。"不仅帕斯曼，所有人都知道，佛罗里达州有 170 多万人享受洪水保险政策，这个人数在美国是最多的。保险政策大致覆盖价值 4 280 亿美元的房产[14]，仅迈阿密戴德县就有 346 742 份保险单[15]，保护着约 740 亿美元的资产。（迈阿密戴德县的保险单数超过了佛罗里达州、得克萨斯州和路易斯安那州以外任何一个州的数量。）

为了说明风险的程度，帕斯曼给我看了他给南佛罗里达州的投资者和民间团体所做的一部分幻灯片。最有震撼力的几张片子显示了洪水保险费用稳步上升对年付保费和房产价值所造成的经济影响。在帕斯曼提供的一个案例里，对于一座价值为 35 万美元的别墅，其拥有者每年可能支付 2 500 美元的洪水保险费。如果保险费每年上涨 18%（这是目前法律允许的上限），那么 10 年后房产拥有者每年将要支付 11 000 美元以上的保险费。与此同时，保险费的提高，降低了房屋本身的价值。按照每年 18% 的上涨速率，2016 年价值为 35 万美元的房产到 2026 年就会下降至 17.7 万美元，在这期间损失了 17.3 万美元。

"这会扼杀当地的房地产市场。"帕斯曼毫不犹豫地说道。

最近，国会已经允许国家洪水保险计划做一定程度的修订[16]，房产保险费应声开始上涨，但目前还没有达到可以偿付欠债的程度。尽管如此，保险费用的上升对洪水影响区的房主们来说是一个巨大的挑战。更为糟糕的是，保险费用取决于运气的好坏、糟糕的地图和政治影响。我在南迈阿密遇到一位居民，他的别墅在海面以上 10 英尺的高度，价值约为 50 万美元，2002 年购买这座别墅的时候还无需支付保险费。但后来联邦应急管理署就要求他每年支付 600 美元的保险费，因为这处房产位于洪水影响地带。他对此不服，争辩说，房屋的地基比他们想象的要高不少，于是保险费降低到了 275 美元。但在最近几年，保险费又开始上升了，涨到 475 美元。在迈阿密的另一个地方，离这里不远，我遇到了一位中学教师，他的房产位于海面以上 7 英尺处，为此他每年要支付 1 873 美元的洪水保险费，而房屋本身的价值为 35 万美元。我认识的一位律师，他家地面处于同一高度，房产的价值为 22 万美元，而他每年支付 600 美元的洪水保险费。还有一位朋友，他的家在海面以上 8 英尺高的地方，位于迈阿密南部一处不显眼的居住区。他的房子价值 25 万美元，但每年却要支付 2 500 美元的洪水保险费。

行政官员和民间人士经常争论是否应该把周边区域从洪水影响区里划分出去，目的只是为了让房地产市场能够继续活跃下去。在圣奥古斯丁，就在飓风到来前的几个星期里，上万处房产被划分出洪水影响地带[17]，而其中不少就在飓风来临时被淹没了。2015 年，新奥尔良市很多地势位于海面之下，仅靠防洪堤保护的地方被移出了洪水影响区域。佛罗里达州的布劳沃德县就在迈阿密以北不远处，也十分经不起灾害，20 万人的房产最近也从洪水影响区域移除出去了。

国家洪水保险计划现在成了一个令国会头疼的难题，除了全面改革，没有别的办法。国会只能允许保险费上涨，以精确地反映风险的实际情况。但根据帕斯曼的解释，除了保险费之外，未来还会有别的变化。"目前为止,要想得到购房贷款,银行只需要贷款方提供最低保险费支付证明就可以了,"他说道,"但在未来 10 年左右的时间里,由于海面上升,洪水风险变得越来越清晰,这项政策可能也会发生变化。银行将开始要求提高房产的保险部分。他们会说,'你目前的保险费并不能弥补这一风险。你需要为房产价值的 30%~50% 投保。'举例而言,一处价值 200 万美元的房产,就需要给其中的 80 万美元上保险。那么如果保险公司不肯写下来呢?银行就可能拒绝提供为期 30 年的房贷。此类事情如果真的发生,这座城市的麻烦就大了。"

正如帕斯曼所了解的,当前私有保险公司正在进入洪水保险市场,利用成熟的制图技术来挑选出低风险的房产,以具有竞争力的价格向房产拥有者出售保险产品。然而,毫无疑问,随着海面的上升,保险费的支付额度将会不断上涨。这对迈阿密这样的地方具有深刻的影响。瑞士再保险公司(Swiss Re)的灾害风险评估专家亚历克斯·卡普兰(Alex Kaplan)告诉我,按照最保守的估算,"当人们不得不支付越来越多的保险费时,他们对在哪里生活、如何生活,将会做出不同的选择。"

* * *

斯威特沃特(Sweetwater)像迈阿密戴德县的许多地方一样,曾经是埃弗格雷斯沼泽地的组成部分。过去,这里是蚊子和鳄鱼的天堂,完全不适合人类居住,直到 20 世纪初期才开挖了运河,排干了沼泽里的水。到了 20 世纪 30 年代后期,一群俄罗斯出生的马戏团小矮人来寻找落户之处,并在这里住了下来。马戏团名叫"皇家俄罗斯侏儒"[18],提出了多个宏大的计划,包括建立一个"俄罗斯侏儒"的旅游景点,然而该景点并未建成。如今斯威特沃特居住着 21 000 人,主要是拉美裔,家庭收入中位数约 32 000 美元，在整个县里面属于最贫困的一个镇，也是腐败程度最高的一个镇[19]。《迈阿密先驱报》称斯威特沃特是"迈阿密戴德县舞弊的底线之地"[20]，这反映出当地警察和官员们肮脏行为的长远历史。2014 年，镇长曼尼·马罗尼奥（Manny Maroño）因受贿被判 3 年。

斯威特沃特距大西洋 20 英里远，所以一般人不会想到海面上升是一个问题。然而这还真是一个问题。一方面，整个区域内就属这里地势最低，一下雨就被淹。镇上也没有下水道系统，洪水来临时就携带细菌从地沟里冒出来，造成公共卫生灾害。当海面上升，排水沟里的水位也跟着上涨，加重洪涝带来的问题。更重要的是，距离斯威特沃特西侧只有几英里远的沼泽地的水位也将上涨，这意味着小镇将受到洪水的双面夹击。在不远的未来，本地官员将会面临南佛罗里达州的其他城镇官员们已经遇到过的难题：提高街道、建筑、重要基础设施的地面高程。否则，房产价值会跌落，居民会离开去往外地。

我在写这本书的时候，曾在斯威特沃特花费了不少时间。我见了南佛罗里达水务管理局（South Florida Water Management District）的工程师们，他们正在加高运河两面的防护墙，以减小洪涝影响。我在尼加拉瓜和古巴餐馆吃午餐，与店里的服务员交谈有关海面上升和洪涝的事情。我还与在家门前洗车的人、在路上遛狗的人交流。通过这些，我得出的结论是：生活在这里的绝大多数人，对于他们面临的海面上升所带来的风险毫无概念。与我交谈过的人为了养活孩子和老人、支付医疗和修车费用大多要干两份活，他们没有时间担忧未来。

但是，泽维尔·科尔塔达（Xavier Cortada）却在担忧。一个晴朗的午后，我们一起开车穿越市区时，他告诉我说，"我担心我们的同胞将会失去一切。"在迈阿密，科尔塔达是一位小有名气的艺术家，他花了不少时间，试图让更多人意识到远离海岸的劳工阶层社区也面临海面上升的风险。我跟他交往了很久，所以知道当他提到"我们的同胞"时，不仅指住在斯威特沃特的人，而且也包括不远处海厄利亚（Hialeah）的古巴移民、巴西移民和非洲裔美国人，他们基本上都是一些在生存线上挣扎的人。他们住在破旧、简陋的楼里，开着底盘生锈的车，辛苦上班养活家庭，没有任何存款。

这一年，科尔塔达52岁。他身板结实，圆脸，留着灰色短发，性格开朗。不知为何，他了解我们所面临的全部悲剧，却同时又能保持乐观。他是一个古巴难民的孩子，在临近30岁成为艺术家之前，他在学校里学了法律，当过街头帮派顾问，还当过心理健康顾问。他把艺术视为那份工作的延续，一种提升人们意识的方式，促使人们以一种不同的视角来看待周边的世界。他在城市的天桥上画上红树林，为庆祝在瑞士的大型强子对撞机上发现希格斯玻色子而设计横幅，并且带领迈阿密的小学生进行了为期10年的植树活动。

我们驾车经过斯威特沃特的时候，科尔塔达指着一排排当铺、低矮的拉毛粉饰公寓楼，还有一些小小的平顶单层房子，说道："尽管这里有腐败的政客，但绝大多数人仍然相信美国梦，相信只要努力工作就会有前途，攒下所有的钱，买一座房子，继续工作，直到把贷款付完。如果运气好，挣到了更多的钱，就再买一座房子。本地人关于生活的想法就是如此。如果把所有的财富都与房子捆绑在一起，而房子又被淹没到水里，人们就一无所有了。"

我们驶入了佛罗里达国际大学（Florida International University）的校园，它坐落在城市的边缘。科尔塔达组织了一场关于海面上升的小组讨论会，参会人员都是社群里的人：学生、城市管理者和教师。他们谈到每逢下雨就会感到的恐慌，谈到本市1 700万美元的年度预算[21]，这笔钱几乎都花在了警察局、学校和养老上，要想做改造下水道这样"奢侈"的事情，就什么钱也没有。斯威特沃特小学校长珍妮特·奥利韦拉（Janet Olivera）描述了她的一个愿望，就是给她的孩子们逐渐灌输更大的梦想。这些孩子中有 93% 来自收入低于贫困线的家庭。对于她的学校、她的学生来说，洪涝灾害只是许许多多事情中的一件。"我们有些孩子在下午放学后，不得不在洪水中划着独木舟回家。"她告诉我说。

讨论会结束后，科尔塔达和我一起返回停车场。他似乎深有感触，我们又一起在车里坐了一段时间。"如果说本市的官员们不得不在老年人的午餐和洪涝灾害防治中做出选择的话，会怎么样？"他大声感叹道，"如果他们要提高税率，又会发生什么？所需要的钱从哪里来？房地产价格开始猛跌的话会怎么样？如果人们开始丢弃他们的房屋又会怎么样？有谁能够帮助他们脱离困境？没有。海水涨上来的时候，到处都将被淹没，沿岸城市上上下下无一幸免，每个人都会哭喊求助，谁又会来关心斯威特沃特呢？"

当然也有一些有钱人，在事情变得非常糟糕的时候，也许会出手救助斯威特沃特。如果价格合适，区域限制松动，他们也许会把整个镇都买下来，然后拆掉所有的老房子，代之以更加高档的公寓大楼，以便吸引佛罗里达国际大学的学生们前来居住。这些新大楼将会建得更高、更能抵抗自然灾害，此后能够再延续几十年。也有可能不会。或许，把钱投资到像斯威特沃特这样的低洼地方，根本就是愚蠢的行为。手里有钱的人可能会直接以低价买下房屋，租给那些在别处买不起房子，眼巴巴看着自己的房子淹入水中的穷人。海水淹没之处，土地重新变成"俄罗斯侏儒"们到来之前的情形，重新变成蚊子和鳄鱼的天下。

谁知道呢？不管怎么样，要应对海面上升的影响的话，有两件事是绕不过去的：一是资金，二是地形高度。这两个条件斯威特沃特都不具备。

科尔塔达终于启动了汽车发动机，往前开了一段。我们两个人都很安静，什么也没说。太阳正在落入地平线，下午的交通很繁忙。"我很担心人们会如何应对海面上升，"车往前开的时候，他说道，"如果时间足够多，如果我们现在能够开始规划有条不紊地撤离，那么事情或许还可以控制。但如果人们开始恐慌、抛售房子、逃离城市、只顾自己，那将会是一场大灾难。我最大的担忧是发生骚乱，就像电影《疯狂的麦克斯》（*Mad Max*）*的那种效应。""你呢？"过了一会儿我问道，"有没有卖掉房子，搬出南佛罗里达州的打算？"

"没有，我不会。"他说，这时我们的车开出小路，汇入了主路，跟上了通勤人员上下班的车流。"我绝不会卖掉房子，宁可一起沉入海底。"

---

* 《疯狂的麦克斯》是由澳大利亚 Columbia-EMI-Warner 公司发行的动作片，于 1979 年上映。影片讲述了最初看起来可控的事情最后演变为一场大混乱的过程。——译者注

第 6 章

沉入海底的法拉利

哦！威尼斯！从机场登上水上巴士穿越潟湖的那一刻，我感受到了这座古城的浪漫。清新的海洋空气、高耸的教堂尖顶、远处蓝绿色的天边，飞驰而过的流线型木壳水上巴士，像是从费利尼的电影里逃出来似的。在世界各地的水城里，威尼斯的独特之处在于，第一眼见到它时就不禁想问，人类当初为什么选择了陆地而不是海洋？

在水上巴士停靠芳德曼特诺浮（Fondamente Nove）站时，我下了船，步行一小段前往我预定的宾馆，那是城市僻静之处一座老式的修道院。一路上，我经过了一条运河，河里有几艘船，缆绳系在岸边的建筑物上。这些船不是贡多拉 *，而是工作小船，相当于威尼斯版的福特皮卡。我停留了一会儿，立刻被这座城市的宁静所打动，周边没什么人，大楼的前门也都关着。更棒的是，没有什么汽车，没有拥挤的交通，没有废气，也没有发动机的噪声。从小桥上望向运河，那景色仿佛在过去的 500 年里从未发生过变化。我想起诗人约瑟夫·布罗德

---

* 贡多拉是独具特色的威尼斯尖舟。——译者注

斯基（Joseph Brodsky）写过的几行文字。关于威尼斯他曾经写过一篇长长的散文，我正好在飞机上读到了，"时间如流水[1]，而威尼斯人既征服了时间，又征服了流水。他们在水上建起城市，用运河把时间框了起来，或者说驯服了它、围住了它、罩住了它。"如果布罗德斯基现在站在这里不知道还会不会这么说，但我觉得我完全进入了一个别样的世界。

那天下午晚些时候，我问前台服务员，去圣马可广场（Piazza San Marco）走哪条路最好。"跟着人群走就行了。"服务员说。于是我照做了。走过通往城中心的狭窄街道，我加入了一群游客的队伍。游人很快汇成了一条"小溪流"，最终人流变为滚滚的"大河"，肩并肩地拥挤在一起。他们有的朝商店里张望，有的低头看手机。有一阵子，我完全迷失了方向，只是随着人流向前走，不知道能不能被"冲"到圣马可广场或什么香蕉国广场。但是紧接着人流又分散了，我正好来到了那个著名的广场，拜占庭风格的塔和大教堂的螺旋柱就在我身旁。广场上的石块在我眼前延伸着，像是中世纪的北美大草原。

我惊讶地看到水在广场上流淌。威尼斯城的大部分地方，地面只比海面高出3英尺，广场上有的地方还不到2英尺。不过，目前距离高潮位的到来还有一小时，我想至少在高潮位到来之前广场应该是干的，毕竟这一天可是阳光灿烂，根本没有下过雨。我在广场上一处露天咖啡摊买了一杯起泡酒，看着淹水面积随着潮位的上升而越来越大。海水从排水管道和石缝里涌出，广场上有些地方仍然是干的，而水最深的地方竟然有几英寸。当我喝完饮料的时候，水几乎淹到了我的脚背。数百游人在周边逛来逛去，又到大教堂前面拍照。在广场的另一端，一个爵士乐队正在演奏，没有人感到任何的恐惧，似乎没有人太关注积水。

威尼斯的高水位激发人们发明了新的搬运方式。[照片由安娜·泽梅拉（Anna Zemella）提供]

　　我边走边仔细端详广场。有的地方水淹过了脚踝，人们走路时会绕过去。我看到了著名的飞狮雕像，它从 11 世纪起就矗立在一根高高的柱子上。沿着潟湖的边缘，波浪不停拍打着小码头，仿佛潟湖的水随时都有可能涌入城里。我在手机上查了一下潮汐信息，本城的潮位仪给出了实时数据，当晚的高潮位来临时间将会是每年这个时候的平均值，并无异乎寻常之处。这只不过是正在下沉的城市的又一个寻常之夜。

* * *

　　威尼斯城建于 5 世纪，当时罗马帝国被哥特人占据并洗劫。意大利有个叫做威尼托（Veneto）的地方，是一个有着起伏的山丘和田野的繁华区域。那里的人们为了避难和自由而逃离到这个潟湖地区。在地势低矮的、长满沼泽植被的岛屿上，他们建起草棚，捕鱼，并用潟湖水晒盐。这些早年的威尼斯人并不仅仅是生活在水边，他们对水有一种天生的感情。威尼斯人文主义者乔瓦尼·达奇佩利（Giovanni da Cipelli）[2] 在 16 世纪时说过一句有名的话，"威尼斯人的城市，创建于水中，被水所包围，被水所保护，就像被城墙保护那样。"

　　从一开始，洪涝对于威尼斯来说就是一种常态。专指意大利威尼托地区海潮的"大潮水"（acqua alta）一词早在 8 世纪就出现了，那时的文献记载说，"大潮水来得太多，所有岛屿都被淹没了[3]。"早年的威尼斯人用木料垫高建筑物，后来城市富裕了，有了更大的资金实力，他们就用更多的木料来加固他们的宫殿。几个世纪以来，威尼斯建筑师积累了许多在海水中建房的智慧。例如，他们知道要将木料全部浸泡在水中，否则，随着涨落潮的变化而经常暴露在空气里，木料就会腐坏。因此建筑师们把木料置于水下，并用石块压在上面。更加聪明的一点是，他们所用的石块也很特别，它产自伊斯特拉（Istria），就是现在的克罗地亚。这种石料看上去像大理石，但实际上是致密的石灰石。与大理石不同，这种石灰石不会被海水渗透。

随着时间的推移，威尼斯人持续不断地将城市维护在洪水位之上。在许多情况下，做到这一点似乎很简单，就是把新建筑建在原来的建筑之上，威尼斯城就这样变成一种建筑千层饼。这块千层饼的高度（也可以称它为深度）至今让历史学家们感到惊讶。几年之前，当给威尼斯大歌剧院之一的马里布兰（Malibran）歌剧院整修的时候，工人们在向下挖掘时发现，这座剧院正好建在马可·波罗（Marco Polo）家的屋顶上[4]，这座房屋建于 13 世纪。他们继续向下挖，到了另一座房子的底层，比现在的地面要低 6 英尺。再往下，还有建于 11 世纪的地面和 8 世纪的地面。这还没有完，再往下是建于 6 世纪的地面。

但是，威尼斯长久以来与海洋之间达成的平衡最终被打破了。从潟湖周边抽取地下水用于发展工业的做法，导致整个城市的地面下沉，加剧了洪涝问题。在潟湖岸边开挖运河以便扩建商用港口，改变了潮汐的动力过程，使得城市更容易受到风暴潮的侵袭。

1966 年 11 月 4 日，来自亚得里亚海（Adriatic Sea）的狂风将一堵墙似的海水吹灌入潟湖。威尼斯人从睡梦中醒来，突然发现城市被水淹没了五六英尺。供电被切断，暖气管道被水淹没，房子的底层被淹在水下。风继续刮着，整整一天城市都被淹没在水里。当水终于退去的时候，城市里到处都是损毁的家具、浸水的垃圾、动物的尸体，还有未经处理的污水，幸好没有人员死亡。

"1966 年的那场大灾难使得人们对威尼斯有了新的想法[5]。"历史学家托马斯·沃马登（Thomas Madden）写道，"如今最普遍的看法是，城市正在下沉，即便是对威尼斯所知甚少的人也知道这一点，而 1966年以前还很少有人这么认为。这场洪水把人们的观念都更新了。威尼斯一直是一个非常脆弱的地方，虽然有着古典之美，但却正在慢慢走向死亡。现在已经到了紧急关头，能够摧毁一切的波浪正在淹没威尼斯，必须立即采取措施了。"

实际上，社会上也采取了措施。联合国教育、科学及文化组织（UNESCO，简称联合国教科文组织）在威尼斯设立了一个办公室，"拯救威尼斯""威尼斯岌岌可危"等组织涌现出来，从全世界募集了几千万美元来修补剥脱的壁画和古老的教堂。更重要的是，1973 年意大利政府通过了一项特别法案[6]，想要确保投入的资金能够保护"威尼斯城历史性的、有考古价值的、艺术的环境和威尼斯潟湖"。此后，地下水开采被禁止了，这暂时减缓了地面沉降的问题（或者说，至少是把地面沉降的速度降低到了每年 1 毫米左右）。

但是很显然，威尼斯需要更大的保护力度使其免受海水侵袭。为了找到解决方法，多个工程公司和政府合作成立了"新威尼斯联合体"(Consorzio Venezia Nuova)。他们提出了 6 个备选方案，其中最简单的是抬高城市的路面，还有的建议修建巨大的防洪堤，将潟湖与外面的海洋完全隔离。最后胜出的方案是，在潟湖的入口处修建高技术的可移动闸门，风暴逼近的时候就抬高，风暴撤退的时候就降低，从而恢复潟湖与外海的水体交换。1994 年意大利公共工程高级委员会（Higher Council of Public Works）批准了这个计划。工程师们给它起了个名称，叫做

"摩西工程"（modulo sperimentale elettromeccanico，MOSE，意为"实验电动机械模块"），这个缩写有意模仿了《圣经》里的人物摩西（Moses）的名字，在《圣经》故事里，摩西能够把波涛分开，使中间变成平地。新威尼斯联合体直接签订了这个项目的合同，连正常的投标过程都被取消了（这是一个让威尼斯人后来感到后悔的举动）。意大利政府总理西尔维奥·贝卢斯科尼（Silvio Berlusconi）竭力推进水闸的建设计划，并于 2003 年为工程举行了奠基仪式。作为高层中的右翼分子，他是曾经的媒体大亨，后来因偷税漏税丑闻而被指控。

　　从工程角度看，摩西水闸应该说是很气派、很有技术含量的。这个大水闸实际上是由三扇挡洪闸组成的，它们分别位于威尼斯潟湖的 3 个口门上。每扇挡洪闸都有约 20 个闸门。这些中空的金属闸门用铰链固定在潟湖湖底。天气平静时，中空的金属闸门灌满了水，因而沉于湖底。风暴潮来临的时候，也就是前面提到的威尼斯人所说的大潮水发生的时候，闸门内部的水就被抽出来，压进空气，于是闸门浮出水

威尼斯的摩西可移动水闸被设计成能够随着潮位涨落而上下浮动。（照片由 Shutterstock 图库提供）

面，阻挡住风暴增水。按照设计，这些闸门可以抵挡 10 英尺高的风暴增水。风暴潮过后，中心门洞里的空气被释放，再把水灌入，于是闸门又重新沉到湖底，恢复原样。

摩西工程的可移动式水闸造型优美，漂亮雅致。与通常的海堤不同，摩西水闸专门用于在必要的时候保护城市避开风暴潮的侵袭。但它并没有把威尼斯和海洋隔离开，也不能阻挡潟湖中的潮流。它不是威尼斯地面上的一个巨大工程结构。但是，如果一场大风暴来临，它能够在 30 分钟内浮起来，形成阻挡海水的临时性海堤。

这至少是人们预想的摩西水闸的工作原理。然而实际上，这项工程一再拖延，因为它被卷进了一件巨大的贪腐丑闻之中，并出现了工程问题，导致关心这一项目的人开始怀疑水闸到底还能不能起作用[7]。火上浇油的是，工程的预算从 20 亿美元上升到了 60 亿美元。在威尼斯参加的一次讨论会上，荷兰瓦格宁根大学（Wageningen University）气候学家皮尔·韦林加（Pier Vellinga）把摩西水闸称作"沉在水底的法拉利"。我当时还没明白他的话是褒是贬。

* * *

非常凑巧，我来到威尼斯的时候正好是 1966 年洪灾 50 周年。整个城市到处都是纪念活动的广告。一家报纸的头版刊登了一些照片，照片里的人们有的在大教堂跟前划船，有的在齐胸深的水里蹚过广场。

那天下午，我在圣马可广场的博物馆参加了一项活动。威尼斯市长路易吉·布鲁尼亚罗（Luigi Brugnaro）出席并讲话，他是一位右翼商人（"我们的小特朗普。"一位会议出席者轻声对我说），而听众都是威尼斯的商界和政界人士。有关摩西水闸的高科技视频在他身后的屏幕上播放，图像中水闸门升起又放下，一个机关将闸门连接到海底，强调着复杂工程技术的应用。视频画面灵动流畅，似乎是为了迎合最新的苹果产品而制作的。伴随着视频播放的节奏，布鲁尼亚罗做了一场热烈的演讲。我不懂意大利语，但我猜想他应该是在高调地吹嘘摩西项目。

我靠近一位关心时事的威尼斯老居民简·达莫斯托（Jane Da Mosto），问她市长正在说些什么。"钱，钱，钱，"她回答说，"他说我们需要更多的钱。"

然后，我与达莫斯托一起走到圣马可广场上。她穿着讲究，脖子上围着多彩的丝巾，一头褐色卷发，长着一双蓝眼睛。她是一位民间活动家，也是研究海面变化的学者和4个孩子的母亲，她丈夫的家族是威尼斯历史最悠久的家族之一，其家族史可追溯至14世纪。几年前，她建立了一个关心威尼斯未来的民间组织，叫"我们在这里，威尼斯"。她举办了一系列活动，包括一场摄影展来纪念1966年洪灾50周年，试图激起大家对现实状况的了解。作为活动的一部分，她还说服商店的老板们，在店铺门前系一条蓝线，标注当时的洪水位置。广场周边许多店铺的蓝线位置都到了人的腰部，非常生动地再现了当时的情况。

达莫斯托与我和一些商铺老板在广场进行了交谈。讨论的内容主要是有关另外一类"洪水"，即游客的洪流，特别是由那些巨大的邮轮带来的游客。那些邮轮侵入威尼斯的潟湖，就像来自另外一个行星的巨兽一样。每年约有2 000万人来威尼斯旅游，比本城的居民数量（5.6万人）要多得多。"我们被淹没在旅游人群中，"一位商店老板告诉我，"但是为了生存，我们还不得不需要他们。"

达莫斯托和我在广场附近徘徊的时候告诉我，邮轮和海面上升是目前威尼斯面临的最大的威胁。邮轮将威尼斯的经济转化成了单一的引擎，只能为游客服务：每一家店铺都在出售用假的穆拉诺岛（Murano）玻璃制成的项链，还有威尼斯狂欢节面具；每家餐馆都卖相同的通心粉和肉丸子；每一家公寓都变成了供出租的民宿。这不仅减少了本城的税收来源，排挤了传统的工作岗位，还由此将城市本身变得像迪士尼一样，失去了自己的特点。

旅游业也转移了人们对海面上升的注意力。正如达莫斯托所指出的，洪涝的状况变得越来越糟糕了。20世纪40年代的时候，威尼斯每年大约遭受10次洪水袭击，现在每年要遭受75次。"当然了，威尼斯人是如此习惯跟水生活在一起，他们很难关注到这种变化，"她解释说，"很多人认为事情一直以来就是这样的。"

他们说的也有点道理。自从城市建立以来，如何维护威尼斯这座城市，向来都是人们每天都要应对的挑战，只是现在的负担越来越重了。如果水位上升，以伊斯特拉石灰石为基底的许多历史建筑和堤坝就会被淹没。而咸水一旦渗入墙的裂缝，被砖块和大理石吸入，很快就会造成腐蚀。墙面和墙基的结构整体性被破坏之后，窗子和门框开始松动，天花板的结构也变得脆弱了。各种化学和物理的处理方法被用于保护砖墙、抵挡咸水侵入。例如，在墙的外层使用灰泥涂料可起到缓冲层作用，因为盐分在此处聚集结晶而不能进入砖块内部。这个办法虽然有些帮助，但却不可能是抵挡咸水淹没的长久之计。

达莫斯托解释说，对于威尼斯最具标志性的建筑之一，广场上建于11世纪的拜占庭教堂——圣马可教堂来说，情况特别的微妙。它位于广场地势最低的地方，教堂的内部经常被淹，尤其是中庭。更糟的是，研究人员发现了大殿墙面20多英尺高处的咸水腐蚀迹象，这使得有几个世纪历史的教堂的墙面和天花板上的马赛克瓷砖松动并脱落。

该怎么办呢？大殿的地面过去已经被多次抬升，整个广场的地面

咸水腐蚀威尼斯建筑的
灰泥涂层和砖体结构。
（照片由作者本人拍摄）

都已经被重新铺装过了。但如今，这已经不是一个好办法了。进一步抬升地面将会损坏建筑和大楼之间的平衡，以及大楼与地面之间的平衡。"摩西水闸，"达莫斯托带着非常怀疑的声调说道，"被认为能够解决所有的问题。"

达莫斯托并不太相信摩西水闸。她认为，这一项目在工程上是有问题的，经济腐败，而且建造和维护费用都出奇的高。她还觉得，由于代价高昂，再加上官员腐败，这项工程很可能永远也无法完工。"我还能知道什么呢？"在她向我道别前往另一个会场的时候说道，"我不是工程师，我只是一个热爱威尼斯、关心其未来的妇人。"

下午接近傍晚时分，潮汐涨上来了，圣马可广场再次被水填满。我来到教堂，看到了专门来这里纪念1966年洪水事件的一群人。在中庭，由于咸水的腐蚀，大理石看起来像是婚礼蛋糕被雨水淋过的样子。马赛克地面由于被洪水淹没过很多次而变得像海面一样起伏不平。我此时在想，这令人惊叹的金顶大殿已经矗立在这里1 000年之久了，所以不难想见为什么许多人仍会相信在今后的1 000年里，它还会继续矗立在这里。

集会结束后，我来到著名的威尼斯凤凰歌剧院（La Fenice），它曾在 1996 年被彻底焚毁，7 年之后又开始重建。我见过的许多威尼斯人都把这视作城市足够坚韧、能够战胜最严重的灾害的例证。歌剧《大潮水》（*Aquagranda*）被专门创作出来[8]，以纪念洪水事件 50 周年。这部歌剧尽可能地再现了当时的情形，可以说是一部具有象征意义的歌剧纪录片。我不敢肯定作为一部歌剧它有多成功，但其展示的场面很宏大，舞台上挂着两大块树脂玻璃，水在中间流淌。歌剧演员们穿着橡胶靴，或在舞台上踏出阵阵水花，或被困在水墙后面。风暴（和音乐）来临的时候，一个浑厚的男中音响起，歌词描绘出威尼斯人那天所面临的恐惧，而这种恐惧未来可能还会再次到来：

　　我被吓到了，

　　不，我不要被吓倒。

　　那漫天的水，

　　那汹涌的洪峰，

　　那愤怒的上帝，

　　黑色的水，

　　可恶的水，

　　肮脏的水，

　　要诅咒的水。

　　冷漠的贪婪，

　　极度的污秽，

　　洪水。

第二天早晨，我去新威尼斯联合体的办公室拜访了负责建造摩西水闸的工程师小组。他们的办公室坐落在威尼斯兵工厂原址（Venice Arsenal）上，重新修复的中世纪船坞里有美丽的拱形立柱。这座兵工厂建造于 12 世纪，在威尼斯共和国荣耀的时期曾大规模生产军舰，是工业革命之前欧洲最大的工业基地（伽利略曾担任过这里的顾问，帮助造船工人解决工程方面的问题）。摩西项目办设在这座兵工厂里，与这里的历史意境还是相配的。毕竟，摩西水闸对现代威尼斯人来说，或多或少就像 15 世纪的战舰一样，是一件保护城市免受入侵的工具。

在重新装修过的砖墙船工建筑里，有着玻璃墙面的办公室和光亮的会议桌，非常像硅谷的那些办公室。墙上挂着摩西水闸的介绍图片。宁静的气氛有时会被大厅里敲击电脑键盘发送电子邮件的声音所打破。我见到了莫妮卡·安布罗西尼（Monica Ambrosini），她专门负责处理媒体和外联问题。寒暄之后，她介绍了水闸建设的现状。迄今为止，潟湖 3 个出口只有一个已经安装了水闸。我问她能否带我去看看水闸安装的现场，她摇了一下头，"安装过的水闸已经试验过，但现在不处于工作状态。"她解释道，本来可以带我去参观摩西水闸的控制室，只可惜控制室尚未建成。"但我可以让您去看几个已经到货的闸门。"她主动提出。

安布罗西尼急于展示摩西水闸的进展，其部分原因是近年来经费大幅度超支受到了社会的抨击，再加上腐败丑闻，使得许多威尼斯人都在怀疑究竟有多少钱投到了工程的设计和建设之中，另外还有多少钱被参与此事的政客们用在了自己的度假别墅上。2013 年 7 月，500名警官搜查了从威尼斯到托斯卡纳和罗马的 140 个办公室[9]，这是当时调查涉嫌违规操作合同的一项行动。超过 35 人被逮捕，有政界人士，也有商界大佬，他们被指控有行贿受贿和其他形式的腐败行为。调查最终导致了威尼斯市长和威尼托大区的行政长官下台。正如一位意大利经济学家所说的，"摩西项目对那些获得了建造垄断权的人更为有利，还有就是政客，他们利用这个工程获得非法利益，而老百姓所得甚少[10]，尽管这个项目本来应该是为百姓们设计的。"没有人确切地知道腐败官员们从项目里转移了多少钱，一个比较合理的估计是接近 10 亿美元。

当我向安布罗西尼问及此事时，她的脸一下子红了，开始说可以到记录里面去查一查，之后又说自己无法去为之辩解，不过坏人虽然有，但现在已经被清除了。回到有关记录的问题，她说："我们完全改变了项目的管理结构，让新的负责人来管这件事情，也建立了新的规则，所以腐败事件不会再发生了。"

之后，我们戴上防护帽，穿上橙色安全服，走向兵工厂的后院。我们走过一座被遗弃的砖瓦建筑，周边杂草丛生，接着就来到了潟湖边的一大片空地。作业的工人忙碌着，一辆运载着水泥管的叉车从路边开过。安布罗西尼带着我走向一道铁丝网围栏，围栏的后面有两块巨大的金属板，看上去有 100 英尺长、15 英尺宽，就像卡冈图雅星球（Gargantua）*上某种生物的牙齿。其中一块被喷成了亮黄色，另一块被喷成了湖绿色。安布罗西尼指着湖绿色的那一块，"它的重量有 330吨。"她介绍道，"中间那处水道口门的活动式水闸将由 21 道这样的金属板闸门组成，每一道都被固定在海底，闸门的启动是相互配合的。"

此时此刻，我终于看清了这个项目的规模和建设者的雄心。这些闸门是专门设计来阻挡海水涌入的，那可是大自然的主要力量之一。人类能够建造这样的工具，要么证明了人类技术创造的力量，要么反映了人类的狂妄和愚蠢，也可能两者兼有。

我问安布罗西尼，根据她的判断，整个摩西水闸将会在何时完工、何时投入使用。

"2018 年之前，"她说道，然后又加了一句，"至少希望如此。"

＊ 卡冈图雅星球是《星际穿越》这部电影中的一个天体，其质量为太阳的 1 亿倍。——译者注

* * *

摩西水闸能否在 2018 年建成还是个未知数，然而就算这个价值 60 亿美元的工程项目能够按计划完成（一个非常大的假设），工程设计和建设带来的许多问题也值得重新考虑。

首先是设计和建设水闸所需要的时间。1966 年洪灾之后又过了 50 多年才制定了一个保护城市的计划，接着获得批准，取得经费资助，进行设计，最后才施工了一小部分。如果是建一座新的政府大楼之类的话，人们对这样的时间尺度也许不会关注。而如果一项工程涉及应对未来气候变化，50 年的时间就可能像是 50 个世纪。在 1966 年，海面上升只是少数几个科学家考虑的问题，然而到了今天，它已变成全世界所有城市的切实威胁。尽管摩西工程的设计直到 2000 年才算完成，但很遗憾，那时对海面变化数据的估算已经完全过时了。在项目规划阶段，参考了联合国教科文组织的一份报告[11]，报告提出了 2100 年海面上升高度的 3 种可能性。其中"最可能"的估算是 16 厘米（约 6 英寸），"最谨慎"的估算是 22 厘米（约 8 英寸），而"最悲观"的估算是 31.4 厘米（约 1 英尺）。设计规划者们建议采用最谨慎的估算。但如今科学家们提出，到 2100 年海面上升的幅度可达 6 英尺以上，那么根据 8 英寸的海面上升数值来进行的水闸设计，回想起来就显得过于天真，或者说难以满足要求了。

第二个问题是建设成本。如果从税收中花费 60 亿美元来解决一个问题，那就要一步到位建设好才行。在这样的价格水平上，不能建了又重新推倒再来。但是成本还不止这些，还有建成后维护的问题。摩西水闸可能确实像是放到海底的法拉利，但是法拉利的轮子要想转起来，却还有很多事情要做。最初估算的运行费用是每年 500 万～900

万美元。安布罗西尼指出，每年 5 000 万美元才是一个比较实际的数字。还有人则提出，可能要高达 8 000 万美元才行，这取决于闸门的使用率。这笔钱就像每年都要支付的赎金，如果维护不到位，闸门不能正常工作，威尼斯就可能被海水淹没。

当然，最重要的问题是，水闸是否确实能够保护城市？如果能，能够保护多久？这个问题并不容易回答，因为涉及"保护"这个问题是如何定义的。如果水闸工程能够完工，它的功能又像设计的那样理想，那么也许在未来几十年的时间里，能够保护住这座城市免遭像 1966 年洪灾一样的风暴潮威胁。但是由于闸门只有在潟湖水位升高 110 厘米（约 3.5 英尺）的时候才能启动，那么水位上升 80 厘米左右的时候，它实际上并不能保护威尼斯城的低洼之处免遭淹没。这个问题可以通过在风暴增水刚开始时就提升水闸来解决，但那样一来会对潟湖的生态健康产生很大的影响，对水闸本身也会造成更多的磨损，从而提高维护费用。

长远来看，有关水闸的保护问题就像世界上其他许多类似的问题一样，取决于在水闸的 50 年使用寿命中，海面上升何时发生、发生得有多快。虽然摩西水闸的设计方案中可防护风暴潮的最大幅度是 9 英尺，但实际的机械操作只允许海面上升 1 英尺。这可是个重要问题，不仅因为海面上升增加了更大的风暴潮发生的概率，而且还因为在海面更高的时候，就得更加频繁地使用水闸，导致水闸承受更大的水深压力，这些都是在设计的时候没有考虑到的。

目前，工程师们希望摩西水闸每年关闭约 10 次，每次大约 5 小时，直到大潮过去。乔治·乌姆基瑟（George Umgiesser）是来自意大利国家研究院海洋科学研究所（Institute of Marine Sciences of the Italian National Research Council）的海洋学家，他估计当海面上升 50 厘米（约 2 英尺）时，水闸每天都需要关闭一次。如果上升 70 厘米（超过 2

英尺），乌姆基瑟的研究表明，闸门关闭的时间就会长于开启的时间。更加频繁地关闭闸门，不仅意味着维护费用的增加，而且表明对于用水闸来防止城市大规模洪灾的依赖性会增强。闸门一旦出故障，将会是灾难性的。当然，如果闸门始终要处于关闭状态，那么价值60亿美元的法拉利坐落在海底的目的是什么？建造一座坚固的墙，费用不是要低廉得多、且能起到相似的作用吗？

参观了闸门之后，安布罗西尼和我回到了她的办公室。她展开了一幅威尼斯潟湖的地图，我提出了几个针对海面变化的保护措施的问题。

"归根到底，我猜最大的问题是，海面上升至多少时摩西工程仍能保护住威尼斯？"我问道。

"我们相信，海面上升幅度在60厘米之内，威尼斯都是能被保护住的。"她直截了当地说。

我在心中盘算起来：60厘米就是大约2英尺。我心里微微一震。因为有科学家提出，最早到2050年，海面上升就可以达到2英尺。

"然后呢？"

安布罗西尼的职业气质突然变了样，她看起来有点着急了。她指着地图，一根手指沿着潟湖北部边缘滑动，"然后，海水就会从别的地方进入潟湖的南部和北部，那我们就没有办法了。"

* * *

在威尼斯时，我不禁会与我在几个月前去鹿特丹旅行的所见所闻进行对比。那次的旅行也是为了参加一次关于海面上升的会议。鹿特丹经常被认为是世界上最能应对海面上升的城市之一。可能确实如此。但鹿特丹几乎是一个全新的城市，这也是实情。第二次世界大战中，这座城市遭受了严重的轰炸，而对我来说，它最异乎寻常的地方在于缺乏古老建筑，很难让人将鹿特丹与一座欧洲北方的古老城市联想到一起。城里到处都是现代的方形、块状的高楼大厦。这也是现代建筑师的游乐场：火车站的造型像一个上涌的波浪，大楼采用了方块和多边形积木式的结构。我在一个巨大的商场购买了咖啡，那座楼看上去就像是一座飞机库，墙上画着花朵和奶牛图案。

鹿特丹有着欧洲最大的港口，颇有策略地建在莱茵河（Rhine）内，距离北海有 30 英里远。城里有许多老运河，以及被改造成小旅馆和餐馆的老木船。在这里，洪涝是一个众所周知的威胁，因为城市坐落在低平的地面上，有斯凯尔特河（Scheldt）、默兹河（Meuse）和莱茵河流经，导致鹿特丹在下过大雨，或者海面上升、风暴潮来临影响到莱茵河时，非常容易受到洪水侵袭。

荷兰工程师们想出了很多创新性的办法来对付鹿特丹的洪涝，包括创造性地建设"水公园"，实际上是一些公共广场，洪水发生的时候可以起到集水盆地的作用，形成蓄水池，以防洪水进入街道和居民区。下暴雨的时候，广场上的水管将雨水引导到排水系统，然后注入河流。我参观了鹿特丹的一处水公园，当天是晴天，所以公园里没有水，看上去就像是一座现代写字楼和公寓大楼之间凹陷的城市广场。一排水泥座椅一路摆放到广场的中心，也就是地势最低的地方。就公共空间利用而言，它看上去索然无味，但比一个被水淹没的城市还是要好看得多。

我看着威尼斯圣马可广场被水淹的时候，想到了这些鹿特丹的水公园（我在哥本哈根也去过这样的一个公园，而且设计得更有趣味，有能接水的雕塑和耐水的草坪和树木）。如果你不关心城市历史，或者是圣马可广场的建筑整体性，那么就很容易想象到它被改造成一个水公园的样子。如果这个沉陷的广场在排出积水的同时，还能够像现在这样吸引人们到这儿来聚集，那么它可比鹿特丹单调的水泥广场要漂亮得多。它还能拯救教堂大殿，使其免受咸水腐蚀，并稳定住钟楼，更重要的是，能提醒人们，威尼斯不是一座博物馆，而是一座随着时间不断变化着的活生生的、正在呼吸的城市。

威尼斯和鹿特丹至少在一件事上是相同的：人们关于水畔生活风险的了解是从悲剧中学到的。1953年，北海发生了一场大风暴，在高潮位的时候淹没了荷兰、英国和比利时的大片地方，造成2 000人死亡。在荷兰，风暴增水达到20英尺，海水冲破海堤，淹没了许多荷兰人一直认为绝不会被淹没的地方。在对人的心理影响方面，这次灾难与威尼斯1966年的洪水是相似的。荷兰国际水事务特使亨克·欧文克（Henk Ovink）在我访问鹿特丹的时候告诉我，"从这一刻起，我们意识到我们不再那么安全了。"

与威尼斯人一样，荷兰人与水打交道的时间也已经有上千年了。这个国家有些最古老的法律是关于控制、分享和保护水环境的。从海洋中围垦土地，在某种意义上来说，是荷兰最原始的故事。荷兰有70%的国土面积位于海面之下，人们一直认为对海堤的保护可使他们免受海洋的攻击。但1953年的洪水给人们敲了一记警钟[12]。荷兰政府开启了全面的工程措施来应对未来要面对的风险。为防治海洋灾难，启动了三角洲工程（Delta Works）项目，项目要求所有的基础设施都按照万年一遇的防洪标准来建设。这意味着需要抬高海堤和河堤、改变河道，甚至在某些情况下，将村庄从风险区撤出。

三角洲工程的核心部分是马斯朗特水闸（Maeslant Barrier），距鹿特丹市中心约15英里远，就在莱茵河口（一位工程师告诉我，"这是一个欧洲的暴雨排水口"）。它与威尼斯摩西水闸的功能一样，是保护城市的核心工程。马斯朗特水闸的设计是为了保护鹿特丹，这个港口对整个欧洲的经济非常重要，要防止巨大的风暴潮上溯莱茵河淹没城市，同时又能保持莱茵河航道的畅通。在风暴来临的时候，两扇巨大的闸门从河岸边伸出，从外侧合拢，将河流与海洋相隔离，挡住莱茵河的水流，也挡住来自海洋的风暴潮。两扇闸门由埋在地下重达52 000吨的水泥桩固定，可随波浪一起转动，在水平轴和垂直轴方向都可以，就像人的肩膀那样。尽管如此，闸门的规模如此之大，使得它最多只能关闭约12小时。因为基底和连接处会承受过多的应力，所以一段时间之后闸门就要打开一次。

我在鹿特丹的时候，与荷兰洪水防治计划的执行经理理查德·约里森（Richard Jorissen）一同驾车前去参观水闸。我们在邻近的游客中心泊车后步行前往，首先看到了宽广的莱茵河，一艘装载着煤炭的海洋货轮正在通过航道，驶向北海。

摩西水闸安装在水下，风暴潮来的时候才浮出水面，而马斯朗特水闸不同，它就安置在岸边，巨大的铰链和钢制闸门都看得一清二楚。"当闸门关闭的时候，两边加起来的总长度超过了埃菲尔铁塔的高度。"约里森告诉我说。这一设施没有被刻意隐藏起来，相反大秀其"肌肉"，并敢在风暴潮到来的时候试验一下它的力量。水闸在1997年完工，建筑费用为4.5亿美元。然而在投入使用之后的20年里，它实际上只用过一次，虽然每年都要进行测试。

"对于一样20年才用一回的东西，这费用实在是太高了。"我对约里森说。

"我们是荷兰人，所以把防灾看得很重要。"他开玩笑道。

"所以只要这座水闸还能工作，鹿特丹就能幸免于洪水吗？"

"那倒不是。我们能够想象，在有些情况下灾害还是会发生的。"

"什么情况下呢？"

约里森描绘了噩梦般的情境：达到飓风级别的风暴从东北方向而来，引发鹿特丹的大暴雨。与此同时，巨大的风暴潮向莱茵河上溯，即使不考虑暴雨，也足以淹没鹿特丹。在这种情况下，水闸的运行就遭遇了一种魔鬼选择——开闸门把河流的洪水放掉，或者关闭闸门防止风暴潮进入。无论是哪种情况，城市都会被淹没。

"幸运的是，我们到现在为止还没有碰到这种情况，以后可能也不常碰到。"约里森告诉我。

尽管两座水闸的设计理念和造价非常不同，但它们都是为了保护重要城市免遭海水淹没，同时又要保持城市跟海洋之间的连通。要想出一个万全之策，有相当大的难度，而且不管用什么计策，在海面快速上升的背景下，恐怕都难以持久。假如海面上升3英尺，马斯朗特水闸的作用不会比摩西水闸更好。除非两岸的海堤可以大规模抬升，否则海水就可以从别的方向进入，这种情形下水闸开也好，关也好，都不会起作用。就像一位工程师对我所说的，"这些工程设施并不能真正解决问题，只是以金钱换时间，直到我们能够更清楚地看到真实的问题有多大而已。"

另一个例子是伦敦以东不远的泰晤士河水闸。1953年给荷兰带来巨大灾害的风暴潮也同时灌入了泰晤士河，并直抵伦敦，由此导致英国人决定建一座水闸来防止这种现象再次出现。泰晤士水闸在1982年建成并投入使用，是最早建造的可移动式巨大水闸之一。这个水闸系统看起来有《星球大战》(Star Wars)的风格，多道滚动式的闸门可以随着水位的涨落而开启或关闭。由于海面上升和风暴潮频率的增加，它的使用变得越来越频繁。20世纪80年代曾闭合过4次，而自2000年起到我写这本书的时候为止，已经闭合75次了。然而英国官员目前尚未有批准设计一座新水闸的计划，而是决定采用别的应对措施，直到科学家们弄清未来几十年里海面上升的速率究竟有多快。英国的城市规划者们知道，大型基础设施的基本问题是造价昂贵、建设周期长，以及对外界不断变化的因素没有很好的适应性。

　　另一个解决办法，当然是简单地放弃此类工程措施。要把海水挡在外面，本身就是个风险，这种想法最终将是徒劳的。英国南安普敦大学（University of Southampton）的海洋学家伊万·黑格（Ivan Haigh）对我说："我们正在学会一点，那就是跟水斗不一定是好办法，更好的办法是找到与水共存的途径。"

＊　　＊　　＊

　　与拉各斯、雅加达等城市不同，如果海面上升，这些城市的几百万人口就会流离失所，但人们很难认为威尼斯被淹没会是一场巨大的人类灾难。这不是说，转移威尼斯的 56 000 人只是一件小事，也不是说威尼斯被淹没不会给人带来痛苦，只是灾难的程度相对较低。

　　然而，当我们思考威尼斯的损失时，首先想到的并不是威尼斯人的惨状，而是这座美丽的历史城市，过去曾经在西方文明发展当中发挥过巨大作用的城市，它的消失才是最大的损失。狭窄街道上的石板，当年提香（Titian）和乔尔乔内（Giorgione）曾经从上面走过；11 世纪教堂里的马赛克瓷砖；尚未被埋掉的马可·波罗的家；还有沿着大运河分布的大师所设计和建造的宫殿，在这最不稳定的地方已经存在 500 年了。威尼斯的损失是我们自身历史的一部分损失，是把我们凝结在一起成为文明人的历史的损失。

　　英国诗人拜伦（Lord Byron）19 世纪初期曾经在威尼斯居住过几年，有一次还游完了整条 4.5 英里长的大运河，他在 200 年前就懂得这一切了：

　　　　啊，威尼斯！[13] 威尼斯！
　　　　当你的大理石城墙与海水齐平，

就会有一个民族的哭声，在沉陷的大厅响起，

低沉的祷告声，沿着哭泣的海洋！

假如我，北方的漫游者，为你抽泣，

你的儿子们何为？难道只有哭泣？

我离开威尼斯之前，拜访了威尼斯潟湖研究协调委员会（CORILA）的主任皮耶尔保罗·坎波斯特里尼（Pierpaolo Campostrini）。该委员会是一家半官方机构，负责管理和协调意大利大学和科研团队针对威尼斯潟湖的研究。如果潟湖研究有一个领导，那就是坎波斯特里尼。他是一位电气工程师，也是一位物理学家，还较深入地投入城市的修复和保护工作中，包括对教堂的修复和保护。他的办公室位于弗兰凯蒂宫（Palazzo Franchetti），靠近大运河上的戴尔学院桥（Ponte dell'Academia）。他的办公室有些商业味，到处堆放了地图、书籍和纸张。

坎波斯特里尼和我在星期五下午的晚些时候进行了交谈。他看上去像是忙了一个星期，累得不轻的样子。深蓝色的西装有点发皱，动作看上去有点急促。但他还是表现得热情而友好，对威尼斯有着深深的关切。"我出生在这里，我的孩子也出生在这里，希望他们的孩子还是出生在这里。"他告诉我说。

当我询问他有关这座城市的长远未来时，坎波斯特里尼的话锋回到了过去。他指出，威尼斯潟湖是由阿尔卑斯山上流下的河流所带来的沉积物形成的。"从其自然状态来说，潟湖是短命的，"他说道，"威尼斯潟湖的最终命运是被沉积物淤塞。目前尚未被淤塞的唯一原因是，在历史上的一个特定时候，人们决定在潟湖里建造一座城市。威尼斯要掌握它自己的命运，于是河流被改了道，沉积物的充填被终止了。现在的潟湖完全是人工产物，根本不是一个自然系统，尽管我们还经

常想象它是一个自然现象。"

坎波斯特里尼指出，威尼斯过去在应对海面上升的问题上没有遇到过什么麻烦。"我们不断地把城市加高，今天我们所在的宫殿建于15世纪，但在地面以下还有个13世纪的宫殿。再往下，谁知道还会有什么呢？威尼斯人对于过去，是不会过于念念不忘的。他们也不担心该如何保护建筑，只是在旧的建筑上面再盖上新的建筑，所以城市的地面在不断上升。不过，当然了，以后没法再这样做下去了。现在有了文化上的限制。我们不想遗失掉我们所拥有的文艺复兴时期的建筑。我们不会选择把这些旧建筑拆掉，再在上面建新建筑。因此我们必须找到新的方法来拯救老建筑。"

坎波斯特里尼的观点与我所交谈过的许多人是一致的。他们认为，在近期内，圣马可广场会遭遇大问题。他拿出一卷纸来，放在桌面上展开给我看。这是一幅广场的等高线图，每一条曲线表明广场地面高程的1厘米的变化。在这张图中能够看到，广场的地面是起伏的、不平整的。

他指着大殿的前部，"地势最低的地方就在这儿，高程只有海拔70厘米。"地势高一些的地方，沿着小码头等地点，高程有110厘米。不同地点高程的差别有40厘米，差不多是1英尺半，足以使进入广场的水淹到大殿来，接着在大理石和砖块里造成海水腐蚀。

"这是个真正的问题，"坎波斯特里尼心情沉重地说道，"我们能干什么呢？我们没法提升大殿的地面，这是不可能的。"

他描述了一个改造大殿排水系统的计划，使积水在洪水过后可以尽快流走。他又介绍了另外一个计划，就是把大教堂的古代石块挖起来，在下面铺上一层黏土作为隔水层，以防海水从底面渗出（与运河两旁的宫殿建筑不同，教堂大殿是建在天然沙岛上的，这个沙岛是潟湖的组成部分）。"这会造成不少破坏，但确实需要这么做。"他说道。

这项工程的实施，需要约 6 000 万美元的支出。

"上面所说的这些计划都只能在短期内起作用，治标不治本，"我提出了我的看法，"但是到了 21 世纪末，威尼斯要面临的是 4、5 乃至 6 英尺的海面上升问题。改进大殿里的排水系统并不能拯救城市。据我所知，摩西水闸也不能。"

坎波斯特里尼深吸一口气，又呼了出来，他看上去心情更沉重了，"是啊，救不了。"

"如果发生 6 英尺的海面上升，威尼斯会变得怎么样？"

"哦，那我们不得不采取强硬措施。"

"什么措施？"我问道。

"我们可以建造一道堤坝把整个城市围起来，将其从海洋中隔离出来。那当然会使潟湖环境衰亡，并引发许多其他的问题，但这种做法本身是可行的。"

"把这个地方变成围墙之城。"

"是的，这样我们仍然可以保有一个潟湖，尽管它将转变为一个淡水潟湖。"他看上去像是刚刚被诊断为不治之症一样，"如果要让这个计划变得可行，我们就不得不改变这座城市的污水处理系统，这样就不会造成污染。我们也不得不把港口迁走。城市将会呈现出一个完全不同的面貌，然而这是城市得以继续生存的一种可能方式。"

他盯着广场的等高线图。

"另一个可能性，"他犹豫地说道，似乎是对他将要说的话感到窘迫，"是把海水注入城市地面以下 600 米处的黏土层中，把整个城市抬起来。如果用这种方法的话，10 年时间里有可能把城市地面抬高 30 厘米。我知道，这个计划听起来不同寻常，但在理论上却是可能做到的。石油工业界在这方面很有经验，也具备相关技术，在计算机模拟结果里它也是可行的。"

"但实际情况是……"

"是的，在实际情况里，这个想法可能会有问题"，他摇着头说，似乎他明白这是一个另类的想法，"在向上抬升的时候，地面各处会不均匀，这当然对建筑没有好处，我敢肯定。"

我想象着，站在总督府（Doge's Palace）前面的小码头上，感受城市在我的脚下抬升，起初有点向左倾斜，过了一会又有点向右倾斜，然后看到宫殿墙上出现裂缝。

"我对此持怀疑态度。"我说道。

"确实应该怀疑。"他叹了口气，目光转向窗外，看着一大群游客经过戴尔学院桥，"我们不知道怎么样才能拯救威尼斯。但威尼斯已经建在这里 1 000 多年了。到最后关头，我们不会那么脆弱，总能拿出一个办法的。"

第 7 章

围墙里的城市

在春季阳光明媚的一天，我与纽约市灾害防治恢复办公室（Office of Resilience and Recovery）的主任丹·扎里利（Dan Zarrilli）沿着曼哈顿下东区的海堤边走边聊。他的职责是纽约市长比尔·德布拉西奥（Bill de Blasio）指定的，主要是为未来纽约市防范风暴潮和海面上升做准备。扎里利主任刚 40 岁出头，穿着是市政厅工作人员的标配：白衬衫领带、一双擦得光亮的黑皮鞋。他剃了短平头，灰白色的头发，黑眼睛，表现出一种正在办一件要事的神态。对于未来海面上升和越来越剧烈的风暴将会给这座美国最大的城市造成的完整灾害图景，扎里利可能是了解最深的一个人。所以毫不奇怪，一见面他并没有谈论天气好坏，而是直截了当地指向东河（East River）介绍起情况来。此时此刻，河水正在我们脚下 6 英尺处不停地拍打着河堤。"飓风'桑迪'发生的时候，"他脸色凝重地说道，"这个地方的风暴增水达到了11 英尺。"

扎里利比别人更清楚，飓风"桑迪"于 2012 年 10 月袭击了纽约[1]，淹没了 88 000 多座建筑，造成 44 人遇难，经济损失超过 190 亿美元，这是一个具有历史转折意义的事件。这个事件不仅揭示出像纽约这样一个富裕的现代化城市在强大的风暴潮作用下竟然是如此的脆弱，而且还预示了下一个世纪这座城市将会面临的新情况。"纽约面临的问题与其他沿海城市是一样的，"纽约和新泽西港务局（Port Authority of New York and New Jersey，该机构负责管理整个纽约的机场、隧道和其他交通基础设施）前任执行主任克里斯·沃德（Chris Ward）告诉我，"气候科学的研究水平正在不断提高，风暴强度和海面上升的影响也越来越令人担忧。实际上，有关纽约未来是否还能继续存在的问题也被提了出来。海面正在上升，其长期影响是巨大的。"

扎里利转过身来，我们走向河堤边的步行草坪，它位于东河和罗斯福路（FDR Drive）之间，再往外就是下东区了。"我们的目标之一是保护城市，并且还要进一步改进城市结构。"扎里利解释道。在2018 年，纽约市拟启动"东海岸韧性修复工程"（East Side Coastal Resiliency Project）[2]，建设一条 2 英里长、10 英尺高的钢筋混凝土结构加固的护道，从东 25 街一直延伸到曼哈顿大桥。这项工程的造价预计为 7.6 亿美元[3]，然而在完工的时候总支出肯定会远远超出这个数字。该工程也是一项巨大的屏障系统工程的开头部分，这项大工程的非正式名称叫做"大 U 形计划"（Big U），将在未来某个时候正式出现在曼哈顿下城地区的地面上 *。与威尼斯的摩西工程不同，大 U 形计划完工后将形成一道坚固的海墙，成为抗击海洋侵袭的现代化屏障。另外还有补充的项目，要在洛克威（Rockaways）和斯塔滕岛（Staten Island），以及河对面的霍博肯（Hoboken）建设配套的海墙和水闸。但在曼哈顿下城，大 U 形计划是头等大事，不仅仅由于其造价高（初步

---

* 该工程由比贾克－英格尔斯集团（Bjarke Ingels Group）设计，"Big"实际上是取自公司名称的首写字母。此外，该工程环绕曼哈顿东区而建，从平面上看，构成了一个巨大的字母 U，故名"Big U"。——译者注

曼哈顿的大 U 形工程项目计划，从东 42 街到西 57 街的分布。[地图由约翰·格里姆韦德（John Grimwade）提供]

的估算是30亿美元，实际上还要多），还因为这里的房地产是全球价值最高的，当然也是最为重要的区域性经济引擎。如果这块地方无法被保护，那么整个纽约市就会深陷困境。

扎里利并不喜欢"大U形计划"这个词，因为听上去像是在给BIG公司做广告，而正是这家丹麦建筑公司帮助设计了这个工程。谈到海墙工程，他有不少担忧，部分原因是海墙会妨碍其他更加民主化措施的实施，例如要求开发商抬高重要基础设施的地面，安装稳健的备用发电系统。另一个原因是，这个海墙工程还有政治上的缺陷：整个城市的海岸线有520英里长，不可能都用围墙围起来，那么如何决定哪些人住在围墙里面，哪些人住在围墙外面呢？"总有个开头的地方，"扎里利说，"所以我们就从对大多数人来说可以获得最大收益的地方开始。"

在扎里利看来，时间是一点也不能再耽搁了。所有人都知道，即便是整个美国最有能耐的城市也面临着海面上升、风暴潮加剧的残酷未来。当我们从人行道跨过罗斯福路的时候，我问扎里利这位有两个年幼孩子的父亲，在想象将要到来的经济和政治的混乱状况时，是否会感到恐惧。"那不是一个美妙的景象，但我们不能被恐惧吓倒，"他的脸上露出勇敢的表情，"必须一步一个脚印地去做我们现在能做的事。"

* * *

提到海面上升，像纽约这样面临高风险的城市并不多。单从经济意义上来看，纽约大都会地区贡献了美国近10%的GDP[4]，是西方国家的金融中心。这座城市还具有很难量化的象征性价值。来自世界各地的850万人居住在此，而与纽约有关联的人则达到了数十亿，这种关联性在于工作、家庭，或者梦想，这一切造就了这个大都市。"应对气候变化，我们需要灵感。"欧文克说道，他是荷兰国际水事务特使，同时也参与了飓风"桑迪"之后的纽约重建计划。"纽约是发达国家的风向标，如果它把事情做对了，它的灵感就能辐射到其他地方。"

在海面快速上升的情况下，纽约所做的准备比其他沿海城市要好。看过中央公园（Central Park）的基岩露头的人都知道，曼哈顿的一大部分是建在5亿年年龄的片岩地区，它是可以抵抗咸水的。地势高的地方面积很大，不仅有曼哈顿上城的华盛顿高地（Washington Heights），而且还有一道脊状地带，斜穿过皇后区（Queens）和布鲁克林区（Brooklyn），包括杰克逊高地（Jackson Heights）、公园坡（Park Slope）等地。由于这座城市有头脑、有资金、有决心，所以不会未做抗争就被海水淹没。

但在其他方面，纽约却意外地处于风险状态。第一，它位于河口，哈得孙河沿着城市的西侧流入大海。因此，与东京那样的港口城市，或者威尼斯那样的潟湖边的城市不同，纽约无法用海墙把城市和海洋隔开。第二，纽约市内还有很多低洼区，包括布鲁克林区和皇后区的水边地带，还有曼哈顿下城，该地的面积由于多年填埋而增大不少（如果比较2012年飓风"桑迪"的受灾区域地图和1650年的曼哈顿地图[5]，可以看到，几乎所有被淹没的地方都位于填埋区）。纽约高风险地区房地产的数量非常惊人，目前易受洪水影响的区块内共有72 000座建筑，价值1 290亿美元[6]。而且，海面每上升1英尺，就有更多的房产加入其中。此外，纽约有很多工业码头区，附近居住的相对贫困的人口以及地铁、隧道、电力系统等大量的地下基础设施与有毒物质堆场靠得很近。最后，纽约是海面上升的热点地方。由于海洋的动态变化，再加上整个大陆在上次冰期之后的回弹，城市地面正在发生沉降，纽约的海面上升速率比全球平均值高出了50%[7]。

* * *

围绕着城市造一圈围墙，这个想法在城市诞生时就有了。在中世纪，人们建造城墙以抵抗敌人入侵。现在又要用来抵抗大自然母亲。显然，如果建造得对，的确能发挥作用。荷兰有 70% 的国土面积都在海面之下，要是没有海墙、没有海堤、没有大坝，整个国家就成了鱼的王国。新奥尔良市如今还能够存在，就是因为建造了大量的堤坝，阻挡了海水。日本的城市也沿着海岸线建造海堤，抵挡海啸的入侵。然而，即便荷兰人擅长建设老式的海堤，这类建筑如今也不再时髦了。"我们开始意识到，不能永远地将海堤建造下去。"带领我去参观鹿特丹附近的马斯朗特水闸的荷兰专家约里森说道，"有的时候这些工程是必需的，但我们也知道，我们必须学会与海共存。如果海防工程建造得不对，将会引发更多的问题。"

仅就海墙本身而言，大 U 形工程设计得很漂亮。因为它是那家丹麦建筑公司比贾克-英格尔斯集团的"爱子"。该公司过去设计过不少有趣又有些怪诞的建筑（包括建在迈阿密为开发商马丁而设计的大楼）。

大 U 形工程是"重建设计大赛"（Rebuild by Design）中 4 个获奖的方案之一。该竞赛奖金总额度高达 9.3 亿美元，由美国住房和城市发展部（Department of Housing and Urban Development）在飓风"桑迪"发生之后主办，这项活动吸引了世界顶级的建筑师和城市规划者前来竞赛[8]。比贾克-英格尔斯集团制作了动画视频来推广这一项目。在视频中，大 U 形工程被描绘成一个波状起伏的公共空间，路旁的草坪护道种上了花卉和树木，像是公园似的。人们可以在那里玩垒球、晒太阳。被抬高的罗斯福路下面堆满沙砾，隆隆作响的空旷地方则变为供孩子们打乒乓球、农户们在周末办开放市场的场地。城市被护道（其基础是钢筋水泥）以及从罗斯福路边挂下来的艺术墙面所保护。整个设计令人愉悦而振奋，防灾设施原来也可以作为公众生活福利设施。

　　然而，问题在于，实际建造的海墙跟视频中的海墙可能相似，也可能不同。有几位与我交谈过的城市规划师认为，由于建设费用的限制以及工程的复杂程度，当实际建成的时候，项目中所提到的惠民设施将会被省去。"完工之时，只有一堵巨大的挡海墙。"一位景观建筑师说他一直在密切关注着这个项目。

　　无论这项设计聪明与否，只要考虑到曼哈顿下城大量有价值的房产，就肯定要在那里建造某种形式的防护结构，以便挡住海水。与其他更加长远的、略有差别的方案相比，建造挡海墙造价低、速度快。政治家们若要证明他们行动的果敢，也非选这个方案不可。但并不意味着挡海墙方案就是最聪明或最安全的解决办法。

　　一方面，正如威尼斯摩西水闸设计上的瑕疵所揭示的，屏障的设计要达到什么样的防护水平始终是个问题。日本釜石市（Kamaishi）的居民曾认为，在长1英里、高20英尺的钢筋水泥海堤的保护下，城市安全应该是有保障的。然而，当2011年一场30英尺高的海啸到来的时候，海堤瞬间崩溃了，935人因此死亡。当然，曼哈顿下城跟日本没有直接的可比性，因为这个地方没有海啸袭击。但是无论何时建海墙，风险总归是有的，大自然母亲不会顾及工程师的设计指标。大U形工程那样的屏障理论上可以防范与飓风"桑迪"类似的事件，但不会有更大的作为。（到2100年，"桑迪"级别的飓风将会出现得更加频繁[9]。）我询问大U形工程的参与者凯-尤伟·伯格曼（Kai-Uwe Bergmann），为什么不能进一步提高海墙的设计标准，比如再建高5英尺，以抵御比"桑迪"时期更严重的洪水灾害。"那样一来，建筑费用就会指数式上升。"他坦率而诚恳地回答。

另一个显而易见的问题是，挡海墙只能保护墙后面的人们和设施。下东区的新海墙将有能力保护几片大型的公共居住小区，以及重要的联合爱迪生变电站（Con Edison substation）。该变电站在飓风"桑迪"期间被淹没，造成了大规模断电。然而，这道海墙很可能只是曼哈顿下城大规模建造海墙的开始。"大 U 形工程真实的目的是保护华尔街。"哥伦比亚大学的一位自然灾害专家克劳斯·雅各布（Klaus Jacob）说道。考虑到华尔街对于美国经济的重要性，这听起来也并不令人感到意外。但是，谁能想象布鲁克林的红钩区（Red Hook）多久以后才能等来比贾克-英格尔斯公司设计的海墙？这里居住着较贫困的非洲裔美国人，他们曾经也同样遭受了"桑迪"的破坏。

从纽约横跨哈得孙河到达新泽西州的霍博肯，挡海墙带来了另一个问题。霍博肯的大部分地区建在原先的湿地上。飓风"桑迪"袭来的时候，洪水像灌入一只大碗一样涌来（飓风"桑迪"时期具有象征意义的一张图像是，一艘帆船停在霍博肯的一座豪华住宅前面，而墙上的涂鸦是"全球变暖是真的"）。为了保护这里的城区，霍博肯市长唐·齐默（Dawn Zimmer）对在沿岸建造大 U 形工程式的挡海墙表示支持。但是问题在于，这样一来，海墙就要挡在曼哈顿景色最好的豪华楼群前面了。"我宁可洪水来，也不要每天看着一堵墙。"华尔街的一位分析师告诉我说，他家就住在那些水景房里。齐默有一次与我在市区同行时，对政界人士关于海墙的争论明显表示了厌倦，她提出海墙的走向可以绕过这些豪华住宅。新的路线将导致大约 35 座大楼暴露于海面上升和风暴潮之下，而其中一些是霍博肯市最昂贵的房产。"如果他们不愿意成为这项工程的一部分，那么他们就自己负责吧。"齐默对我说道。

有时候挡海墙还会使问题变得更糟糕。在地球另一边的孟加拉国[10]，建造挡海墙和堤防加剧了恒河-布拉马普特拉河三角洲（Ganges-

Brahmaputra Delta）部分地区的洪涝问题。为了保护土地，一些农户沿着潮汐水道的两侧建造岸堤。这样一来，他们无意间就把水引向了三角洲内部地势更低的未受保护的地区，造成那里更严重的洪涝和咸水污染。与此类似，曼哈顿下城的挡海墙可能会把洪水引向红钩区等地。霍博肯史蒂文斯理工学院（Stevens Institute of Technology）的海洋学家艾伦·布隆伯格（Alan Blumberg）说："挡海墙也许能防止海水进入曼哈顿，但也会令布鲁克林区的情况变得更糟，而不是更好。"

还有一个容易被忽视的问题。挡海墙、防浪海堤、缓坡堤给人们带来一种安全的感觉，即使有时情况并非如此。比如飓风"卡特里娜"袭击新奥尔良市的时候，许多人不愿撤退，因为他们认为海堤不会被冲毁，然而这个假想的安全感使一些人付出了生命的代价。"海堤让人们思想麻痹，"约里森说道，"海堤让人们忽视了居住在危险地方时存在的风险，如果什么地方出了差错，就会是一场大灾难。"

人们也提出过相对温和的想法来保护曼哈顿下城。甚至在飓风"桑迪"来袭之前，纽约景观建筑与城市规划专家苏珊娜·德雷克（Susannah Drake）领导的研究组就提出[11]，将曼哈顿下城的边缘地区地面抬升 6 英尺，用防水材料填在两端道路的下方，抬升并重新设计街面，使得洪涝发生时能够挡住水体。水边地带则用盐沼和湿地来吸收波浪能量，净化风暴水体。为了得到资助，使得地面抬升后城市能与水边线和谐相处，德雷克的计划还允许沿着东河一线建造一系列新的大楼。总之，对于海水上升背景下的曼哈顿下城区，这是一个温和而优雅的工程。但是此类工程看上去细致、复杂、造价也比较高，因此难以迅速被接受。另外，这样的设计还要求人们承认这个世界正在迅速变化，今后人们的生活方式会有很大不同。因此，随手建一道挡海墙，然后很快把它忘却，这才是最容易的事。"等到下一次大风暴来临，把挡海墙冲走，"德雷克说道，"那时就会酿成一场大灾难。"

　　"桑迪"灾后重建设计大赛中非常有创意的方案之一叫"活的防波堤"（Living Breakwaters）[12]，得到了 6 000 万美元的联邦资助。该项目是由纽约的一家设计公司 SCAPE 设计的，公司的创始人凯特·奥尔夫（Kate Orff）几年前因为提出重新引入牡蛎来清洁纽约海港水体的大胆建议而得了个坏名声。"活的防波堤"项目将被建在斯塔滕岛南侧，靠近托滕维尔镇（Tottenville）。这是一个 4 000 英尺长的防波系统，位于岸外约 1 000 英尺的地方。这个防波系统不是用来直接应对海面上升的，而是在波浪到达岸边之前起到降低及缓和作用，以减小风暴的影响，减缓海岸侵蚀速率。防波堤本身将采用生态方式，如结构化的水泥体，它可以为幼鱼和牡蛎幼苗提供健康的栖息地，进一步缓和波浪、净化水体。相较于用碉堡似的挡海墙将社区和水隔开（"用大型工程结构的时代已经过去了。"奥尔夫直率地说），她设计的"活的防波堤"是想要让社区与海岸线重新融合。此外，SCAPE 公司希望与学校合作，帮助牡蛎定殖，并设立贝壳采集计划，将贝壳加到防波堤上，为营造良好的生态系统助力。"'活的防波堤'能做到可持续和抗击打，但要通过与海岸线重新连接的方式，而不是把城市 500 多英里的岸线用墙隔开。"奥尔夫在她发表于《纽约时报》的文章里写道[13]。

　　保护城市最大胆的方案，或许是一群科学家和建筑师所提出的"蓝色沙丘"（Blue Dunes）计划，即在离海岸 10 英里远的浅水区建造一条 40 英里长的岛链。从城市这边看不见沙丘，但是它们合在一起，像沙子组成的项链一样起到保护作用，从斯塔滕岛延伸到长岛（Long Island）。与 SCAPE 公司的"活的防波堤"相似，"蓝色沙丘"的设计是要在大西洋波浪冲击海岸线之前就吸收掉它的能量，降低高潮位的冲击，使城市有缓冲的时间来应对未来的海面上升。所不同的是，"活的防波堤"规模适中，具有人文尺度，而荷兰景观建筑师阿德里安·古兹（Adriaan

Geuze）率领的团队所提出的"蓝色沙丘"计划将会重塑整个纽约的海岸线。"蓝色沙丘"计划不仅想拯救城市，而且还要消除纽约人面对海面上升的恐惧，向纽约人展示应对海洋其实有多种方式，按照古兹的说法，"顺应自然、遵从自然的意愿，而不是惩罚自然。"

"蓝色沙丘"计划在"桑迪"灾后重建设计大赛中引发了许多讨论，但最终，这个项目没有获得资助。

纽约市长德布拉西奥虽然不是一个有远见卓识的领导，但在气候变化这件事情上，他的表现却可圈可点。尽管这个问题并不是他本

40 英里长的人工岛"蓝色沙丘"的一部分[14]，其设计方案是在波浪到达纽约海岸之前吸收掉其能量。（图像由荷兰 West 8 城市规划与景观设计事务所提供）

人想要刻意触碰的，而是飓风"桑迪"迫使他去面对的。飓风"桑迪"袭击这座城市的时候，正好是 2012 年年底市长竞选较为激烈的时候。时任纽约市长的布隆伯格在应对气候变化上，已经推进了很长一段时间，包括 2007 年提出的《更葱绿、更美好的纽约》城市规划（PlaNYC），这是一项里程碑式的规划，要耗时 25 年，其目的是为了建设更加绿色的城市。德布拉西奥过去担任城市议员和政治活动家［他曾于 2000 年负责希拉里·克林顿（Hillary Clinton）纽约参议院的竞选活动］，他对教育和经济不平等问题感兴趣。但飓风"桑迪"过后，当时居住在布鲁克林区公园坡的德布拉西奥明白了气候变化和极端天气的危害。他的敏锐之处在于很快理解了一件事，即飓风"桑迪"对每个人的作用都是不一样的。风暴过后几个月，他告诉《纽约时报》，"通过这件事，你可以认为'我们需要挡海墙'，也可以认为'我们需要更新管理方法，为了人身安全和经济安全，也为了经济平等'。"

　　飓风之后的城市重建，需要市、州和联邦的联合。几乎所有的资助都来自国会拨付的 600 亿美元的联邦灾害救助基金，由美国住房和城市发展部分配给各州及各地机构。肖恩·多诺万（Shaun Donovan）时任美国住房和城市发展部部长，他是纽约人，对飓风"桑迪"的应对办法受到了广泛赞誉。然而，飓风"桑迪"的灾后重建不同于为了城市长远未来发展的重建。因此，来自华盛顿的帮助很少，来自纽约州首府奥尔巴尼的帮助更少。纽约州州长安德鲁·科莫（Andrew Cuomo）安排了许多资金来重建本州的能源网，但对纽约市本身的重建并没有给予过多的关注（市政厅里许多人相信这是科莫的个人行为，他本人认为自己是纽约州民主党政治的大人物，绝不能做任何让他的竞争对手德布拉西奥被人们看好的事情）。飓风"桑迪"之后，科莫主导了一项关于纽约州如何能更加适应气候变化的高层次研究[15]。但在研究结束之后，他却很少提及这件事。相反的，他对其他一些项目却比较偏好，比如一份需花费 40 亿美元的提案，这个提案是为了翻新年久失修的拉瓜迪亚机场[16]，而这座机场就位于高风险洪涝区，因此，在海面快速上升的情况下实在是不值得。

相比这样一位行将离任的州长，德布拉西奥的领导力就显得更为重要。我在 2016 年"世界地球日"那天见到了他，他刚在联合国做了简短的讲话来庆祝《巴黎气候协定》的签订。在谈到城市的进步时，他说得很对，作为降低二氧化碳排放的措施，需要改进建筑的效用，购买更多的可再生能源。德布拉西奥值得人们赞誉，他大力推进减少纽约碳足迹的工作，他谈到气候变化对穷人和劳工阶层的影响时令人信服。但是我想，现在是否也到了对城市的长远生存做一些战略性思考的时候了。比如，是否是时候让机场搬出低洼地区了？如何想出经济激励举措来鼓励人们搬出城市的低洼地区？如果纽约市要花 50 年的时间来建造一条新的地铁线路，那么什么时候才能完成城市岸线防护工程来应对海面上升？

德布拉西奥对我的这一系列问题持抗拒态度，他宁愿把问题聚焦于城市今天和明天所面临的气候挑战。"我想，简单的办法就是现在我们必须采取最紧要的、提高城市抗击打能力的措施，来帮助我们抵抗已经经历过的风暴袭击，"他告诉我，"然后就是要保持下去，向高处建，再向高处建，力图始终走在问题的前面。对我来说，那实际上就是水泥块，水泥块，还是水泥块。这个阶段的事情完成之后，马上又转到下一个。在建成一个非常不同的世界之前，这将始终是政府最优先要做的事情。"

我问道："当你看着根据海面上升 5 英尺、6 英尺，甚至更高的幅度所绘制的洪水地图时，会觉得这像是纽约的'世界末日'，对不对？"

"对呀，到了 21 世纪末，确实会这样。"

"那离现在就不太远了。"我回答。

"是的，是这样。"他说。

"那时就会影响到你的孙子辈了。"

"是啊，但作为一项公共政策事务，如果你在谈论 75 年、80 年甚至更遥远的未来，我想非常非常负责任地说，好吧，我们首先应处理人们现实的需求，那关系到城市韧性以及环境本身。但是另一方面，这也体现了人类需求的全面性。如果不把这件事放在优先位置，是不是有点不对劲？"

他的话很对。就在我跟德布拉西奥市长谈话之后的几个月里，纽约市发布了新的指导性文件，鼓励建筑师和工程师去发现新的设计元素，以降低未来海面上升导致的洪涝风险，比如将新建筑的地面提高 3 英尺，在一些重要的地点建防洪水闸。这份指导性文件目前还没有被纳入城市建筑规范[17]，但在未来的几年里，也许就会了。然而那也只是漫长而又越来越受到海水浸润的道路上的一小步。

雅各布预测到了飓风"桑迪"的效应。他是一位退休的研究员，从前在哥伦比亚大学拉蒙特–多尔蒂地球观测站（Lamont-Doherty Earth Observatory）工作。在那里，他研究了 40 年的地震预报和灾害救援问题。后 10 年里，他作为本市一个气候变化课题组的成员，对有关纽约海面上升响应的问题进行了比较深入的研究。在 80 岁的时候，他仍然外出工作，操着他的德国口音，眼睛里闪着不服输的光。我们见面后 5 分钟，他提到他过去经常与黑人社会活动家安杰拉·戴维斯（Angela Davis）一起外出活动。

飓风"桑迪"来临的几个月前，哥伦比亚大学由雅各布领导的一个研究团队发布了一项研究结果，预估百年一遇的风暴潮对纽约斥巨资建成的交通基础设施的影响[18]。雅各布告诉每一个听得进他的话的人，海面上升再加上特别大的风暴，两者结合起来，将会毁掉本市的铁路和地铁系统，淹没隧道和地面上的设备。不出所料，飓风"桑迪"来临时的实际情况正与预测相同。地铁有很多天不能使用，之后又耗费了几个星期才使每天运送数百万通勤职工的地铁恢复正常运行。也正是由于雅各布等人的预警，纽约的官员们才在风暴到来之前，下令关闭了地铁，从而减少了损失。

雅各布对德布拉西奥等人持批评态度，因为他们对于城市未来所面临的问题思考得不够深入。"他们是按照选举换届的时间表来考虑问题的。"雅各布说道。他引述曼哈顿水边持续开发的地产，科莫改建拉瓜迪亚机场的计划，以及哥伦比亚大学曼哈顿维尔新校区（正好坐落在 125 号大街附近的曼哈顿西区的低洼地带），说道："我们仍然在这些滨水区继续建设，而 50～80 年以后我们就会感到后悔。"雅各布同时指出，就连那些本该精明的行业也没能掌握未来的变化。为城市提供大部分电力的联合爱迪生电力公司，提出要花费 10 亿美元进行飓风之后的重建，但却没有考虑到气候变化问题（后来在地方税纳税人对公司提出诉讼之后才改变了这一决定，雅各布在此案件中担任了技术顾问）。

在雅各布看来，纽约的"阿喀琉斯之踵"*是地铁。在地铁里，由于隧道需要新鲜空气来通风，不能够封闭起来，所以特别的脆弱。虽然地铁隧道的设计能够抵御来自河流的洪水，但海水对于隧道里的电器设备还有隧道里的水泥材料是有高度腐蚀性的（这就是 L 线地铁不得不被关闭一年多来进行维修的主要原因）。从理论上讲，可以提升通风装置的位置，水闸也可以建立起来用来阻挡风暴海水的涌入，但是到了一定程度，工程代价会变得十分巨大。"都与钱有关。"前任港务

　＊ 阿喀琉斯是荷马史诗《伊利亚特》中的人物，他全身刀枪不入，唯独脚踵是个弱点，后来被暗箭射中脚踵而死。——译者注

局主任克里斯·沃德告诉我。沃德指出，大都会运输署（Metropolitan Transit Authority）负责管理纽约的地铁，花费了 5.3 亿美元改进曼哈顿下城的南渡口地铁站，而那个老地铁站因在 2001 年 9 月 11 日的事件中遭受袭击而损坏严重。飓风"桑迪"把新地铁站变成了一个鱼缸，于是大都会运输署只得又把老地铁站调动起来使用，再花费 6 亿美元来整修新地铁站。大都会运输署安装了可动式的水闸，防止下一次风暴时海水再灌入新地铁站。尽管如此，这个地铁系统对于海面上升来说仍然是非常脆弱的。"我们没有系统性地思考气候变化问题，"哥伦比亚大学法学院萨宾气候变化法中心（Sabin Center for Climate Change Law）主任迈克尔·杰勒德（Michael Gerrard）说道，"这不只关系到下一个'桑迪'，因为这样强度的飓风还不是最强的。"

* * *

回到 20 世纪 20 年代，开发商发现了牙买加湾（Jamaica Bay）一块凸出的土地，来自曼哈顿的警察、消防员、管道工等工薪阶层在上面建立起一个周末钓鱼营地。这个位于皇后区的浅水海湾有很多海蟹、青鱼和鲈鱼，偶然也会漂过一匹马的尸体，这是某个不想支付动物尸体处理费的人丢入海湾的，但那时候也没有人把这当一回事。沙岛上的许多小屋都是木结构的，大风暴来袭的时候就会被冲走。这些木结构小屋的主人也不关心这件事情，风暴过后，他们就重新钉一遍，继续钓鱼。这种生活方式跟 500 年前生活在南佛罗里达州，住着简陋平房、堆起贝壳堆的卡卢萨人没有什么区别。

　　不久之后，开发商来到这里，在岛上开挖了水道，他们觉得如果居民们能够把船放在自家后院里，这个地方就会更加吸引人。随后他们就盖起了真正的房子，有水泥基底、保温墙体和排水系统。他们给这个地方取了个名字，叫做"布罗德通道"（Broad Channel）[19]。许多警察和消防员放弃了他们简陋的小屋，住到了新房子里，成为这里的永久居民。在这里，他们能够看到曼哈顿，也能够在工作之余外出钓鱼。但是，不足之处是，他们知道自己可能会被偶然而来的风暴袭击，但他们相信，东面一座更大的堡岛洛克威岛（Rockaways Island）可以保护他们免受风暴袭击。毕竟在那个年代，海面上升只有在科幻小说里面才会提到。

有一户姓芒迪（Mundy）的居民，20世纪20年代在布罗德通道购买了房子。我2016年造访那里的时候，丹尼尔·芒迪（Daniel Mundy）就居住在一幢紧靠水边的房子里，他是在当地出生的，现在已经70多岁了。他的儿子小丹尼尔·芒迪（Daniel Mundy Jr.）刚50岁出头，住在运河的另一边，也面对着海水。飓风"桑迪"来袭的时候，他们都还算幸运，虽然屋子里淹了5英尺深的水，但房子的基本结构却没有损坏。然而当地的其他居民就没有这么幸运了。布罗德通道是本市遭受风暴损失最惨重的地方之一，共有1 200多座房屋进水，其中400多座不得不报废重建，其余房屋也需要修葺并抬高。

小丹尼尔·芒迪担任过纽约城市消防队的救火队队长，为人诚实而且身体健壮，对于纽约政治体系中的运作方式也略知一二。那天是个大晴天，可以望见远处曼哈顿的高楼，小丹尼尔·芒迪和我站在客厅里，在谈及飓风"桑迪"时他说道，"我们真的被惊到了。"

我们从芒迪的家出来，登上船，站在后甲板上。芒迪指给我看当年他和他布罗德通道的朋友（在美国陆军工程兵团的帮助下）在海湾水域里堆起来的两个小岛，小岛的作用是降低海水中的氮含量，以改善鱼类栖息环境。正是由于像芒迪这类人的努力，才使得东海岸区（East Coast）成了最重要的鸟类栖息河口之一，同时，鲨的繁殖场地也正在复原。

芒迪清楚地知道海面上升的风险。我问他是否曾经想过搬离这个地方。

"我父母都是在这出生的，"他毫不犹豫地回答说，"我在这里长大，我姐姐也生活在这里，我在栈桥下的水里面已经潜水 500 次了，怎么离开？这是我的家啊。"

在布罗德通道地区，与我交谈过的其他许多人也有相同的感受。死亡也好，大水淹没也好，总之就是要生活在这里。陆军工程兵团提供的帮助使人们形成了一个固定的观念，即只要找到保护整个牙买加湾的捷径，继续住在此处就变得切实可行。陆军工程兵团花费 20 亿美元的项目，将会加固罗卡韦海滩（Rockaway Beach）上面对海洋的海岸沙丘，提升海湾里海堤的高程，再在水道口门建起可移动式的水闸，风暴潮发生的时候可以关闭。基本上，这就是威尼斯摩西水闸工程的一个简化版。因此它也有与之相同的所有问题：工程造价很高，需要几十年才能建成，而等到建成的时候很可能已经过时了。然而除此之外，也没有什么好办法可以为牙买加湾的居民再多争取一些时间。在海湾周边的一些地方，例如皇后区的霍华德海滩（Howard Beach），问题也特别严重。一排排砖房的基底都建在低洼的地方，要把这些房屋的地面都抬高，几乎是不可能的。

那天晚上，我参加了当地的一个居民会议，会上陆军工程兵团的项目经理丹·法尔特（Dan Falt）首次给人们介绍了工程计划的主要内容。法尔特居住在罗卡韦海滩的一座单层别墅里，他担心这个计划将引起争议。但严格说来，计划里没有什么新东西。陆军工程兵团曾经在 1964 年提出过一个几乎完全相同的计划来保护这个海湾[20]，而到了 2016 年，他们只是在原来的计划里改了几个字而已。

但是，如果说这次会议有任何指示意义的话，那就是了解生活在牙买加湾的人们并不在意这个工程计划有多陈旧。他们只是想要得到保护，或者说，至少得到被保护的感觉。他们相信，政府的作用就是给他们提供保护。谁会在意哪天水闸会把整个海湾变成一个大池塘？人们在会上提出的基本看法差不多可以总结如下：有鸟和海洋生物当然好，但是人们有一个家更好，哪怕只能再持续一段时间也行。他们没有谈到如何跟海水一起生活，如何把房屋地面抬高，也没有谈到可以用船来通勤。更没有提到，也许聪明的做法是搬迁出去，在他们还能搬还能动的时候，换到地势高的地方去。会上，站在房间后排的一位女士带着一丝恐惧的声音说道，"我想要知道的是，把这些海堤建起来需要多长时间？我们还要过多久孤立无援的生活？如果再来一场大洪水，我们就完了。"

一个小时之后，正值高潮位，潮水漫上了街道。圆圆的月亮挂在天空，冷漠地注视着由于它的引力而带给纽约人的这一情境。我脱掉了鞋袜，卷起裤腿，蹚过凉飕飕的带着咸味的大西洋海水，回到了停在芒迪家街道旁的车里。

第 8 章

岛国命运

　　巴黎郊外的一座老机场——勒布尔歇机场（Le Bourget）的大厅里混合着潮湿的胶合板和科隆香水的气味。机场里有许多空间专门为了巴黎气候谈判而重新装修成空旷的会议厅，大厅只是其中之一。在气候谈判大会的最后一晚，这里几乎聚集了世界各国的人们，有的穿着职业装，有的穿着礼服和长袍，形成了黑色、棕色和白色面孔的海洋。我挤在人群之中，看着法国总统弗朗西斯·奥朗德（François Hollande）站在机场大厅前的讲坛上，敲下了会议主席的小槌，这标志着 2015 年《巴黎气候协定》的正式通过。所有人都很高兴，有些人甚至高兴得哭了。惊喜之中，我拥抱了旁边一位完全不认识也没交谈过的年轻亚洲女士。她先是推了一下，这应该是对陌生人突然举动的本能反应，然后反过来拥抱了我。我不知道她的名字，也不知道她代表哪个国家，但此时此刻我们的情感是相通的。

　　《巴黎气候协定》是一项复杂的协议，细则很多，比如关于各国为达到排放目标所承担的义务，又比如关于富国如何为穷国提供清洁能源方面的资助。但其要点是，全世界每个国家都宣誓要在未来几十年里减少温室气体的排放，使得全球变暖的幅度能够控制在相对于工业革命前水平的 2℃ 之内。这是一个定义明晰的临界值，或许可以帮助我们避免气候变化的最坏影响。然而，甚至在特朗普总统否定美国对这个协定的所应尽义务之前，人们就已经不清楚它的性质了。难道说《巴黎气候协定》只是一个让大家感觉良好，然后很快就会忘记的文件吗？还是说它确实标志着国际社会真的要在今后几十年里努力改变碳污染上升的趋势。无论未来结果怎样，这个协定的无名英雄之一当属马绍尔群岛共和国的外交部部长托尼·德布鲁姆（Tony de Brum）。

出席谈判大会的时候，德布鲁姆已经是 70 岁的高龄了。在勒布尔歇机场到处都能见到他的身影，他在不同的会场之间快速行走时，红蓝条纹的领带都飘到了肩上。经常跟在他身边的是他从独立外交组织（Independent Diplomat）请来的顾问，这个非营利性的顾问组负责在德布鲁姆进行谈判期间为他提供帮助。德布鲁姆头发灰白，眼镜从鼻子上滑落下来，他看上去就像一位不修边幅的化学教授。但是人们很难忽视德布鲁姆所表现出来的对完成巴黎会议使命的认真程度。对于马绍尔群岛共和国和其他低海拔国家的人们来说，气候谈判不是关于经济竞争或者全球争霸的游戏，而是关乎生死存亡。"我们国家面临的是灭绝的问题。"德布鲁姆告诉我。在巴黎谈判期间，德布鲁姆的主要作为是组成了一个被人们称为"远大志向"的联盟，该联盟最终还把美国和许多岛屿小国，如百慕大和马尔代夫包含在内，成功提出了一个"梦寐以求"的目标，即到 2050 年要把全球升温幅度相较工业革命前的水平控制在 1.5℉ 以内，并实现零碳排放。

德布鲁姆在谈判中的道德立场是无可争议的。这不单单是由于马绍尔群岛在气候变化的影响下将要承受特别大的损失。还因为世界上很少有地方像马绍尔群岛那样在 20 世纪经历了非常糟糕的事情，而德布鲁姆则见证了这一切。他 9 岁的时候，有一次与他爷爷一起钓鱼，

马绍尔群岛共和国外交部部长德布鲁姆在巴黎气候谈判的最后一晚步入大厅时的情形。[照片由国际可持续发展研究所的基娅拉·沃思（Kiara Worth）提供]

看见了地平线上的一道闪光，那是来自美军的一次原子弹爆炸试验。"几秒钟的功夫[1]，整片天都映红了，像一个玻璃鱼缸扣在我的头顶，上边浇满了鲜红的血。"他回忆道。1946—1958 年，美国在这些岛屿上进行了多次核试验，光在比基尼环礁（Bikini Atoll）就进行了 23 次试验[2]。规模最大的是人们称为"漂亮一击"的那一次，它相当于广岛原子弹威力的 1 000 倍，直接导致 3 个小岛的消失。

数年来，美国宣称马绍尔群岛没有人在核试验中受到伤害，但这并不属实[3]。尽管试验之前比基尼环礁的人员撤了出来，但风已经把放射性颗粒吹到了周边的环礁岛屿。"在几个小时里[4]，环礁上就覆盖了一层白色的细颗粒粉末。"杰顿·安亚因（Jeton Anjain）回忆道，他指挥朗格拉普（Rongelap）环礁上人员的最终撤离，该环礁是受影响最严重的环礁之一，"没有人知道那是沉降下来的放射性微粒，小孩还在雪状的粉层上玩耍呢，有的还吞吃了粉尘。"许多接触过这种放射性物质的人后来都罹患了癌症[5]，尤其是甲状腺癌。

现在，上升的海面正在威胁马绍尔群岛共和国以及其他地势低洼的贫困国家，他们的生命和文化能否存续都成了问题。而这种局面在很大程度上是全球富国的碳排放所造成的，岛屿国家自身并没有对气候和环境恶化做过错事，现在却要承担悲惨的后果。

"对于我们来说，最终的日子已经来临，"德布鲁姆在会议结束后不久告诉我，"问题在于，我们，乃至整个世界，应该采取什么行动？"

* * *

马绍尔群岛共和国的首都马朱罗（Majuro）是太平洋中的一个城市绿洲，面积不大，环绕着一条 1 英里长的潟湖，约有 3 万人在此居住。在这里，飞机刚一着陆，就会看到四周广阔的海洋，简直令人难以想象，而且空气中飘浮着盐的味道。然而，这里的生活并不安定，其实无需用到气候学的知识也能看出，海面的迅速上升，将会给这个地方造成很大的麻烦。

马绍尔群岛共和国的领海比陆地大得多，一共有约 70 平方英里的土地散布在太平洋 1 000 多个岛屿和环礁上，而海域总面积有 75 万平方英里，介于菲律宾和夏威夷之间。在环礁上形成陆地的物质来自珊瑚礁，它生长在过去早已停止喷发的火山口遗址上，火山口由于地壳下沉而淹没在海面之下。大部分环礁顶部高程在海面之上 5～6 英尺，而马朱罗地势最高的地方有 20 英尺。位于马绍尔群岛以南的其他岛屿国家，比如基里巴斯共和国和位于印度洋的马尔代夫，也有相似的低平地形。在海面迅速上升的情况下，它们的未来同样不太光明。

这样的地方还有很多。但是岛屿国家的悲惨困境是如何造成的？此外，为何德布鲁姆的话在巴黎有那么大的权威性？有两个原因：第一，这些岛国的困境是由于其他国家的放纵所致的。气候之所以发生变化，是因为 200 年以来西方国家肆无忌惮地使用化石燃料（正如我在前面章节里所提到的，燃烧化石燃料排放的二氧化碳聚集在大气里，所以如果想要知道谁该对我们变暖的大气负责任，就必须查看历史上的二氧化碳排放情况）。第二，马绍尔群岛不应该对气候变化负责，因为马绍尔群岛在过去 50 年里二氧化碳排放的总量，比美国俄勒冈州波特兰市（Portland）一年的排放量还要少[6]。显然，他们对造成气候变化的责任最小，但受到的惩罚和付出的代价却最大，所以非常不公正。西方富国在过去 30 年的气候谈判里，以及在未来的 30 年里必然要面对的一个问题是：对这些国家，富国亏欠了什么？

而对于岛屿国家来说，气候变化问题迫在眉睫。因为不仅他们的家园和日常生活危如累卵，他们的语言、文化和身份特征也都到了紧急关头。在马绍尔群岛，没有地势高的地方可以搬过去。海水淹上来的时候，所有的土地都会消失。按照德布鲁姆在巴黎谈判开始前不久的电视采访中的说法，"人口被迫迁出，加上文化、语言、传统的毁灭，对我们来说就相当于种族灭绝[7]。"

自从几十年前美国国防部把这些岛屿转化为核武器试验场，持续地对这片土地和居民造成伤害以来，当地人虽然得到了美国的巨额补贴和赔偿，但对其心理和文化上造成的破坏却无法得到修复，他们居住的地方成了核时代的一个小小的垃圾箱。

这是一个钱越用越少，谈不上任何经济发展的国家。马绍尔群岛生产椰子和面包果，再通过向国外前来捕捞金枪鱼的渔船出售野捕渔业证书来获得一点收入，但基本的生活还要依靠其他国家或地区的援助。比如马朱罗的警察局、法庭、街头照明的费用是由日本和澳大利亚等提供的。现代排水系统的缺失意味着环礁周边潟湖环境的污染，鱼类因此死亡，渔民被迫越跑越远去寻找鱼群，这样又造成了燃料的浪费。

马朱罗所在的位置也不利于抵抗来自海洋的侵袭。它位于迎风的狭窄潟湖口门，是过去美国军事占领时期遗留下来的地方，当时这个城市是围绕着一个美国水上飞机基地而建起来的。在此之前，人们已经在更加宽广的环礁岛屿上的背风之处小心翼翼地居住了很久。海堤年久失修，也没有经费建设新的。像雷姆·库哈斯（Rem Koolhaas）那样的明星建筑师不会在这里设计现代化的、海面上升环境下值得兴建的建筑[8]。几乎所有的建筑都由焦渣砖和铁皮屋顶组成。眼前所能看见的唯一能够抵抗冲击的是锚泊在潟湖里的小船，是属于谷歌合伙人拉里·佩奇（Larry Page）的193英尺长的"感觉号"（Senses）游艇。

要想知道海上的碉堡长什么样，马绍尔群岛人只需要乘坐一艘小船来到夸贾林环礁（Kwajalein）就可以了。这是当地最大的一个环礁，里根弹道导弹防御试验场（Ronald Reagan Ballistic Missile Defense Test Site）就在这里。1 200名美国人驻扎在这个基地上[9]，发射导弹、实施空间武器计划、追踪美国国家航空航天局的研究，他们每年有1.82亿美元的经费支持。

虽然夸贾林环礁也不能避免海面上升的威胁，但美军可以获得建造新的海堤以及其他防护性基础设施的经费。2008年，一场风暴淹没了这个基地，几乎损坏了岛上所有的淡水供应设施，而美军动用了昂贵的海水淡化装置，并用俗称"乱石"的坚硬花岗岩建成的结实的堤坝来加固岸线。美国国防部显然是感到足够自信，所以又投入10亿美元在环礁上安装了一个新的雷达系统[10]，其用途是防止卫星和宇航员在围绕地球飞行的时候与太空垃圾相撞。

"美军基地是一个与外部世界很不同的地方，"马绍尔群岛上一位在基地工作的人员跟我说，"那里才能让人感到安全。"

在美军基地之外，所能看见的只有沙子、快要倒塌的海堤以及海水。面对这一切，马绍尔群岛人所关注的根本问题是：我们还能在这儿待多久？我们什么时候离开？我们能去哪里？

*　*　*

在马绍尔群岛这样的珊瑚环礁上，没有泉水补给的河流，没有山地湖泊，也没有田间小溪。淡水来自降雨。当地人用放置在屋顶的雨桶，还有机场上专门挖掘的集水池塘蓄水。大自然有时候也将淡水聚集在地下含水层中，地质学家称之为"淡水透镜体"。只要降水能够持续，那么所有的事情都好办。但如果有几个月时间不下雨，那就麻烦了，例如 2013 年和 2015 年。马绍尔群岛的人们陷入了非常像《鲁滨逊漂流记》（*Robinson Crusoe*）故事里所描述的那种窘境，在一个被水包围的环境里却几乎要被渴死了。

珊瑚环礁上的淡水供给始终是个问题，而且随着人口的增加变得越来越严重。如果说为一座岛上的 300 人采集足够的淡水是一回事的话，那么要保证一座城市 3 万居民的供水就是另一回事了。

马绍尔群岛的居民们采取了一个较为实际的办法来解决这个问题，那就是尽可能地多采集水。但是，马绍尔群岛的土地面积不够用来建造巨大的水库，而且也不能够挖得太深，否则水库底部的海水就会冒上来。于是他们在机场附近建造了许多池塘，收集路面积存的水，这些池塘看上去像一排盖着黑塑料袋的游泳池（其目的是为了减少蒸发）。由于水体会被油污和鸟粪所污染，因此，饮用前要经过过滤和处理。当这些池塘都蓄满的时候，就能得到 3 400 万加仑的淡水[11]，这足够让马朱罗的居民们支撑好几个月。

然而，在马朱罗只有约 1/4 的人能够使用到来自机场的城市供水。其余的 2.2 万人以及生活在周边环礁上的 2 万人日常生活所依赖的淡水要么是用塑料桶积攒的，要么是从地下淡水透镜体中抽取的。出于无奈，马绍尔群岛的人们很有节约用水的本事。比如纽约市人均每天用水 118 加仑，而马朱罗只有 14 加仑。

尽管如此，马绍尔群岛饮用水的缺乏仍是个挥之不去的问题。北面的环礁区域年降雨量小于 50 英寸，南面的环礁降雨量大约是它的 2 倍。但随着全球变暖，这里的降雨格局也可能发生变化。按照模型研究的结果，马绍尔群岛在未来几十年里将会获得更多的雨水，但与此同时，气温会升高，干旱的天数也会增多。

无论降水发生什么变化，也不能解决饮用水问题。虽然机场的水库被海堤所保护，但大风暴潮来临的时候海浪有可能冲破海堤。"如果水位过高，咸水就会灌到水库里，这些淡水就报废了，只好排放到潟湖里，"马朱罗市政府副秘书长基诺·卡布阿（Kino Kabua）告诉我，"气候发生变化会导致海面上升，那么这种危险性就会增大。"

更大的威胁来自咸水的渗透，岛礁地面之下的淡水透镜体深受其影响。淡水透镜体的位置对环境很敏感，经常发生移动。旱季的时候淡水透镜体枯竭，水体变咸，不能饮用。雨季来临时，雨水从地表的沙土里渗下去，进入构成环礁基底的多孔珊瑚礁碎屑层，从而重新恢复淡水透镜体。淡水透镜体的深度取决于岛屿的大小、降雨量和海面高程。越往下，透镜体水体的盐度越高，最终变成纯的海水。

所以问题的关键在于，当海面上升之后，咸水就会从淡水透镜体的底部侵入，淡水能够积累存储的空间就会被压缩（淡水只能漂浮在咸水之上）。此外，海面上升之后，风暴潮所造成的洪水侵袭将会变得更加频繁。当环礁被淹没时，海水就会侵入淡水透镜体里造成污染。要让地下水重新变得可以饮用，将需要很长的时间。

另一个同样严重的问题是土壤盐碱化。德布鲁姆经常提到，面包果是马绍尔群岛的一种主食，但其种植变得越来越困难了，因为面包果树不能忍受盐碱化的土壤。在马绍尔群岛，土壤污染不仅来自海水灌溉，还来自高潮位和风暴潮所带来的日益频繁的洪水。在整个马朱罗市，随处可见生长不良、濒临死亡的面包果树。其他大宗作物，例如香蕉、木瓜和芒果，也同样受到了影响。

国营农场正在试验抗盐碱的杂交作物，如芋头和木薯。但是当土壤盐碱化越来越严重时，当地人就不得不越发依靠进口食品。甚至在现在，鱼和水果这样传统的岛屿饮食已经几乎消失了。一日三餐被大米、面粉和肉类所取代。几乎所有这些食品都是高价进口的（本地不产大米、小麦和牛肉）。与此同时，马绍尔群岛的居民还要付出另外一种代价：65% 的人体重过重或者患有肥胖症[12]，超过 30% 的人患有糖尿病，这里是全世界糖尿病比例最高的区域之一。

日趋严重的土壤盐碱化和饮用水供给问题不仅仅影响岛屿国家，在全球有多个国家同样受到影响。在迈阿密，咸水正在从深处侵入城市地底下的含水层，威胁到该区域的淡水供给。在越南的湄公河三角洲（Mekong Delta），咸水侵染的土壤使曾经高产的田地变得贫瘠，成百万计的农民无法种植水稻等传统作物。在埃及[13]，淡水供给量正在快速下降，到 2025 年，这个国家可能面临全国性的水资源短缺。最近的一项研究表明，尼罗河三角洲（Nile Delta）农用地获取淡水的困难程度增加，土壤中的盐度上升，到 2100 年将威胁到整个国家的生存条件。世界银行和孟加拉国水模型研究所（Bangladesh's Institute of Water Modelling）2015 年发表的一项研究指出[14]，孟加拉国在最坏的情形下，未来 10 年能够获得淡水河流供给的海洋带区域面积将会下降到原来的一半。"水是我们最大的问题，"孟加拉国沿岸加布拉（Gabura）的村民阿斯马夫人（Asma Begum）告诉英国 BBC 记者，"水到处都有，但却不能饮用，这种水正在摧毁我们的土地。"

土壤中的盐分同时也在影响着孟加拉国和越南以及南亚、东南亚三角洲区域的水稻生产。这对食品安全有巨大的影响，因为水稻占据当地 1.6 亿人口卡路里需求的 70%。研究者们正在试验更加耐盐的水稻品种，但进展较为缓慢。作为替代生产方式，孟加拉国的人们正在转型从事养虾业，因为虾在半咸水的环境里生长得很好。但养虾业在许多情况下会让盐碱化问题变得更为严重[15]。为了养虾，农户们将越来越多的淡水池塘转化为咸水池塘，使得咸水越来越深地侵入三角洲区域，把原先能够居住的区域，也就是原本能够种植蔬菜、养鸡的区域，基本变成了一个海洋环境。

与土壤盐碱化问题形成鲜明对比的是，解决饮用水含盐问题的技术方法就相对容易一些，当然，前提是有充足的资金。目前，世界上最大的海水淡化工厂在美国圣迭戈（San Diego）[16]，这座工厂从设计到建造共花费了 10 亿美元。这座工厂每天从太平洋抽取 1 亿加仑的海水，生产出 5 400 万加仑的可饮用淡水。虽然只占圣迭戈县所需淡水供给的 10%，但这个供给是可靠的且旱涝保收的。与大多数海水淡化工厂一样，该工厂也利用了一项被称为"反渗透法"的技术，它迫使海水流经一层薄膜，分离出盐分和杂质。以这种办法生产的淡水价格较高，其中一个原因是生产过程中需要消耗大量的能源来压迫水流通过薄膜。圣迭戈淡水厂需要的电力达到 35 兆瓦的功率，每年电费高达 3 000 万美元。海水淡化的价格很高，这解释了为什么世界上 70% 的淡水厂都位于中东地区富有的石油国家。单是沙特阿拉伯就计划投入 280 亿美元在未来几年里建设新的淡水生产厂。

马绍尔群岛共和国等贫困国家利用小规模的海水淡化装置，作为减轻旱情的应急使用设备。这些小型设备每天只能产出几千加仑的淡水，却需要使用大量燃料，而且机器还经常失灵。在该国工作的水资源专家正在尝试用简单一些的技术来获得淡水，包括搭建塑料帐篷，通过蒸发的原理来生产淡水。这些装置都发挥了一定的作用，尽管产出的水量较少，而且在风暴中也易损毁。海水淡化技术在未来肯定能

进一步改进，运行费用也会越来越低，且更加经久耐用。但是，对于
技术的依赖会使遥远环礁上的人们面临生活成本、复杂性和风险性增
加的问题。有些地方或许能处理好，但在其他许多地方，这很可能正
好成为人们离开环礁奔走他乡的理由。

＊　＊　＊

2015 年 11 月 13 日，在巴黎气候谈判开始的两个星期之前，恐
怖分子在巴黎发动了一波大规模枪击和自杀式爆炸事件，造成 130 人
死亡，400 人受伤。最严重的攻击发生在巴黎第十一区的巴塔克兰
（Bataclan）剧院里，当时正在举办"死亡金属之鹰"（Eagles of Death
Metal）＊的音乐会剧院里有 90 人死于枪击。在气候谈判会议期间，整个
城市处于高度紧张状态，安保人员随处可见。我看见军人背着机关枪
在卢浮宫（Louvre）入口处的树丛里搜索，而装甲车出现在了协和广场
（Place de la Concorde）。

虽然很难知道这些恐怖袭击对巴黎谈判有多大的影响，但是可以
肯定的是，它为勒布尔歇机场的会议厅蒙上了阴影，使大家切身体会
到当今世界已经变得更加危险了。现在回想起来，巴黎恐怖袭击事件
标志着欧洲和整个世界都开始闭关自守，开始竖起屏障和围墙。那时，
欧洲各国的领袖们正在艰难地处理叙利亚战争引发的难民潮问题，结
果难民中的一部分人却参与了巴黎恐怖袭击事件。在气候会谈期间，
人们没有说出来的恐惧是，巴黎恐怖袭击事件是一系列将要到来的问
题的先兆。就全球而言，超过 10 亿人居住在人口学者称为"低地海
岸"的区域[17]，其中相当大的一部分在贫穷国家，因此，能够帮助人

＊ Eagles of Death Metal 是来自美国加利福尼亚州的摇滚乐队，成立于 1998 年。——译者注

们适应新的环境变化的资金很少。那么，在海面上升的时候，他们该去哪里？他们的合法权利是什么？富裕的工业化国家如美国和欧盟亏欠这些国家的是什么？纵观过去 30 年历史的气候谈判，可以看出穷国强化了从富裕国家获得补偿的诉求，因为他们的未来被消耗掉了。

　　毫不奇怪，事态的进展并未如穷国所愿。几年来，联合国设立了各种特别的资金，却因受制于官僚化而效率低下，而且西方国家从未做过较多的贡献。2009 年哥本哈根气候大会之后，西方国家建立起一个新机制，称为"绿色气候基金"[18]，拟在 2020 年之前每年从公共和私人资金中筹措 1 000 亿美元，用于帮助发展中国家应对气候变化问题。在巴黎气候大会上，美国同意拿出 30 亿美元，但直到奥巴马离开白宫的时候也只支付了 10 亿美元，包括卸任前几天奥巴马刚转移到这个基金中的 5 亿美元。总体上，"绿色气候基金"离原定的 1 000 亿美元的目标还差得很远。2016 年年底，承诺的数额为 100 亿美元，而实际支付的只有 10 亿美元。这个数字听上去好像是不小，但要考虑到基金设立的目的是帮助世界上的贫困国家用上清洁能源，保护他们免受海面上升的威胁，确保食品供应和水供应，以及未来各项其他的费用，那么这 10 亿美元完全是杯水车薪。换句话说，这 10 亿美元只够纽约市沿着曼哈顿下东区岸线建造一道挡海墙而已。

　　对于马绍尔群岛共和国来说，"绿色气候基金"所能提供的帮助很小。这个国家从该基金获得的应对气候变化的资金总额几乎为零（在写本书时，有一些小项目正在运作）。该国也从其他机构获得资助，比如世界银行贷给马绍尔群岛 600 万美元用于应对气候变化的项目，其中 150 万美元用于提高建筑物抗击灾害的能力，以及为防灾人员支付费用。此外，马绍尔群岛还受到了亚洲开发银行的资助。但显而易见的真相是，马绍尔群岛本国没有资金来自保和应对海面上升的后果。他们的生存取决于他人的慷慨解囊。

有些岛国已经找到了其他方式来筹集资金，例如马尔代夫。其人口要比马绍尔群岛多得多（35万对5万），经济规模也大得多（GDP总值23亿美元对1.9亿美元），这主要是由于高端旅游业发展得较好。为了筹集资金，他们进行海岸土地围垦，就是在现存的潟湖里建设新岛屿。2016年，马尔代夫议会通过了一项宪法修正案，首次允许外国人拥有马尔代夫的土地。具体而言，这项修正案允许投资超过10亿美元的外国人获得土地，但其中至少有70%的土地必须来自海洋围垦。

2007年，《联合国气候变化框架公约》（UNFCCC）同意考虑加入"损失和损害"（loss and damage）作为气候谈判中的一个新条款。这导致了"华沙国际损失和损害机制"（Warsaw International Mechanism for Loss and Damage）的设立，实际上这是由联合国委员会召集的，目的是给出"损失和损害"的定义，并解决如何处理责任和补偿的问题。像美国那样造成污染的大国，能依法对马绍尔群岛的洪水负责任吗？造成的房地产损失该如何补偿？如果发生物种绝灭，又该如何补偿？如果有人在潮灾中遇难，其家人是否可以控告英国，说是因为其150年来的碳污染才造成了这样的局面？

不难看出为何美国和其他发达国家并不想积极参与这项活动。一方面，许多富裕的发达国家连早先承诺的责任都还没有兑现，现在又加上对于发展中国家新的金融责任，旧账未还又添新债，他们实在难以承受。另一方面，按照新规定，又一扇大门被打开了，其中涉及复杂的、潜在代价非常大的法律诉讼，这也是一种新的威胁。想想看，某个太平洋岛民从此以后就可以控告美国，因为美国释放二氧化碳到大气当中的行为引起了海面上升，冲走了他们的房屋，并以此要求赔偿。这个思路会吓坏发达国家，不是因为上述两点在今后随时会发生，而是因为这将会开创一个先例，让富国为气候变化对穷国造成的损失背负法律责任。"我们不反对'需要考虑损失和损害'，"美国国务卿约翰·克里（John Kerry）在巴黎谈判前几个星期时告诉我，"我们倾向于把这件事情框定在一个范围内，而对于如何补偿则不在法律上做出规定，因为美国国会永远不会同意包含此类条款的协议……这样做只能导致谈判破裂。"

在巴黎气候大会上，"损失和损害"是谈判中最含糊不清的问题之一。大家普遍同意，发展中国家在道义上有权就其因气候变化而遭受的损失获得补偿。但意料之中，也有不少人不同意就这个问题达成协议（滑稽的是，世界第十五大经济体沙特阿拉伯的谈判代表要求，如果基里巴斯或马绍尔群岛因为损失而得到补偿的话，那么沙特阿拉伯也应该因未来石油收入的损失而获得补偿）。最后，谈判者们只同意未来应增进对有关气候变化所造成的损失和损害的"了解、行动和支持"。换而言之，他们只同意继续谈判下去。

但是恐怖分子在巴黎的袭击事件提醒了所有人，这不仅仅是钱的问题，还涉及人口的流动。根据国内移民监测中心（Internal Displacement Monitoring Center，一家提供世界流离失所人群信息和分析结果的独立机构）的一份报告，每年约有 2 000 万人被洪水、风暴和其他自然灾害弄得无家可归，这个数字相当于冲突或者暴力所造成的难民数的三倍。没有人确切地知道，在未来的几十年里有多少人会被迫卷入移民大潮。预测到 21 世纪中期，移民人口可达到 2 500 万乃至 10 亿。最可靠的估算大概来自国际移民组织（International Organization for Migration），它给出的预测是，到 2050 年气候难民的人数将达到 2 亿[19]。

这些流离失所的人没有法律地位，也不受到法律保护。根据国际法，没有办法定义什么是气候难民。在 1951 年的难民公约里[20]，难民被狭义地定义为"由于种族、宗教、国籍、属于某个特别的社会组织或拥有某些政治观点而有正当理由畏惧或遭受了迫害的人"。但是，即便有一个具体的定义，要找出导致人们迁移的原因也很困难。对于

逃离太平洋岛国基里巴斯的高水位。（照片由盖蒂图片社提供）

太平洋岛国的人们来说，他们面临的是海面变化问题；而对其他国家的人来说，可能是土地和水资源的争端问题。学术研究者、社会活动家以及政府官员提出了不受限指导原则来处理由于气候变化而跨越边境的人口流动问题，但是这些主张尚未产生法律效力。

　　在巴黎气候谈判会议之前，已经有一个动议，要在联合国内创立一个工作组，由其负责认可和帮助迁移人群，并且提供补偿。但是澳大利亚谈判代表团否定了这个提议。在巴黎谈判中，难民问题是一个政治性的爆炸问题，所以基本上没怎么进行讨论。

　　在巴黎气候谈判会议结束后第二年 11 月寒冷的一天，世界发生了变化：美国新选出来一位总统，他认为气候变化是一场骗局，并很快选了一大群形形色色否定气候变化的人进入内阁。班尼提科·卡布阿·麦迪逊（Benetick Kabua Maddison），一位 21 岁的马绍尔人，对此感到非常不快。他领着一群大学生走上了阿肯色州斯普林代尔市（Springdale）一个热闹的街头，他们之中有些来自马绍尔群岛，有些是本地的白人。他们挥动着标语，上面写着"忠诚于土地，我们需要水，不需要石油。如果我们毁坏了万物，万物也会毁了我们"。麦迪逊胡子拉碴，戴着黑边眼镜和黑色毛线帽，迈着悠闲的步子。光看他这副样子，你永远不会知道他是谁，但其实他来自马绍尔群岛一个显贵的家庭。阿马塔·卡布阿（Amata Kabua），马绍尔群岛的第一位总统，是麦迪逊爷爷的堂兄弟。麦迪逊出生于马朱罗，6 岁前都在那里生活，然后跟随他的家庭移民到了美国。现在，他在西北阿肯色社区学院（Northwest Arkansas Community College）学习政治学，与他的父母和七位兄弟姐妹一起居住在斯普林代尔市一座四室一厅的房子里。他打算毕业之后回到马绍尔群岛参与政治活动，甚至希望有朝一日可以成为这个岛国的总统。

这次街头游行示威是为了抗议特朗普总统，但更重要的是，它向斯普林代尔市的人们（以及参与总统选举的人们）宣示，移民问题和气候变化与他们有很大的关系。麦迪逊和他的家人能住在美国是由于《自由联合协定》（Compact of Free Association）。该协定给予美军任意使用马绍尔群岛的环礁的权利，而作为交换，马绍群岛的人可以无限期来美国生活和工作。在美国，他们不能参与总统选举投票，但是能够自由进出和往返。他们需要交税，同时能获得社会福利。如今，约有 14 000 名马绍尔人生活在斯普林代尔市的各处，他们是从 20 世纪90 年代开始来到这里的，不少人从事鸡肉加工工作，这里也被当地人自豪地称为"世界禽类加工之都"。泰森食品公司（Tyson Foods）拥有230 亿美元的资产，其总部设在斯普林代尔市，每周约屠宰 3 300 万只鸡。在鸡肉加工厂，工人们的工作条件非常艰苦，他们 12 小时轮班，1 分钟要处理约 50 只鸡[21]，将其拆成不同的部分。在一项研究中，有

86% 的工人反映他们患有手腕疼痛、红肿、麻木、不能握紧手掌等职业病。人权观察组织（Human Rights Watch）发现[22]，工人的手指成卷曲状，变得僵硬不能动弹，此外，连最基本的尊严也受到了伤害。"在鸡肉加工厂的工人们经常连上厕所的时间都没有，只好急得尿在裤子里，"麦迪逊在游行示威之后的谈话中告诉我，"马绍尔群岛的妇女向来因为爱清洁而感到自豪，而现在她们被迫做这样的工作，心里十分难受。"

　　抗议的人群来到公园的一座讲坛前，麦迪逊站在那里做了一次简短的演讲。演讲主要关于应对气候变化的紧迫性，但同时也提到了作为一个在阿肯色州生活的马绍尔人的怪异感受。"文化是难以从一个地方搬到另一个地方的，因为马绍尔群岛的土地本身也是文化的一个关键部分，"他对人群说道，"对马绍尔人来说，我们的岛屿很重要，文化也同样重要。文化是我们的身份标识，是从上帝那里传承而来的，一直伴随着我们的先人，然后又传给我们以及我们的后代。马绍尔群岛像一个编织袋，古时候被用来存放有价值的东西。如果我们失去这些岛屿，也就失去了所有这些我们拥有了上千年的财富。"

　　在游行示威结束后不久，麦迪逊和我一起去附近的一个餐馆吃午饭。餐馆的墙上贴满了俗气的照片，和以木头篱笆和老旧谷仓为题材的画。麦迪逊谈到了他在阿肯色州的生活、做礼拜的教堂和他的七个兄弟姐妹。他父亲来到斯普林代尔之后在一家工具生产厂工作了几年，之后由于健康问题而被迫退休。除了全日制的学生生活之外，麦迪逊还参与了马绍尔人教育创意社团（Marshallese Educational Initiative）的工作，给中学生上课，并且也教他们学习马绍尔语。

　　我问他是否认为自己是一位气候难民。"的确是。"他告诉我。他们全家 15 年前离开马绍尔群岛的理由之一，就是高潮位时洪水淹没程度的逐渐提高。他记得 5 岁那年有一次特别大的洪水，"海水直接冲进了屋子，"他加快语速说道，"水淹到了我的腰部，我记得玩具、毯子被冲得四处飘散。我父亲抓住了我。真的非常可怕，整个岛都被淹没了。"

麦迪逊清楚他在美国的特殊待遇。他说，"我将待在这里接受教育，我非常感谢美国给我提供了这些，但是我仍然想尽快回到我自己的国家。"

在某种意义上，马绍尔人是幸运的，《自由联合协定》对可以来美国的马绍尔群岛人的人数没有限制，整个国家的人都可以移民到阿肯色州。而其他的太平洋岛国就没有这么幸运了。当海水涌上来的时候，人们在这些岛屿上的生活会变得越来越困难。为了继续生存下去，有些岛屿已经制定了突发事件的处理预案。2014 年，基里巴斯共和国在斐济花费 800 万美元购买了 8 平方英里的土地[23]。斐济总统拉图·埃佩利·奈拉蒂考（Ratu Epeli Nailatikau）向基里巴斯人保证，如果确有这个需求的话，他们中的一部分人或者全部，均可以跨越 1 300 英里的大洋移民到他的国家。"斐济不会在邻国需要帮助的时候坐视不理[24]，"奈拉蒂考在 2014 年说道，"即便在最坏的情况下，所有其他的路都走不通了，你们也不会在这里成为难民。"

斐济总统的话说得很简单。但是对于气候难民来说，所存在的问题不仅仅是他们在国际法框架下缺乏法律地位，更重要的是，世界上的国家大多不会欢迎任何类型的移民。在欧洲，即便是丹麦那样的富国，也会设置障碍把难民阻挡在外。在澳大利亚，载有着难民的船在海上被拦截，难民或者被遣送回国，或者被囚禁在岛屿上。在美国，特朗普能入主白宫很大程度上是因为他煽动了民众对深色皮肤的外来者的抗拒心理，并承诺要建造一座围墙，把他们挡在国门之外。

几年之前，马尔代夫的前任总统穆罕默德·纳希德（Mohamed Nasheed）面对西方国家提出了以下选项："你们要么大幅度降低温室气体排放^[25]，以减少海面上升的幅度；要么当我们乘船来到你们的海岸上的时候，放我们进去，或者枪杀我们。"哥伦比亚大学法学院萨宾气候变化法中心主任迈克尔·杰勒德说，"我们将非常有可能会看到更多难民营的出现，就像在肯尼亚那样。"达达阿比（Dadaab）是肯尼亚的一个难民营，自1992年起接受从索马里战争里逃出来的人。20年之后，它逐渐发展成沙漠里的一个半永久性帐篷城市，人口有50万。"这里人们生活的悲惨程度是很难想象的。"杰勒德告诉我。

杰勒德以强硬的口吻说道^[26]，每个工业化国家必须承担一部分移民的安置任务，其比例应按照该国历史上的温室气体排放量及其在造成这场气候危机中的作用大小来确定。根据世界资源研究所（World Resources Institute）的研究结果，1850—2011年，美国的二氧化碳排放量占全世界总量的27%，欧盟包括英国在内为25%。"为了让计算更加容易一些，"杰勒德写道，"我们假定到2050年有1亿人需要搬迁到国外的新家，那么根据历史上温室气体排放量的占比，美国就应该接受2 700万人，欧洲为2 500万人，以此类推。虽然这个估算较为粗略，但也揭示了问题的广度和规模：几十年以来，美国每年只给100万人提供合法的永久居留权。"在特朗普总统统治下的美国，接受难民的数字还会大幅下降。因为他在成为总统之后的第一个星期就明确地表态说，美国不欢迎任何类型的难民。

我们午饭吃了汉堡包，麦迪逊边吃边告诉我，虽然他自从6岁离开马绍尔群岛以后就再也没回去过，但与那里的亲戚通过电子邮件和脸书保持着联系。与他交谈之后，我弄清了他的情况。他过着一种双重生活——他的身体在阿肯色州，但他的心和灵魂在马绍尔群岛。没有上课任务的时候，他会花费很多时间用于研究如何保留正在消失的祖国文化。他从老人们那里收集流传下来的故事，记载岛屿的口述历史，给那些在美国长大只会说英语的马绍尔群岛移民的孩子教马绍尔群岛的语言。

午餐之后，麦迪逊和我走去了斯普林代尔市中心。天空下着毛毛细雨，商店的门前几乎都没有人。麦迪逊提出了一个疑问，如果他的祖国沉没，在法律上会牵涉到什么。"有许多问题我不知道答案，"他告诉我，"你看，如果我们国家的土地被海水淹没，那我还是一个马绍尔群岛的合法居民吗？我们国家的捕鱼权会发生什么变化？"他还谈到了位于埃内韦塔克环礁（Enewetak Atoll）的一个水泥地堡[27]，核试验之后美军在那里埋了 111 000 立方码的放射性碎屑，这些物质就存放在相当于海面高度的地方。"水泥地堡已经开裂，海面上升的时候里面的东西就会暴露出来，所以未来会有一个核废料问题。"

我问他是否对美国的这个行为，以及美国在他的国家所做的所有事情，如在珊瑚岛礁上面进行原子弹试验、燃烧化石燃料、造成气候变暖等感到愤怒。因为这些事情威胁到了他们国人的生活、他的国家、他的身份，关系到马绍尔群岛共和国外交部部长德布鲁姆在巴黎直率地提到的主题词——"灭绝"。

当我问到这些话的时候，我们这位马绍尔群岛共和国未来的总统正在街头等一辆沃尔玛超市的货车经过后再过马路。"我认为马绍尔人不是容易生气的人，"他缓慢地说道，"但我们的确相信正义。我认为，谁破坏了别人的国家，谁就欠下了一笔债。"

第 9 章

大规模打击的武器

诺福克海军基地是美国大西洋舰队的驻地，集结了强大的军事力量，以令人恐惧的方式头顶着我们文明的荣耀。我前往该基地访问的时候，"罗斯福号"航空母舰（USS Theodore Roosevelt）在港，这部1 000 英尺长的水上战争机器在美军打击伊拉克和阿富汗时发挥了重要作用。此时此刻，可以看到舰上的忙碌景象：吊车将装备运到甲板上，水兵在跳板跑上跑下。每一处的安全检查都很严格。我来到 7 号码头，这是该基地新建的双层水泥码头，它大得像是一个购物中心的停车场。我转到"格雷夫利号"（USS Gravely）导弹驱逐舰旁，得以仔细观察这艘已经在波斯湾（Persian Gulf）巡航很多次的军舰。武装军人站在甲板上，警惕地望着我。甚至陪同我前来的军官也显得紧张不安，"其实我们应该稍微离得远一点的。"他抓住我的胳膊说道。海军直升机在头顶盘旋，基地的 75 000 名水兵和工作人员正在对军舰进行日常维护，发出各种作业的声响，舰体擦得铮亮，似乎随时准备下一次出航。

只要在这里待上 10 分钟，肯定就能体会到历史的厚重感。汉普顿锚地海战（Battle of Hampton Roads），内战期间一次著名的铁甲舰决出胜负的较量，就发生在这里的岸外水域。二战的时候，这里是成千上万名战士的出征之地，其中许多人没能返回，但他们的灵魂仍在军港四处游荡。这是一个脱胎于战争的世界，当地每个人的叔叔姑姑辈都有跟战争相关的故事可以诉说，比如在布里斯班（Brisbane）或巴塞罗那（Barcelona）某个港口的一个夜晚，或者第一次听到舰炮轰鸣声时的感受。但现在，这是一个行将被大洋吞没的世界。"诺福克是全球最大的海军基地，它将不得不重新安家，"美国前副总统戈尔告诉我，"只是时间问题。"

诺福克海军基地的风险由多方面因素导致，包括基地所在区域的地面下沉和流经岸外的墨西哥湾流流速下降（作为大西洋中部海岸的组成部分，诺福克海面上升速率是全球平均值的两倍）。这里承受着暴雨和巨大潮波的袭击，还有大西洋海水的不时入侵。由于路面下沉，导致出入基地的大门不再畅通。12月我来访时正刮着东北向大风，地

美国最大的海军基地诺福克海军基地，在海面上升的背景下成为非常脆弱的地方。（照片由美国海军提供）

面到处是水。我站在码头前缘望着威洛比湾（Willoughby Bay）灰色的海水时，水不断溅到我的靴子上。在基地的主要燃油供给处克兰尼岛（Craney Island），我看到水已经淹到了军车的车轴。积水集中在一片长条形的平坦草地上，靠近海军上将联排别墅，那些壮观的大房子是海军高官们的居住之处，起初是为 1907 年詹姆斯敦博览会（Jamestown Exposition）而建的，也就是博览会的举办场所。由于整个基地没有地势高的地方，所以无处可退。它给人的感觉就像是一个疏浚后铺装上地面的大沼泽，而实际情况也大致是如此。

诺福克以及附近的小城市，有时候被合称为"汉普顿锚地"（Hampton Roads），是美军的心脏地带，从这里驾车到五角大楼只需一小时。该区域还有 29 处军事基地、造船厂和重要设施，大部分都有被海水淹没的风险。附近的兰利空军基地（Langley Air Force Base）是多个战斗机联队和空战司令部的所在地，基地指挥官下令在基地建筑和跑道旁堆放了 3 万个沙包来应对高潮位。另一个海军基地丹奈克（Dam Neck）将用过的废弃的圣诞树堆放在海滩，以减缓岸线侵蚀。美国国家航空航天局的瓦罗普斯飞行研究所（Wallops Flight Facility）是发射卫星的地方，他们已经制定了把发射架搬离海滩区域的计划。"军事待命状态的保持已受到海面上升的影响，而且情况正在继续恶化。"弗吉尼亚参议员蒂姆·凯恩（Tim Kaine）告诉我。但恶化的程度怎么样、有多快，他没有说，部分原因是他不想引发其他地方的恐慌，而另一个原因是目前也没有人知道确切答案。

现在能采取的策略就是争取时间。自 20 世纪 90 年代中期以来，美国海军花了约 2.5 亿美元来建设四座新的双层码头[1]，以应对海面上升的影响。若要对其他码头也进行改造，就需要再投入约 5 亿美元。可就算那样，也无法挽救基地的诸多道路、大楼和飞机跑道，这些重要的基础设施目前都已陷入险境。诺福克这样的基地不仅仅有营房、码头和舰船，它还是 20 世纪以来这一片发展起来的整个社会生态系统的重心。这里的一切，包括燃料供应商、电缆线、铁路、维修店、价格合理的住房、好的学校（在本地工作的父母可以把孩子送到那里）都很重要，总不能都搬到新罕布什尔州（New Hampshire）海岸的各地去吧。"把部分军舰转移到另一个基地，或者在海岸防护较好的地方新建几个小基地，都是可以做到的，"诺福克海军基地前任司令官乔·布沙尔（Joe Bouchard）说道，"但代价很大，将达到几千亿美元之巨。"

几个月之后，我再次造访了基地，这回是与国务卿克里一起。克里来访的目的是出席美国海军陆战队登上"圣安东尼奥号"（San Antonio）登陆舰 250 周年的活动。那是一艘在当时十分先进的登陆舰，能够运送 800 名海军陆战队士兵，并利用登陆艇和直升机登陆。克里在下层甲板上举行的仪式中简单讲了几句话，又与海军陆战队的军官们一起吃了一小块蛋糕，随后就直奔舰艇的驾驶室，通过广播系统向部队讲起话来。

在驾驶室，克里居高临下地看着整个基地，航空母舰在左侧，其他各种战舰在右侧，俨然是一幅军力的全景图。讲话结束后，海军军官们向他汇报了基地面临海面上升的风险。他们说，连接基地和诺福克市的道路均在大暴雨事件中遭到了淹没。高潮位的时候，水从海堤上冲过来，给主要的基础设施和建筑造成很大威胁。克里穿着闪亮的蓝色西装，戴着粉色与橙色相间的领带，询问海军官员们这个基地未来还能使用多久。"还有 20～50 年吧。"J. 帕特·里奥斯（J. Pat Rios）海军上校告诉他。

一时间，在驾驶室的海军军官和国务院官员都停止了讲话。这是美军历史上一个非同寻常的时刻：一位海军军官刚刚告诉国务卿，这个巨大的海军基地、六艘航空母舰之家、执行欧洲和中东任务的要地，最短可能在 20 年内就要报废了。是的，如果把海堤再加高一点，路面也再提高一些，或许还能再多维持一段时间。但是，如果没有数十亿美元的大规模投入来全面改造诺福克市以及连接这座城市和周边区域的道路和铁路的话，那么这个基地就会有很大的麻烦了。

克里又继续询问了该基地已经采取了哪些措施来争取时间，但是他看起来似乎并不十分焦虑。部分原因可能是，这一整天的诺福克海军基地之行与他当下最关心的主要问题有点偏离，比如如何停止叙利亚的流血事件，以及如何消除俄罗斯总统弗拉基米尔·普京（Vladimir Putin）在这个区域越来越大的影响力。但在更大程度上是因为，海军基地所遇到的麻烦对克里来说已经不是什么新闻了。关于气候变化对国家安全的影响，他已经谈论很多年了。但现在，现实的危机已经迫近，愈加接近于他已经描绘过的情形。

* * *

由于气候快速变化而陷入风险的军事资产的规模十分惊人。美国国防部管辖之下的全球资产包括 555 000 多处设施、2 800 万英亩土地[2]，差不多所有这一切都将在某种程度上受到气候变化的影响。麻烦不仅仅局限于正在运行的军事基地和设施，其中负责美国南方、中部以及加勒比海地区军事行动的美国南方司令部，坐落在一个低洼地区，靠近迈阿密国际机场，而这个机场本身已经在海水淹没的威胁下变得很脆弱了。而位于马里兰州安纳波利斯（Annapolis）的美国海军学院（The United States Naval Academy）就在切萨皮克湾（Chesapeake Bay）岸边，高潮位的时候经常被水淹。

在美国东部海岸，至少有 4 座主要的军事基地处于海面上升和风暴潮的风险之中，包括埃格林空军基地（Eglin Air Force Base）。它是全世界最大的空军基地，位于佛罗里达州的潘汉德尔（Panhandle）。而在北方的阿拉斯加州，其问题是永久性冻土融化和海岸侵蚀，而且两者都由于潮位的变高而加剧。空军的预警雷达设施帮助美国密切监测来自朝鲜或俄罗斯的任何举动，但它已遭受到了海岸侵蚀的严重影响。其中一座雷达站由于海岸线损失了 40 英尺，而危及其自身的功能。

　　在一些地方，海面上升的影响不太大，顶多是建造了一些费钱而无用的花架子工程。但在另一些地方，整个军事基地的未来都成了大问题。这些基地由于地理环境和战略位置的缘故，大多是难以被替代的。我在前文中描述过的马绍尔群岛的导弹基地就是一个例子。另一个是位于印度洋中的一座小环礁迪戈加西亚（Diego Garcia）上的美国海军基地[3]，它也具有战略性的地位，现在已经受到海面上升的威胁了。这座建于冷战时期的基地，为美军提供了一个抵制苏联在本区域的影响以及保护中东地区之外航线的落脚点。该基地也是一个重要的后勤保障中心，为中东和地中海以及南欧区域的联合作战军队提供物资。它还是空军卫星控制网络的据点，被用来控制全球 GPS 系统。虽然军舰和设备的迁移是比较容易的，但是要放弃这个世界上重要热点地区的基地，这是军方不愿意做的事情。"对海军来说，存在感很重要。"退休的海军上将戴维·提特利（David Titley）告诉我，他现在担任宾夕法尼亚州立大学天气与气候风险解决方案研究中心（Center for Solutions to Weather and Climate Risk）主任。但是，这座环礁的地势是如此之低，就像附近的马尔代夫一样，肯定难以保住，除非海军愿意花费数十亿美元把它改造为印度洋中的一座堡垒。

　　美国国防部已经花费了多年时间来研究所管辖的 704 个海岸设施和站点，以便确定哪些处于最有风险的地方。最终，将不得不做出艰难的抉择来决定哪些需要关闭、哪些需要转移、哪些需要就地保护。但是国会里无论是民主党人还是共和党人，都不愿意谈论这个问题。

首次决定可能会在下一次"基地关闭和整改工作组"（Base Closure and Realignment Commission）会议上披露。按照计划，会议将在 2019 年举行，不过也有可能延期。"在基地关闭和整改工作组，所有决定都是依据所拥有设施的军事价值而做出的。"国防部助理部长、工作组负责人约翰·康格（John Conger）在 2015 年告诉我，"那么，气候变化会影响基地各项设施的军事价值吗？肯定会的，因为任何地方的洪水风险都会增加，所以对军事价值的影响肯定是有的。问题在于，在宏观方面，气候变化起主导作用吗？这点我认为不是，至少到目前为止还没有起主导作用。"

诺福克的问题不仅仅出于地理因素，还出于政治因素。正如存在着气候变化的热点区域一样，也有否定气候变化的热点区域，弗吉尼亚州就是其中之一。几年前，前任州检察长肯·库欣奈里（Ken Cuccinelli）发动了一场针对著名气候学家曼安的搜捕[4]，通过传唤文件和私人邮件，试图否定他的研究工作。由共和党主导的弗吉尼亚立法机关有效禁止了关于气候变化的讨论，有一位立法委员直接把海面上升称为"左翼术语"[5]。相反，在弗吉尼亚州，政治正确的说法是"重复出现的洪水"。民主党全国委员会前任主席、为克林顿 2014 年当选总统筹集资金立下功劳的特里·麦考利夫（Terry McAuliffe）州长对此持温和的态度[6]。他既支持清洁能源，又赞同更多地开采近海石油资源，因此他也获得了一定的声誉。然而，在特朗普总统宣布放弃削减电厂二氧化碳排放的规定后，他又是第一位站出来反击的州长。他命令本州大气环境管理机构在 2017 年年底之前制定出计划，减少能源用户方的二氧化碳污染，增加对可再生能源的投资。"气候变化的威胁是真实的。"麦考利夫州长在发布此项命令的时候说道。

在弗吉尼亚州，对气候变化持鸵鸟态度的根本原因在于化石燃料工业的政治影响，尤其是涉煤行业。弗吉尼亚州最大的电力公司道明尼能源（Dominion Energy）是全美使用煤炭最多的一家公司。事实上，美军基地所使用的电力95%来自这家公司，也就是说，诺福克海军基地的运行主要依靠煤炭和天然气。因此，这个海军基地的沉陷，似乎是一种在化石燃料帮助下的自杀。

　　诺福克所面临的最为紧迫的事情是要保持道路畅通。弗吉尼亚海洋科学研究所（Virginia Institute of Marine Science）的一项报告鉴别出了在诺福克、弗吉尼亚海滩（Virginia Beach）和切萨皮克（Chesapeake）地区长达500多英里易受洪水影响的道路[7]。"这是我们的头号问题，"负责大西洋中部区域海军设施的里奥斯上校说道，"如果由于道路被淹没，人们无法往返于海军基地工作，我们的麻烦就大了。"但海军本身也有个头疼的问题，诺福克的道路不归他们管辖，而归州政府管辖。由于弗吉尼亚议会掌握着大权，他们许多人拒不相信气候变化是个大问题，因而不同意拿出资金来修复这些道路。"他们在本州的其他地方去寻找要修的路。"前任基地司令官布沙尔说道。

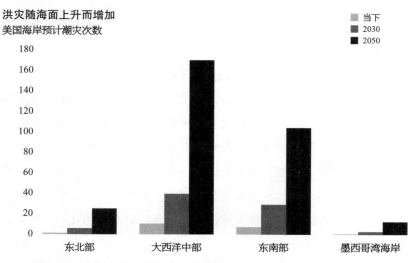

就重复性洪灾而言，诺福克是美国最脆弱的区域。（本书作者绘制）

＊ ＊ ＊

然而，基地本身最重要的基础设施是码头，它们是海陆之间的关键连接点。高度工程化的水泥码头可供舰船安全泊系和人员出入。在诺福克，许多码头的宽度约 250 英尺，相当于两车道的公路。在 20 世纪 90 年代后期，海军工程师们意识到，基地里第二次世界大战时期建的 13 座码头的运行寿命已经要到头了。另外，由于当时没有考虑海面上升的影响，码头建得都比较低，非常接近海面的位置，而现在海面正在上升，码头离海面越来越近，因此维护工作就越来越困难了。在高潮位时，码头底部安装的设备：电路、蒸汽管道、电话线、网络线经常会被水淹，影响码头的正常运作。当需要维修的时候，检修人员不得不在低潮位的时候从外面使用一条小船进入码头下面，这项工作效率很低，也很危险。"这不是个小麻烦，也不是操作层面上的一个微小的问题，"布沙尔说道，"海面上升正在干扰大西洋舰队的日常战备。"

在 20 世纪 90 年代后期，海军开始重建这些码头。每一座需要花费约 6 000 万美元，代价不小，但实际上只是国防部年度预算 5 000 亿美元的一个零头。到目前为止，已建成了四座新的码头，它们与老的码头相比，更高、更坚固、设计更合理。在建设第一座码头的时候，基地的司令官是布沙尔，他说："这些码头的建设，考虑了海面上升的影响。"

但在基地范围之外，没有人愿意坦率地谈论要在海面上升这个问题上投入经费这个话题，主要原因是他们为气候变化反对者在国会的追问而感到焦虑，那些人会毫无悬念地给任何带有"气候"字样的预算开红灯。相反，最后军队中许多人谈到气候时都会用代号、眨眼和暗示性语言表达意思。

"我们重建码头，并非由于气候变化。"帕特·里奥斯上校在我 11

月访问该基地的时候对我说，他还没到要挤眉弄眼来表达意思的地步，不过也接近了。

"那么为什么要重建码头呢？"我问道。

"因为我们需要新的码头。既然要建，就不妨建得高一点，也不会多花多少钱。"

"但是，假如没有海面上升的话，为什么要建得高一些呢？"

"那确实是一个因素，但主要原因在于，我们无论如何都要建新码头。"

这就是如今军内人员讨论气候变化问题的常用方式。要表达出这个意思，但不能以直接而激烈的方式，以免得罪那些手里握着经费的官员。因为他们不相信气候变化是个问题，认定不应该在这件事情上花费很多时间和财力，特别是现在正处于跟恐怖分子作战的时候。

但是，无论新码头建得高出海面多少，也无法拯救诺福克海军基地。无论国防部花多少钱来建设新码头、新海堤，只要道路依旧被淹没，人们就无法去海军基地工作；只要洪水不停、房地产价值就会持续下降。人们不愿意生活在这片区域，进而导致税收降低到无法资助办学和垃圾处理，那么新码头就一点用处也没有。该基地一切重要的基础设施——供水管道、下水道、电力供应、电话，都来自基地以外的区域。"如果要拯救海军基地，就必须拯救整个区域。"布沙尔说道。

气候变化不是一个美国军方可以忽视的问题。干旱造成食品价格上涨，引发了埃及 2013 年的"阿拉伯之春"之乱[8]，这可能也是叙利亚爆发内战的导火索。在尼日利亚北部，极端的旱涝事件造成了地区性的不稳定局势，博科圣地组织（Boko Haram）对很多村子发动了恐怖袭击[9]，杀害了数以千计的尼日利亚人。美国西部的山火爆发使国民警卫队大伤脑筋，最后不得不请求空军出动飞机来救援。日益频繁的强台风和强飓风迫使军队越来越多地参与抢险救灾，从而导致他们的预算增加，并且正常的作战能力也受到干扰。

在未来几十年，所有这一切都会变得更加糟糕。像北极这样的地区，自从冷战结束以来，美国军方基本上是不关注的，而现在却有可能在未来的领土争端和资源大战中成为主要的冲突点。未来 10 年，由于海冰的融化，更多的游客将来到这里，油气开采也将会增加，新的航道将会开放，美国军队将会被召唤过来，在这个不熟悉的新世界里保护美国的利益，然而他们在此处的装备并不到位。在不远的将来，白令海峡（Bering Strait）——俄罗斯和美国阿拉斯加海岸之间 50 英里宽的地方可能会成为全球贸易中的一个战略要塞，就像亚洲的马六甲海峡（Strait of Malacca）或者波斯湾的霍尔木兹海峡（Strait of Hormuz）一样。美国海岸警卫队负责阿拉斯加地区的丹尼尔·阿贝尔（Daniel Abel）准将非常明白他所面临的挑战[10]，"人们过去大概不知道，全球尚未发现的 13% 的石油和 30% 的天然气，还有价值万亿美元的矿产资源就在那里。"他最近说道，"我听过最贴切的一个假设是，假如巴拿马运河（Panama Canal）和沙特阿拉伯的能源都在你负责的区域内，那么应该怎么办呢？"

从北极区的军事格局动态上，人们已经能够看出一些端倪。2014年 9 月，6 架俄罗斯战斗机在阿拉斯加附近被侦查到[11]，美国和加拿大的空军战机在岸外 55 英里处美国空域之外的地方将其拦截，随后俄罗斯战斗机掉头返航。这是一次非常近距离的交锋，这样的事件每年大约发生 10 次。2015 年 11 月，在靠近格陵兰岛的巴伦支海（Barents Sea），一艘俄罗斯潜艇试射了一枚布拉瓦洲际导弹[12]，它是俄罗斯最新和最具有威慑力的核武器。这种导弹射程约为 5 000 英里，每枚导弹可以安装 10 枚核弹头，每个核弹头都有自己独立的控制系统。此次试验中的导弹是指向俄罗斯方向的。但在北极水下发射的任何一枚布拉瓦洲际导弹都能轻易到达波士顿、纽约或华盛顿哥伦比亚特区。

这些行为被美国国防部的一些规划者视为比早先冷战博弈更为严重的行为。在他们看来，普京传递了一则相当明确的信息，他看待北极就像当年美国看待西部一样——一片广大的、尚未开化的资源景观，谁第一个主张拥有，它就属于谁。在过去的几年里，俄军在北极区建了许多新基地，开发了新港口，对已经非常壮观的破冰船队（其中6艘是核动力的）进行了功能提升，并建造了配备巡航导弹的新级别北极巡逻艇。2007年，北极水域突然发生了剧烈的夏季海冰融化。俄罗斯军人乘坐一艘小型潜艇，钻入北极点以下1万英尺深的海底，并在那里插上了俄罗斯国旗，将其标为自己的地盘。"这又不是15世纪[13]，可以在世界上到处跑，插上国旗就能宣称占有了领土。"加拿大外交部长彼得·麦凯（Peter MacKay）轻蔑地说道。

没有人知道普京在北极区的意图是什么。迈克尔·克莱尔（Michael Klare）是《资源大战》（Resource Wars）一书的作者，该书主要描写了未来化石燃料储藏短缺所造成的冲突，克莱尔也认为北极对普京至关重要。"他如果不开发北极地区，就无法继续在欧洲控制油气销售，"克莱尔认为，"地缘政治在这里是非常强的一个因素。"而戈尔则有着相反的看法，他告诉我，"油价下跌对普京打击很大，这意味着他无法获得足够的税收来资助大规模的北极勘探活动。根据油价高低，以及可再生能源生产的快慢，我们很有可能看不到北极的开发。"但是，不管在石油这件事情上会发生什么，控制北极或者至少在北极部署力量的战略价值是不可能消失的。当海冰退缩，那个区域将会有大量的矿藏可供开采（最近我在格陵兰岛的时候几乎租不到直升机，因为所有的直升机都被采矿公司租去寻找潜在的矿点了），还有需要保护的海运航线。"北极的战略价值只会越来越高。"克莱尔说道。

无论在那里发生什么，对于海军来说都将是一件大事。"融化的冰正在开放出一片新的海洋，"2007—2011 年任美国海军水上作业总管的加里·拉夫黑德（Gary Roughead）上将说道，"这是一个千载难逢的事件。"

* * *

自从 30 多年前气候变化和海面上升成为一大风险以来，关于如何应对的问题主要是从经济方面考虑的。否定气候变化的人说，转用清洁能源的政策将会破坏我们的经济；赞成气候变化的人则说，它将拯救我们的经济。争论的焦点还一度触及为了下一代而保护星球这样的道德问题。但是，在 2015 年的国情咨文中，奥巴马总统将气候变化置于一种明确的军事语境里。他说道，"国防部说气候变化会对我们国家的安全造成即时的威胁，我们应该听取国防部的建议行动起来。"

在某种程度上，奥巴马表现出来的是政治精明。跟毫不在意东非地区爬行动物的灭绝速率或食品价格的人谈论气候变化，只有这种方法管用。但同时，这也是一种跟国会里所有否认气候变化、阻碍任何应对气候变化行动的人进行正面对抗的方式，而实际上其中许多人都是军方的大力支持者。

在奥巴马当政期间，参议院军事委员会（Senate Armed Services Committee）是由像俄克拉何马州议员詹姆斯·英霍夫（James Inhofe）、得克萨斯州议员特德·克鲁兹（Ted Cruz）、亚拉巴马州前议员（现任司法部长）杰夫·塞申斯（Jeff Sessions）之类的一些人物所组成的，他们都顽固地相信，居住在这颗星球上的 70 亿人不可能对气候产生影响。众议院军事委员会（House Armed Services Committee）的情况也一样，现在由得克萨斯州的马克·索恩伯里（Mac Thornberry）担任主席。他在 2011 年的一篇评论文章中说，要对付热浪和干旱，祈祷是比减少碳排放更好的办法[14]。

然而在五角大楼内部，气候变化对国家安全的影响并不是一件新鲜事。国防部净评估办公室（Office of Net Assessment）是国防部内部的一个智库，2003 年，该办公室负责人安德鲁·马歇尔（Andrew Marshall）委托未来学家彼得·施瓦茨（Peter Schwartz）和道格·兰德尔（Doug Randall）准备一份关于气候突变后果的报告。马歇尔有时候被国防部内部戏称为"尤达大师"（Yoda）*，他曾担任过前任国防部长唐纳德·拉姆斯菲德（Donald Rumsfeld）和许多人的导师。报告题目是《气候突变情境及其对美国国防的影响》[15]。报告中警告说，快速变化的气候对全球稳定性所施加的威胁丝毫不亚于恐怖主义。"分裂和冲突将会是未来生活的常态。"报告撰写人下结论道。报告中所描绘的气候突变的物理机制——北大西洋海洋环流系统的快速关闭，不再是目前的主要关注点。但是，更大的要点——美国的安全，深深地与气候的稳定性相联系，这一观念比以往更牢固。2014 年，国防部的《四年防务检讨报告》（*Quadrennial Defense Review*，国防部面向公众描述当前美国军事政策的主要文件）甚至把气候变化效应[16]，如干旱、海面上升和极端天气直接与恐怖主义相联系。评论文章写道，"气候变化会使威胁倍增，加剧来自国外的压力[17]：贫困、环境退化、政治失稳和社会局势紧张，进而导致恐怖活动和其他形式的暴力活动的发生[18]。"

在特朗普政府的上层，气候变化与冲突之间的联系是人人皆知的。在 2017 年 1 月国防部听证会之后提交给参议院军事委员会的一份未发表的书面文件中，国防部长詹姆斯·马蒂斯（James Mattis）说[19]，"对于美国军方来说，考虑正在消融的北极水域海上航线的开通，以及全球不安定地区的干旱将会对军队和防卫规划带来哪些挑战，是非常

---

* Yoda 为电影《星球大战》中的角色，是绝地委员会大师。——译者注

重要的。"他同时也强调，这是一个现实的问题，而不是未来的一种假设。马蒂斯在答复委员会中民主党成员的提问时写道，"气候变化正在影响世界上一些地区的稳定性，而我们的军队正在那些地方执行公务，对于作战司令部来说，应当将区域内影响环境安全以及导致不稳定的因素纳入规划。"

过去，在气候变化成为多数共和党人（以及部分民主党人）的禁忌词之前，是有可能进行一场开放、直率的讨论的。就连如今坚定地站在反气候变化阵营的参议员约翰·麦凯恩（John McCain）当时也毫不犹豫地认为，气候变化和国防安全有关。2007 年，他在参议院大厅里说道[20]，"如果科学家们是正确的，气温继续上升，我们将要面临的因气候变化为环境、经济和国防安全方面带来的后果，会远远超出想象。"

然而，在 2009 年茶党（Tea Party）运动兴起之后，这样的言论就不再出现了。该运动受到化石燃料帝国——美国科氏工业集团（Koch Industries）的支持，集团创始人是戴维·科赫（David Koch）和查尔斯·科赫（Charles Koch），该集团一直在资助共和党。茶党的共和党成员拼命地削弱任何关于气候和国防安全的联系。举一个例子：2009 年中央情报局（CIA）局长莱昂·帕内塔（Leon Panetta）悄悄启动了中央情报局气候变化与国防安全研究中心（Center on Climate Change and National Security）[21]。这是情报界的一次直接尝试，想要更好地了解气候变化如何重塑世界。在该研究中心的项目里，有一项获得资助的研究是在美国国家科学院（National Academy of Sciences）的主导下探讨气候变化和社会压力之间的关系。在美国，国家科学院是最受尊敬的科学机构。然而国会里的一部分共和党人却并不喜欢，特别是来自煤炭大州怀俄明州（Wyoming）的约翰·巴拉索（John Barrasso）。在 2016 年选举之后，巴拉索成为很有权势的参议院环境与公共事务委员会（Senate Committee on Environment and Public Works）的主席，对于任何可能妨碍焚烧煤炭的事，他都竭力反对。在他看来，使用煤炭的权利是上帝赋予的，想烧多少就烧多少。他曾在 2011 年提出过一项立法，不仅要阻止美国环境保护署规范碳排放，而且还要终止该机构对气候变化的研究。

当巴拉索得知中央情报局新成立了气候中心的时候，他又重新开始关注这一问题了。在戴维·彼得雷乌斯（David Petraeus）接替帕内塔担任局长，兴趣转向如何更好地利用无人机杀死恐怖分子之后，巴拉索的反对情绪就激进了起来。"我们不断地感受到压力，要我们放弃我们的研究结论。"美国国家科学院报告中的一位合作者说道。随后，在即将发布这份报告的当天，新闻发布会突然被取消了，报告也就没能发布。几个星期之后，连气候变化与国防安全研究中心都消失了。

国会里否认气候变化的人已经学会追寻国防部最敏感的地方，那就是收支预算。2014 年，众议院共和党人给国防部年度预算附加了一项修正案[22]，禁止五角大楼在执行 IPCC 最新报告中的建议时花费任何款项。五角大楼的一位内部人员告诉我，"修正案对于防卫支出来说没有影响，IPCC 的建议实际上并不适用于我们，但其意图很明确，就是要挑起纷争。"当然，已经清楚的事情是，预算中包含"气候"一词的任何款项都会被亮起红灯。2016 年，共和党控制的众议院做得更过分，他们甚至投票禁止国防部花钱来评估气候变化对军事训练、战役、武器购买和其他需求所产生的影响。"如果用一个激进的气候变化议程来转移我们的军事注意力[23]，就会偏离保卫美国、打击敌人（比如'伊斯兰国'）这一主要目的。"议员肯·巴克（Ken Buck）说道。他是来自科罗拉多州的共和党人，也是该修正案的发起人之一。

美国军队当然不是用来营救"北极熊"的。"他们的主要任务是破坏和杀戮。"前任国防部助理部长、新美国智库（New America）资深顾问沙伦·伯克（Sharon Burke）说道。上帝知道有许多不在乎气候变化的军人，他们嘲弄地把它说成是"佩剑的大自然母亲"。当然，军人们也为自己的务实而感到骄傲，军事领袖们早在全国其他人之前就欣然接受了消除种族隔离的做法，部分原因是他们想要找到最能干的人，不管他是何种肤色。"这关系到使命，与政治无关，"负责军事设施事务的国防部助理部长康格在五角大楼的办公室里和我谈话的时候说道，"我们的工作是处理当前世界面临的现实问题，而不是按照我们的想法去塑造世界。"

在现实世界里，气候变化会刺激冲突，这是有清晰证据的。最合适的例子来自叙利亚。2015 年发表于《美国国家科学院院刊》（*Proceedings of the National Academy of Sciences*）的一项详尽研究发现[24]，二氧化碳污染日益严重导致 2007—2010 年叙利亚发生干旱的频率是平常时期的两倍，而连续 4 年的干旱对该地区的政治动乱具有"催化效应"。牧民们被迫离开他们的土地，到别处寻找食物和水。超过 150 万农村人流离失所，导致大规模的移民进入城区，在那里又碰上了伊拉克和巴勒斯坦的难民流。研究者曾询问一位背井离乡的叙利亚农民[25]，是否想过是干旱引发了这次内战？她的回答是，"当然。干旱和失业是把人们推向革命的重要因素。干旱发生的最初两年我们还能勉强忍受，后来就再也忍不了了。"

许多军事指挥官并不需要阅读科学报告就能了解这一切，他们正在亲眼见证气候变化所带来的冲击。海军上将塞缪尔·洛克利尔（Samuel Locklear）曾负责指挥太平洋区域的所有美军武装力量，在美军中是最受尊敬的人物之一。但在 2013 年，当一位记者问他什么是本区域最大的长期安全威胁时，他谈论的是海面上升以及日益增强的能够将一个较小的国家从地图上抹去的巨大风暴。洛克利尔说道，"在我们快速变暖的星球上，可能发生的政治和社会动乱，或许最能破坏国防安全环境[26]，而它们远超我们经常谈论的其他因素。"

洛克利尔之所以有如此强烈的想法，是因为他是一位获得过勋章的铁血悍将，而不是五角大楼办公室里的书呆子或者全世界到处跑的外交官。他既没有对白宫的政治压力做出回应，也没有重复国防部长的论点。他的日常工作是保护美国在太平洋的利益，这个区域涉及世界上十大常备军队中的 7 支，以及 7 个拥有核武器国家中的五个。

毫不奇怪，洛克利尔会收到参议院军事委员会的传讯，英霍夫要求洛克利尔解释他的言论[27]。于是他平静而有力地做了解释，给参议员们好好上了一课。他讲述了亚洲逐渐增加的人口问题是如何让更多的人处于风暴和其他与气候相关的自然灾害的风险之中的。"好吧，让我来打断一下。"英霍夫说道。他意识到自己与洛克利尔的谈话对决不会赢，于是很快转换了话题。

洛克利尔正确预见到的是，一个气候驱动的混乱世界已经离我们很近了，而且未来只会变得更糟糕。美国力量的边界在哪里？我们可以支持多少难以支撑的国家？我们能够应对多少自然灾害？制定诺曼底登陆计划或者围攻费卢杰（Fallujah）是一回事，但要成为整个星球的营救队却是另外一回事。美国在伊拉克和阿富汗已经花费了万亿美元，但并没有什么显著的成效。我们还能付出更多的费用来继续做这种力不从心的事情吗？拉夫黑德上将对我说，"世界上哪些地方我们最关心？哪些是战略上的热点区域？我们是否能够在北极水域作业？我们要准备应对一个什么样的世界？我想我们必须做出一些战略性的选择。"

* * *

结束诺福克海军基地的访问之后，我搭乘国务卿克里的飞机，飞回首都华盛顿附近的安德鲁斯空军基地（Joint Base Andrews）。这架波音 757 飞机是政府重新改装过的，由克里和奥巴马政府中的其他高官共享，其优雅豪华程度无法与"空军一号"相媲美。事实上，克里的座舱有一些《奇爱博士》(*Dr. Strangelove*)*的感觉，里面有一张金属桌子，用螺栓固定在地面上，桌上放着一部老式（想来应该是非常安全）的电话。在我们交谈的时候，克里脱掉了外套，从桌上拿起一杯新鲜的果汁，过了整整一天之后，他的声音有些沙哑，看上去很疲乏，脸色也比平时更加苍白一些。与他谈话，使我感受到了这个世界的重量。

我们谈了一会儿在海军基地的所见所闻，以及他对几周后就要召开的巴黎气候会谈的希望。

我告诉他，在巴黎的事情无论进展如何，在我看来，在能够应对世界所面临的气候威胁之前，美国仍然有很长的路要走。

"确实还有很长的路要走，因为在美国参议院甚至还有人否认这件事情的存在，"他直截了当地说，"在一个民主体制下，当民主过程陷入僵局，不被人理会时，怎样才能让政府行动起来呢？"

这番话说得很宽容。即便是在他最黑暗的噩梦里，我怀疑克里也可能已经预见到了，仅仅一年多之后，石油公司巨头埃克森美孚（ExxonMobil）的总裁雷克斯·蒂勒森（Rex Tillerson），一个几十年来一直否认气候变化、一直搅浑水、一直淡化气候变化风险的人，替代他坐到了国务卿的位置上。

我向克里指出，尽管气候大会已经开了 30 年，有关清洁能源需求的话题也讨论了 30 年，但全球二氧化碳排放的水平仍然在继续攀升[28]。

"这也难怪，因为我们正在试图让迄今为止所建造的最大的邮轮掉头。"

"你是指人类文明吗？"

"是的，"他看向窗外灰黑色的云朵说道，"那是一个非常大的挑战。"

---

*《奇爱博士》是美国导演斯坦利·库布里克（Stanley Kubrick）根据彼得·乔治（Peter George）的小说《红色警戒》改编的一部黑色幽默喜剧片，于 1964 年发行。——译者注

气候因素加剧的贫富分化

  没有人确切地知道究竟有多少人生活在尼日利亚首都拉各斯。联合国的官方数字是 1 300 万人[1]，而拉各斯市官员说接近 2 100 万[2]。在这座城市设施落后的机场排队的时候，仿佛感觉人口有 3 000 万之多。无论哪个数字最精确，拉各斯都是世界上人口增长速度最快的大城市之一，其增长速度比纽约或者洛杉矶高出 10 倍[3]。拉各斯也是贫富差距悬殊的一座城市。约有 70% 的人每天的生活费不足 1.25 美元[4]，而 2%～3% 的最富裕的人居住在围墙后面类似美国洛杉矶贝弗利山庄（Beverly Hills）的豪宅之中。富人中有很大一部分是靠石油赚钱的。尼日利亚拥有非洲最大的石油产业，平均每天生产原油 200 万桶[5]。

  拉各斯坐落在河流三角洲上，围绕着一个海岸潟湖而建，与威尼斯十分相像。就像多数三角洲城市一样，拉各斯地势低平，大部分地区的海拔高程低于 5 英尺。该城市的基础设施设计得很差，抵挡不了洪水和风暴潮。海滩正在被海浪淹没，港口里钢板制造的挡海墙被腐蚀得像生锈的铁罐一样。2012 年夏天，突发的洪水使城市关闭了一个星期[6]。即便是一场不大的雨，也能够使维多利亚岛（Victoria Island）

路面上的水淹到像汽车轮子那么深，而这个岛是城里最富有的人居住的地方。洪涝是非常严重的公共卫生灾害。可是这座拥有 1 300 万（或者 2 100 万）人口的城市，居然没有下水道系统。洪水之后，贫民窟的儿童们患上了皮肤病和红眼病，在这里，霍乱也并不罕见。

在这样的一个环境里，水边又耸立起一座新城。这座新城被称为"大西洋新城"（Eko Atlantic）[7]。2016 年年底我来到这里的时候，新城还在施工中，只在维多利亚岛前面建了一块 2 平方英里大小的平地。新城建成后（或者更准确地说，如果它能建成的话——尼日利亚的货币贬值很快，再加上其他经济因素，新城能否最终完工还很难说），将会占据超过 3 平方英里的新土地。开发商们希望，30 万拥有先进技术的富人们将会生活在这些现代公寓里，公寓将配有完善的光纤网络、精密的安保系统，还有一道 25 英尺高的海堤，用以保护新城免受海洋的攻击。这个闪亮的新附加物建在巨大城市的贫民窟之上，成为拉各斯城崭新的卖点，相当于非洲的迪拜。

在拉各斯所发生的一切是采用工程技术的老办法来应对海面上升问题。在世界各地的海岸和浅水海湾，巨大的挖沙船正在把泥沙从海底抽取出来，围垦成新土地。新加坡自从 1965 年独立以来，国土面积扩大了不少 *，过去只有 244 平方英里，而现在是 277 平方英里[8]。日本仅在东京湾（Tokyo Bay）就围垦了超过 100 平方英里的土地[9]。当然，土地围垦并不是一个新想法，当年费希尔就是这样建起了迈阿密滩，曼哈顿下城也是这样向外扩张到了河道里，而 1 000 年前居住在海岸边的卡卢萨部落构建的贝丘也同样如此。

所有这一切的人类工程，使得过去 30 年里地球上增加的土地面积要比损失的多。根据谷歌地球（Google Earth）的卫星资料[10]，荷

---

* 　原文为"国土面积几乎扩大了 1/4"，显然计算有误。——译者注

尼日利亚第一大城市拉各斯在建中的大西洋新城。（照片由作者拍摄）

兰三角洲研究院（Deltares）的研究人员发现，在全球海岸带区域，自1985年以来净增的土地面积为5 237平方英里，几乎与美国康涅狄格州（Connecticut）的面积相当。此项研究者之一费多尔·巴特（Fedor Baart）告诉我说，"我们有强大的工程能力。"然而，这个统计数据有时候会被那些怀疑气候变化的人所利用，他们争辩说，海面变化并不是一个很大的问题，即便有些土地由于海面上升而损失了，但可以通过围垦再重新得到，即使没有告诉人们土地在什么地方增加了，增加的土地被用做什么。所以，简单地说，整个大陆块正在扩大而不是缩小。可是，这个说法却忽略了一个很明显的事实，即在某些地方，低地海岸很快就会由于海面上升加速而被淹没，其速率远大于挖沙船造出新土地的速率。

*   *   *

我造访大西洋新城的那天下着雨，拉各斯街道上淹了几英寸深散发着臭气的黑水。我让出租车停在了新城的售楼处，它坐落在一座大门后面，门口有保安站岗。售楼处是一座低矮的、不起眼的建筑，位于维多利亚岛新围垦土地的边缘。我走进大厅，迎接我的是一位壮实的尼日利亚小伙羽吉·奥曼奈（Yuki Omenai），他快 40 岁的样子，穿着色泽亮丽的尼日利亚传统服装。"欢迎来到未来的拉各斯。"他用正宗的英式英语对我说。奥曼奈来自尼日利亚一个富足的、有政治背景的家族。他说他自 2010 年年底就作为城市规划师在大西洋新城工作了，那时他们刚开始出售楼盘，而大楼尚未动工。

奥曼奈带我来到附近的一间展示厅，在这里，整个开发计划以地图的方式展示在一张巨大的台面上。每栋楼、每条街道、每棵树都有标记。奥曼奈解释道，大西洋新城将是一个商住混合的楼群，拥有自成体系的天然气发电厂、供水厂、学校和保安队伍。墙上以艺术的方式绘制了完工以后的模样——炫目高耸的大楼、宽广的街道和宽阔的海滨广场，在那里人们可以尽情享受新鲜的海洋空气。这个展示厅让我想起了迈阿密的公寓售楼处，它也是以同样的方式为顾客描绘未来美丽的生活，接着购房者就会掏出支票本支付定金。

我随意地指向开发地图上一处 6 000 平方米的土地问道，"售价多少？"

"1 800 万欧元。"他告诉我。

我又指向这幅图上最小的一块 2 500 平方米的土地，"那么这里呢？"

"600 万欧元。"

可能我的表情看上去有点惊讶，他提醒我说，这片土地将会由开发商来购买，他们要在这儿建公寓大楼，而不是单座的家庭住房。

"你觉得项目完成之后，会有多少人居住在这里？"我问道。

"大约 30 万人吧。"他告诉我。

"我过去都不知道拉各斯有这么多富人。"我说道。

"嗯，确实没有这么多富人。不过也有中产阶级和上班族来购买，他们是我们的目标人群。"

我接着问，"大西洋新城的投资者们是否关心过海面上升问题？"他答道："是啊，非常关心。"随后，他带我到另外一边观看海堤的模型，有时候人们会称呼它为"拉各斯的长城"。这项工程是用来保护开发活动的，完工之后的海堤将有 8 英里长、25 英尺高，像一条由花岗岩和水泥块构成的项链，围在拉各斯城潟湖的口门上。

"我们清楚地知道气候变化以及海洋带来的危险，"他解释道，"居住在这里的人们都想确保自身的安全。"

几分钟后，奥曼奈和我跳进他的越野车，围绕大西洋新城兜了一圈。雨已经停了，我们驾车沿着水边的道路，经过一个安全检查站，从那里上坡，然后就来到了这片新土地。它看上去像一片空旷的大草原，有几座公寓大楼拔地而起，道路变宽了，交错地铺上了灰色砖块，两侧人行道边种上了一排幼小的棕榈树，用围栏围着。继续驾车前行的时候，奥曼奈对我说，"我们的董事长管理得很细，他让施工者把人行道的颜色换了三次，又要求将其中一些树拔掉，再种上不同的树。他考虑问题时非常顾及细节，要把所有的事情都做到位。"

奥曼奈驾车来到被称为"拉各斯的长城"的海堤，我们下车走上海堤，看到了眼前的几内亚湾（Gulf of Guinea），这是全世界最危险的水域之一，海盗、诱拐和绑架，说不定在哪里就会发生。这时，一条小船沿着海堤在我们的视线下驶过，奥曼奈指向一个划着小船的人说，"你看他是多么的渺小？"而实际的意思似乎是，"你看他是多么的脆弱？"随后，奥曼奈很自豪地谈起海堤工程：这段海堤准确的缩尺模型最初建在哥本哈根的一个实验室里，模型试验的目标是能够抵抗千年一遇的风暴。完工之后，5 英里长的海堤将由 10 万块混凝土块构成，每块重达 5 吨。他说，"全球变暖和海面上升的因素都已经考虑在内了，我们真的是要创造出一个安全的天堂。"

我们继续驾车前行，来到被称为"新城珍珠塔"的高楼建造工地。第一座即将完工的建筑是一座箱形的大楼，即使是弗兰克·格里（Frank Gehry）* 见到这座大楼都要为设计师贫乏的想象力而哭泣。我们在地下车库停了车，步行通过一条黑色的大理石走廊来到电梯边，这里到处都是安全监控摄像头。

我们上到第 19 层，参观了一座公寓大楼的模型，大厅里有皮沙发、椅子和 LG 平板电视，墙上还挂着一幅现代画。我们走向外面的大阳台，整个城市和几内亚湾的景色一览无余。向下看去，工人们正在对一个符合奥林匹克标准尺寸的游泳池进行最后的施工。

"我们要重新定义拉各斯的生活，"奥曼奈解释说，"这是一个新的拉各斯。"

我回头望着拉各斯旧城，想到数百万人居住在低廉、破旧的而且每次潮水上来都会被淹的水泥楼房里，我想弄明白，我现在坐在第 19 层楼的皮沙发上，看着拉各斯旧城被海水淹没，真的会有安全感吗？

* * *

提到世界上受海面上升影响最大的大城市，拉各斯的潜在经济损失要排到 10 名以外 [11]。加尔各答、孟买、广州、上海和其他亚洲城

---

* 弗兰克·格里是当代著名的解构主义建筑师，以设计具有奇特的不规则曲线造型雕塑般外观的建筑而著称。——译者注

市则排在最前面。拉各斯与这些城市不可比，因为在严格的经济学意义上，拉各斯海岸带基础设施的价值远远比不上那些城市。但经济损失只是海面上升后果的其中一个要点，另一个要点是由于海面上升而将被迫移民的人数，换句话说，就是潜在的气候难民人数。当把未来人口增长考虑进来时，拉各斯就成了最需要担忧的城市之一了。2050年之前，该城市的人口预计将达到 3 000 万[12]。其中有多少人会由于海面上升而被迫逃离呢？多项研究给出的数字是 300 万～800 万人。无论取哪个数字，只要在拉各斯转上几个小时就能明白，海面上升将迫使许多人离开家乡，转移到其他地方去。

　　像世界上其他一些地方一样，海面上升对非洲的影响也已经非常大了。西非尤其脆弱，特别是撒哈拉沙漠以南，从毛里塔尼亚一直到喀麦隆的 4 000 英里长的海岸线[13]。这段岸线地势低，主要是砂质海岸，海浪正在以每年 100 多英尺的速度冲蚀掉某些地方的海岸。而在海岸线旁就有一个密集人口居住区，按照世界银行的估计，这样的侵蚀动态会带来潜在的大灾难。"在西非[14]，基础设施和经济活动集中在海岸区域，所以如果海面持续上升的话，就会威胁我们的生存条件和收入来源，"加纳大学海洋与水产科学系（University of Ghana's Department of Marine and Fisheries Sciences）教授克夸西·阿潘尼宁·阿多（Kwasi Appeaning Addo）说道，"我们正坐在一枚定时炸弹上。"

　　拉各斯并不是唯一有此风险的城市。加纳首都阿克拉（Accra）的低洼地区每年雨季的时候都被洪水淹没[15]；毛里塔尼亚首都努瓦克肖特（Nouakchott）的部分区域，每年损失的海滩最多达 80 英尺宽；而位于冈比亚和塞内加尔的一些临海宾馆因为海水冲蚀而被毁坏；贝宁的经济中心科托努（Cotonou）的一座重要的水处理基地也遭受了破坏；在多哥首都洛美（Lomé）的郊外，海滩上排列着许多被毁坏的建筑。

被冲掉的不仅是住宅和商铺。与南佛罗里达州和马绍尔群岛一样，西非也遇到了海面上升带来的问题，如土壤盐碱化和饮用水源污染。在加纳，海龟繁殖场正在消失[16]，沿着加纳和象牙海岸（Ivory Coast）*的海岸线分布的殖民地时代的碉堡被联合国教科文组织作为文物加以保护，这些是历史上奴隶贸易的见证，现在正面临着被海洋吞没的风险。当海岸被冲蚀时，岸坡变得更加陡峻，使得当地的人们越来越难以在这里生活。他们原本用小船捕鱼来谋生，而现在则需要有更大的船，才能到更远的海域去捕鱼，这对许多人来说是负担不起的。有些村民转向了挖沙行业，他们收集海滩上的沙子卖给建筑公司，然而这是违法的。"有些孩子放学回家以后就去挖沙[17]，只为了挣一点钱，"多哥共和国的一个小村落阿格巴纬（Agbavi）的一位居民说道，"人们正在挨饿，小孩被迫去偷盗。我们受的苦太多了。"

* * *

我来到尼日利亚不是为了看非洲被冲刷的海岸，而是因为我在拉各斯的水上贫民窟发现了应对海面上升的简单方案。我在写这本书的时候看到了一张图片，上面是一个水上漂浮式学校[18]，它是由尼日利亚出生的建筑师昆勒·阿德耶米（Kunlé Adeyemi）于2013年在拉各斯的一个水上贫民窟建造的。虽然这所学校的结构十分简单，但是很优雅，这说明只要我们稍微多动一点脑筋，就能解决如何与水一起生活的问题。学校看起来像是一个漂浮着的三角形，其底部由250个绑在一起的油桶构成，房子本身的结构是木质的，加装了金属屋顶，墙面是敞开的。学校的第一层足够大，可以当做会议厅，第二层有两个教

---

  * 象牙海岸是科特迪瓦共和国的旧称。——译者注

室。整体再简单不过了。然而正是由于它的简单和优雅，还有设计者充满希望的灵感，吸引了全世界媒体的关注。阿德耶米也因此获得了许多建筑奖，成了一位建筑明星。《卫报》(Guardian)称他为"希望灯塔"[19]。我的感觉也是如此，因此，专门安排了拉各斯之行，要亲眼看一看这座建筑。

去拉各斯之前，我驱车来到纽约州的伊萨卡市(Ithaca)，在那里，阿德耶米正在一个班上授课，讨论拉各斯建经济适用房的问题。课堂里，学生们正在展示结构简单的设计图，其中有各式各样的支架式房屋，它们能够建在水上。阿德耶米坐在教室的前排，听着他们的介绍，不时地抛出几个问题。他看上去有40多岁，剃着光头，穿着白衬衫和牛仔裤，语气温和，英俊而平静。

拉各斯马可可贫民窟(Makoko)的水上漂浮式学校。(照片由阿德耶米/NLE公司提供)

　　下课之后，阿德耶米告诉我，2011 年他开始思考什么样的房子能够让当地人负担得起的时候，就想到了漂浮式学校。"我开始考察本土建筑，看看普通人每天怎么节省建筑成本。"他回顾道。阿德耶米在尼日利亚北部城市卡杜纳（Kaduna）长大，他的父亲是一位成功的建筑师，在当地专门设计别墅、公共建筑和医院。他 18 岁时搬到了拉各斯，进入拉各斯大学（University of Lagos）读书，学习建筑专业。2002 年，他在荷兰鹿特丹大都会建筑事务所（OMA）找到了一份工作，这是一家由库哈斯创建的企业。之后他去了美国，在普林斯顿大学（Princeton University）学习了几年后又回到荷兰，在 2010 年创办了自己的企业。他的公司叫做"NLÉ"，在约鲁巴语里的意思是"家"。

　　阿德耶米回忆道，"我与水和城市的罗曼史是从阿姆斯特丹开始的，在一个有这么多水的城市生活，每天看到水面，能够让我以不同的视角来思考很多事情。"阿德耶米早年生活在拉各斯的时候，就听说过水上贫民窟的事，甚至每次从三号跨海大桥（Third Mainland Bridge）上经过的时候，都能远远看到那片地方。但他在 2010 年开始研究水上建筑之前，却从未进入过这些贫民窟。在访问拉各斯最大的水上贫民窟马可可（Makoko）的时候，他见到了一个完全在水中的世界：那里有学校、教堂、机械工厂，还有上万人居住在破旧的棚屋里。他告诉我，"看到他们的生活条件，我感到很震惊，这些人在那里的全部生活竟然只用了如此少的材料，但这也激发了我的灵感。"

　　他在马可可贫民窟时得知，由于学校是建在围垦土地上的，没有像城里其他建筑那样抬高地面，所以每年都会被水淹没几次。"我问当地人是否可以帮助他们建造一些新的学校。"他回忆道。阿德耶米最初的想法是以架空的方式来建造学校，就像马可可贫民窟的其他许多建筑一样。但 2012 年 7 月，正当他给学校起草方案时，高潮位和倾盆大雨共同袭击了拉各斯。阿德耶米回忆说，"整座城市完全被淹没了，到处都是水。这让我意识到，在这里，水就是每天要面对的现实。现在我来到这里，不就是要解决洪水的问题吗？然后我就突然想到，让建筑漂浮起来！这样的话，无论水位有多高都无关紧要了，水涨到哪里，建筑也跟着提高到哪里。我同时意识到，我不仅是在建一所学校，而且我还在应对一件很棘手的事情，那就是气候变化。"

漂浮式结构物并不新颖（船就是这样的结构物）。然而，针对海面上升，建筑师和城市规划者们则开始以不同的方式思考水上建筑的实用性和设计方案。在我参加过的有关海面上升的研讨会上，几乎每一次都有关于建筑与水共存问题的讨论。有些人还自发进行了一些实验。在墨西哥，有一位名叫理查德·索娃（Richard Sowa）的人把25万个塑料瓶装在可回收的水果袋里[20]，打造了一个漂浮的岛屿。他在这座岛上种上了红树林和棕榈树，用木头和织物建了一座两层的房屋，他把他的"塑料瓶岛"称为"生态天堂"。而海上家园研究所（Seasteading Institute）则提出了将整座城市都建在海上[21]，远离政府控制的设想。亿万富翁彼得·蒂尔（Peter Thiel）参与建立了该研究所，他曾是脸书的董事会成员，在2016年总统竞选活动中支持特朗普。对于蒂尔来说，岸外城市是一个自由之梦，是一个摆脱旧规则的新城市。当时，该研究所只有一个网址，没有什么实体，所以想法也未能成形。但是这种硅谷式想法的背后，是对这个世界目前运行方式的极度不信任，认为一切都应该重新洗牌。

对于阿德耶米来说，马可可贫民窟的水上漂浮式学校是第一张关于新的生活方式的草图。他说道，"如果漂浮式学校能够按比例放大或缩小，那么我们从此就可以找到存在于水上、横跨过水和进入水里的解决办法。我们需要学习如何跟水一起生活，而不是跟水作斗争。"

可惜的是，我没能看到这所漂浮式学校。在我到达拉各斯之前不久，一场大风暴袭击了这座城市，漂浮式学校就这样被毁坏了（所幸在房子倒掉的时候没有人在里面）。阿德耶米后来告诉我，那座建筑只是一个雏形，并没有把它设计为长期存在的想法。然而，学校的毁坏对于阿德耶米来说确实是件尴尬的事情，因为他刚在几个星期之前的威尼斯建筑双年展上获了奖。为此，《卫报》评论道，"学校的倒塌，对于漂浮城市的未来是一个沉重的打击[22]。"

*　*　*

我乘坐着"克克车"（keke）来到马可可贫民窟（贫民窟大约有一半的面积一直在水下，另一半为陆地）。"克克车"是一种三个轮子的车，看上去就像高尔夫球车一样。弗雷德·帕特里克（Fred Patrick）和我一起挤在后排座位上，他肌肉发达，穿着整洁，是在附近的贫民窟里长大的本地人。那个地方最近被政府拆除了，目的是"净化"拉各斯。帕特里克在法学院上学，同时担任非营利、非政府机构"正义和赋权倡议"（Justice & Empowerment Initiatives）的组织者，该机构与穷人社群一起处理有关城市发展的问题，并提供免费法律援助和教育。

进入马可可贫民窟，就像陷入了一个完全混乱的世界，但也可以简单地理解为这个世界隐藏着像我这样的西方访问者所不知道的规则。街上挤满了贩卖大米、烤玉米、钱包、皮带、鞋和报纸的摊贩。到处都是挤成一堆的轿车和卡车，摩托车在其间来回穿行。穿着艳丽衣服的妇女们头上顶着装有甜瓜的竹筐。孩子们手举 DVD 朝着堵在路上的出租车里的乘客叫卖。周边的空气中充斥着公共汽车、卡车以及附近的发电机散发出的柴油气味。约有 30 万人住在这座城市的水上贫民窟里[23]，蜗居在简陋的棚屋和水泥楼里，经常是一家十口人挤在一个小房间，面积只有大西洋新城公寓楼里的一个贮藏室那么大。尽管如此，每一个人似乎都认为日子还过得去。马可可贫民窟的人比我访问过的其他任何地方的人都更能忍耐，也更有耐心。

这一天阳光不错，在过去的一个星期里都没有下过雨。但依旧到处都是水，肮脏的街道上有许多深至车轮的水潭。我们在水中绕行，来到一条人造运河的河堤上。一股酸酸的化学气味从水中散发出来，水面上漂浮着数千个塑料瓶和塑料袋。我想起一位来过此地的朋友的忠告，他说，"有一件事不要去做，那就是落入水中。"我又往运河里望去，一头小猪的尸体正从旁边漂过。

我们花了300奈拉租了一条小船，相当于不到一美元，驶离了那个地方。几分钟后，我们来到了一片高架屋区。这里有些是棚屋，墙是用麻袋和浮木做的，另一些是贫民窟特有的楼房，上面盖了两层，墙面刷得很亮堂。孩子们到处乱跑，运河里挤满了由妇女们划着的装满了稻米和蔬菜的船。我们经过了一个机械工厂，男人们赤着上身聚集在一起，摆弄一部发动机；又经过了一个磨坊，里面正在磨玉米粉；还经过了一间蓝色的小屋，门上写着"美发沙龙"。小船驶过一所学校，孩子们坐在桌子上，距离水面30英尺 *，还有几座教堂建在用沙堆起来的地面上。当我们经过的时候，孩子们朝着我们呼喊，其他人则盯着我看。"他们以前没见过白人。"帕特里克解释说。我们看到这里有的人在打盹、有的在洗衣服、有的在修补渔网。总之，他们就生活在水上。

大约半小时后，我们来到潟湖中一座维护得较好的房屋。房屋的墙是用细细的竹排编成的，屋顶用棕榈树叶覆盖着。我们离开小船，进入房屋小小的前厅，前来迎接我们的人名叫杰勒德·艾芙莱西（Gerard Avlessi）。他刚50出头，穿着深棕色的尼日利亚传统服装。旁边围坐着十几个人，正在聊天。艾芙莱西朝他们点点头，又

---

* 原文是"30英尺"，此处可能有误。——译者注

马可可贫民窟里的生活，很好地适应了水上环境。（照片由作者本人拍摄）

向我解释说那些是他的家人和学徒。"他是村子里的裁缝。"帕特里克向我说道。

艾芙莱西邀请我进入房间，屋里最显眼的地方是对面的墙，上面挂着耶稣和圣母玛利亚的一组图片；还有一个用布料做成的饲料槽和一个玩具娃娃挂在屋角；地上铺着薄薄的红色地毯。我在屋内长榻的一侧坐下，艾芙莱西坐在长榻的另一侧。他2岁大的儿子赤裸着身体爬到他腿上，艾芙莱西15岁的女儿也加入了我们的聊天，她穿着一条漂亮的绿裙子。从竹排墙的缝隙里，我能看到外面泛起涟漪的黑色水面。

我问艾芙莱西，他们一家在这儿住了多久了？

"12年了。"他说。

我称赞了他的这座房子。我们所在的房间比较大，大约有12英尺见方，天花板有 7 英尺高。在这层以上还有其他房间，在房屋的另一侧有一个工作间。他告诉我，一共有 19 个人生活在这座房子里，包括他的妻子、孩子和学徒。"人数最多的时候，有 50 个人住在这里。"他说道。

真是很难想象，整块地方，包括他的工作间和门厅，还没有我小时候在后院搭的一个堡垒大。

"我们在这里住得很舒服啊。"他说。

"屋子是你自己建的吗？"我问他。

他笑着回答："是的，家里人也帮了一些忙。"

"建这样一座屋子需要多长时间？"

"如果材料都准备好的话，大约一个星期吧。"

他做了一个用榔头把竹竿敲入潟湖砂质水底的手势。他说竹竿被插入泥沙底下约 9 英尺，这样的结构可以支撑 15 年之久，在此期间竹竿不会腐烂，也无需重新替换。

"那么你的屋子在水面以上多高的地方呢？"

"大约 4 英尺吧。"他说道。

"在洪水到来的时候，有过什么麻烦吗？"

他摇了摇头，说道："没什么麻烦。"

"那么风暴呢？"

他又摇了摇头，"也没问题。"

帕特里克指出，如果房子进水了，要把它再抬高一点也很容易。他解释道，"做法很简单，几天的时间就完成了，我们随时可以做这件事。"

我联想到几天前访问大西洋新城的情形。常识告诉我们，气候变化对穷人的影响比对富人的影响更大。在许多方面确实如此：富人住在更好的房屋里，医疗条件更优越，如果事情变得很糟糕，他们也有钱搬家。但富人也有富人的问题，如果他们的手机没电了，同样很无助。还有就是，他们自己不会动手更换车胎，更不用说在水中建一座房子以及在几天的时间里把它抬高一些了。现代技术能给我们力量，但是也能使我们变弱。听着帕特里克和艾芙莱西的谈话，我在想，他们这些人是很有生存办法的。

然而，除了海面上升之外，拉各斯的人们还要面对许多其他的威胁。对这些威胁，马可可贫民窟的人们还没有准备好应对的办法。

这一点在我向艾芙莱西提问时就体现得很清楚了，我问他，"你担心气候变化和海面上升吗？你觉得对你们的生活会有影响吗？"

他耸了耸肩说："我对水一点也不感到害怕。"他停顿了一下后继续说道，"我害怕的是我们的政府。"

我知道这是为什么。在我到来的几个星期之前，拉各斯市长阿肯温米·阿姆伯德（Akinwunmi Ambode）发布了一项命令，要求居住在水上贫民窟的人们必须在 7 天内搬离[24]，他们的房子将被拆除。政府说，之所以要强硬地命令这些人搬走，是因为他们都是绑匪、小偷和无用之人。虽然拉各斯市政府同意在人们撤离后给他们提供更好的地方来生活，但是实际上，政府并没有采取什么行动来帮助他们开始新生活。正义和赋权倡议机构的合作创立者梅甘·查普曼（Megan Chapman）告诉我，"警察来了，简单粗暴地告诉人们必须在两个小时内搬走，电锯一响，几个小时之内就使几万人变得无家可归。"帕特里克也曾告诉我，几个月之前他在学校时收到了一个消息，政府部门要来把他一直生活在那里的贫民窟铲平。"那时我赶紧跳上一辆公交车回到了这里，但我们家的房子已经消失了。"他对我说。

看着屋内的家具、墙上的耶稣图片以及他女儿在给我可乐前铺在桌上的白色蕾丝台布，我问艾芙莱西如何面对被驱逐的威胁，他的神情显得很沉重。马可可是一座陷在黑臭水体里的贫民窟，但也可以成为一幅蓝图，告诉人们如何在海面快速上升的时代里继续生活。在一个理性的世界里，拉各斯市或尼日利亚政府，又或者富有的石油大亨们，应该会看见这一切，只要投资几十万美元就能改善马可可居民的生活条件，将他们塑造成未来的模范市民。而如果把房屋锯倒或焚毁，这些人将被迫居住在大街上或者挤在破烂水泥大楼的狭小房间里。这些大楼像拉各斯所有的建筑一样，都建在跟海面差不多齐平的地方。因而在未来，很快就会出现新一代的难民，他们不一定会变成犯罪分子或恐怖分子，但他们后代的健康和自己的生命将成为别人愚蠢和贪婪的代价。

"我们都很着急，但我们什么办法也没有。"艾芙莱西对我说，"在拉各斯，除了上帝，政府最大。"此时，他任由自己年幼的儿子在他的膝盖上蹦跳，双眼看着远方继续说道，"如果可以乘一条船到上帝那里诉说拉各斯市政府的一切，我早就这样做了。"

我离开尼日利亚的三个星期后，警察去了附近的一个贫民窟[25]，把那里的房子全部烧毁了，导致3万多人无家可归，其中大部分家庭都有年幼的孩子要抚养。几个月之后，警察强拆了奥托多巴姆（Otodo Gbame）贫民窟[26]，又有数千人被迫迁移出去，当时，警察又是枪击，又是使用催泪弹，当地居民被逼得乘船而逃。一个名叫丹尼尔·阿亚（Daniel Aya）的20岁男子被子弹击中了脖子，不久之后就死了，当时他正试图从家里搬出一些东西。房子全部被烧毁，贫民窟被夷为平地。

在本书出版的时候，马可可贫民窟很可能也已经完全消失了。

第 11 章

迈阿密沉没

日落港（Sunset Harbour）靠近迈阿密滩所在海湾的一侧，位于地势较低的堡岛的低洼处。100 年前，这里是一片红树林沼泽，不久前，日落港还不是一个热点区域，随处可见 20 世纪 50 年代的普通公寓和修车小店，还能看见从斜坡处入水的迈阿密滩唯一一艘公共游艇。虽然在 20 世纪 80 年代建起来几座超高的公寓大楼，但周边地区仍然没有受到重视，直到有一天，斯科特·罗宾斯（Scott Robins）和他的朋友莱文发现了这个地方。罗宾斯是当地一位有名的房地产开发商[1]，而莱文靠着向邮轮出售专门制作的杂志和电视节目赚了一大笔钱[2]。像其他在迈阿密赚了钱的人一样，莱文也想通过涉足房地产开发领域进一步扩大财富。如今的日落港遍布价值百万美元的豪宅和公寓大楼。从这里向西望去是一派浪漫景色，近处有比斯坎湾，远处是不断变化的迈阿密市中心的高楼大厦。

罗宾斯和莱文二人投资建起了餐馆和咖啡厅，还有一座新的大众超市（Publix）。老旧的公寓楼被拆除，取而代之的是新式公寓大楼，房地产的价格随之飙升。然而有一个问题，就是在高潮位或大雨来临

的时候，日落港区域比本市其他地方更容易被洪水淹没。因为它位于
地势低洼的地方，高潮位时海水往往首先到达那里，然后将地面淹没
一段时间。2012 年 10 月，我在一年中潮水最大的时候来到了日落港，
每年 10 月中旬前后南佛罗里达州都会出现一次年度大潮。年度大潮是
由于太阳、月球和地球位置的特殊组合而使引潮力达到最大，再加上
墨西哥湾流的变化和漫长的夏天之后，海水升温导致的海水体积增大。
我蹚过齐膝盖深的水，走在日落港的街道上。当地的居民们都非常愤
怒，我跟一家小店的老板交谈，他说他们差一点也要离开这里了。事
实上，正是这次在日落港街道上的水中艰难行走的经历，使我第一次
了解了迈阿密所面临的海面上升的实时风险。

　　这次访问后不久，又发生了好几件事。其中一件事是，靠邮轮赚
了钱又成为房地产开发商的莱文决定参加镇长竞选。他快 50 岁了，挺

小船上的人在享受迈阿密滩的高水位。（照片由 Maxtrz/ 知识共享组织 Creative
Commons 提供）

精神的样子，虽然个性上趋于内向，但政治上又很激进，他会挨家挨户地敲响迈阿密滩居民家的房门，请大家投他一票。他把洪水作为竞选中的一个主要问题，并且成功地在一则电视广告里赢得了人们的笑声，在镜头里，他和拳手厄尔（Earl）穿上了救生衣，划着独木舟行驶在被洪水淹没的迈阿密滩街头。最终，莱文赢得了 2013 年的镇长选举。在长时间的否定和不予理会之后，本地官员们开始为海面上升采取行动了。

在莱文上任前几个月，镇上新聘请了一位总工程师，他叫布鲁斯·莫里（Bruce Mowry），63 岁，是一位风风火火的南方人，向来对自己的办事能力感到自豪。他花大力气看了一遍本城的风暴增水防治计划，这是几年前在全球性的工程和咨询公司 AECOM 的帮助之下制定的规划。在莫里看来，这份规划低估了本地所面临的高潮位和海面上升的风险，所以他决定先开展规划中能产生最大影响的一部分工作。在本城的许多地方，洪水是由于海水通过污水管道、人井和沙井盖漫上街道的。为了解决这个问题，莫里开始在排水管上安装单向关闭的阀门，从而阻止海水逆流到街道上来。他还在低洼地区安装了巨大的水泵，以便排干积水。为了这项工程，镇上投入了 1 亿美元[3]，这笔钱是通过增收当地居民每人 7 美元的公共设施费用而筹集来的（莫里说，这还只是首付，洪涝防治计划的最终费用可能会上升到 5 亿美元）。另外，莱文镇长也做了一件政界人士面对复杂政治问题的时候通常会做的事，就是为此项工程组建了一个蓝带专家组，并任命他的朋友罗宾斯来担任监督，因为没有谁比他更适合这份工作了。

莱文和莫里在 2014 年的大部分时间里都用尽全力来推进迈阿密滩的防洪工程进度。他们的目标是在 10 月份大潮来袭的时候让工程发挥作用。莱文清楚地知道，由于他把海面上升作为竞选的主要问题，他的政治前途显然就取决于他处理这一问题的能力。媒体也抓住了这一点。2013 年，我为《滚石》杂志写了一篇长文[4]，重点描述了这座城市所面临的风险，在接下来的几个月里，《华盛顿邮报》(*Washington Post*)、《卫报》等重要报纸也相继报道了这一主题。

当 2014 年大潮来临的时候，莱文镇长的政治豪赌明显得到了回报。海面上升了，而所建的单向阀发挥了作用，水泵也把海水抽了出来，日落港的大部分地面都是干的（碰巧这一年的大潮水位出乎意料的低，应该是海面上升以外的因素所起的作用）。莱文镇长邀请了一大批有头有脸的人物来到日落港的小公园庆祝他的成就，其中包括美国环境保护署执行官吉娜·麦卡锡（Gina McCarthy）、佛罗里达议员比尔·纳尔逊（Bill Nelson），以及罗得岛议员谢尔登·怀特豪斯（Sheldon Whitehouse）。他们一致赞扬本城所做的努力，也利用这个机会号召进一步削减碳排放。在应对气候变化这件事情上，政界人士的此类举动并不多见。是的，迈阿密滩确实处于危险之中了，但是请看，只要稍微来点汗水和聪明才智，事情就可以搞定！

几天之后，我去南海滩办公室见罗宾斯。他友好而健谈，原本是一位迈阿密的潮人，但如今却变得对公共事务非常认真。我们大约交谈了一个小时，主题是迈阿密滩所面临的挑战以及未来该如何应对。

这次会见中有两件事值得回忆。第一件事是，尽管罗宾斯是镇长任命的应对洪涝蓝带专家组的负责人，但不会有人误把他当成气候科学家。有一个例证：当我们谈论未来海面上升速率的时候，他拿出一张下个星期的潮汐图，介绍起预报潮水位和实际潮水位的差别来。在有些情况下，两者之间是有一点差别的，或高一些或低一些，不过只差几英寸。罗宾斯问道，"如果我们不能预测这个星期的潮汐，又如何能预测未来发生的海面上升呢？"我意识到，他的说法和我们熟悉的一种混淆方式是一样的（否认气候变化者经常采用这种方式来说事），即如果我们不能预测下个星期的天气，那么又如何能够预测20年后的气候呢？我向他指出，潮汐和海面完全不一样：每天的潮汐会因为风和海流微小而杂乱的变化而有所不同，而海面上升是海面位置平均值的长期变化。但罗宾斯对这种细微区别并不感兴趣，他只是说道，"是的，我明白。"然后就转移了话题。

第二件事是，罗宾斯对于未来迈阿密滩如何应对海面上升这个问题有一个非常清晰的计划，是真是假不得而知。

"我们要把城市的地面抬高2英尺。"他单刀直入地告诉我。

我对他的直白和果断感到意外，"你的意思是，要把城市抬高2英尺？"

"我的意思是，把迈阿密滩的所有街道和建筑都抬高2英尺。当然需要花费一点时间，不会在一夜之间就建成，但这就是我们计划要做的。"

"那么是否已经制定好了工程计划？"

"目前还没有，但我们正在做。"

"有没有估算过这项工程要花费多少资金？"

"还没有估算过，但我们总会算出来的，这个地方很有钱。"

我又追问了更多的细节，可他都答不上来。所以在几个月之后，当我听说莱文镇长宣布要把迈阿密滩的几条街道加以提升时，我感到非常的惊讶。他们最先开始这项工程的地方自然而然地就是日落港。

* * *

在19世纪50年代，芝加哥是北美大草原上的一个热点地区[5]。这座城市发展得非常快，以至于人们完全没有时间来充分思考城市规划或者基础设施这样的问题。木结构建筑给砖结构大楼让位。10年里，人口从原先的 2 万增加到 10 万以上。很显然，想建什么就建什么的混乱发展模式无法再持续下去了，因此逐步开展了城市规划和设计。然而，糟糕的是，城市建在一片沼泽地上，非常靠近密歇根湖（Lake Michigan）的岸线，所以一下雨，水就会淹到城里。此外，由于新建的城市没有排污系统，进入城市的洪水经常受到污染。1854 年，霍乱流行[6]，造成 1 424 人死亡；1854—1860 年，痢疾流行，造成 1 600 人死亡。

为了解决洪涝和排污问题，芝加哥的城市工程师们提出了一个具有创新性的方案。他们不再延续从地面向下挖出一个凹槽来放置污水管道的做法，而是将污水管道放在地面上，然后把整个市区的地面抬高 8 英尺。雄心勃勃的工程师们用上千个木制千斤顶来提升五层高的楼房，在此过程中甚至没打碎过一扇窗户。这些工程师里有乔治·普尔曼（George Pullman），他后来由于发明了普尔曼铁路车厢而发了大财。普尔曼最出名的事迹是抬高了芝加哥最高档的酒店——特里蒙特

1857 年，用千斤顶抬高布里格斯酒店（Briggs House）的地面。（照片由维基媒体提供）

酒店（Tremont House），在此过程中，酒店里的客人仍然居住在里面。想想看，这可是一座面积几乎占据了整个街区的大建筑。总之，芝加哥城市地面的抬升用了差不多 10 年时间，这真是城市工程的巨大成就。受污染的沼泽地被清除了，公共卫生条件得到了改善，芝加哥成了世界上成长最快的城市之一。

但 2017 年的迈阿密滩可不是 1860 年的芝加哥。原因之一是，那时的芝加哥是一座新城，街上只有泥路，基础设施很少，而迈阿密滩有输水管道、电线、排污系统、公路和水泥路面的人行道。在芝加哥，抬升（或者移动）一座建筑与建造一座新楼相比代价更低；而在迈阿密，多数情况下正好相反。

在迈阿密滩，莱文镇长和莫里决定，无论如何都要开始动工。他们的策略是，一次抬升一条街道，并且只把街道的路面和两边的人行道抬升。他们期待随着时间的推移，道路两边大楼的主人们会自费抬升或者重建他们的建筑物。

在 2016 年年底前，大约有 20 个街区被抬升了，多数是在日落港内和附近的地方。抬升的效果很特别：餐馆和店铺还在原来的高度，而街面和两边的人行道却高出了 2 英尺。所以假如要去餐馆的话，就不得不向下走几级台阶，有一种下沉式庭院的感觉。而新开张的超市建在地势比较高的地方，需要走楼梯上去。因为老的地面要跟新的地面相衔接，于是路上就有了各种奇怪的凸起。在抬升起来的路面之下是新型水泵和排水系统，用来确保地势低洼的地区在大雨或者天文大潮中不被淹没。

不管怎么说，当时就是这么做的。2016 年十月大潮来临前的几个星期，飓风"马修"席卷了东部海岸。这次的飓风并未正面冲击迈阿密，但暴雨却下得很大。然而，日落港的数个新泵站都没有发挥功能，低洼地区淹了几英尺的水，情况跟过去一样糟糕。

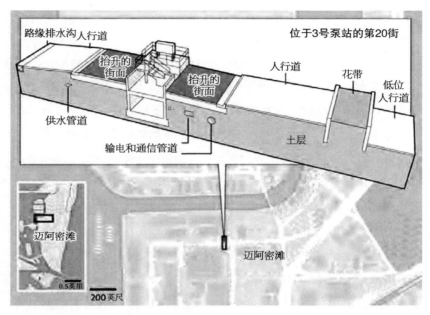

迈阿密滩附近，日落港被抬升的街道和泵站的分布示意图。（图片由迈阿密滩镇提供）

　　几个星期之后，当十月大潮发生的时候，新抬升起来的街区又被水淹了，这一次水泵起初一直是正常工作的，但大潮再加上暴雨，很快击溃了整个水泵系统。那天晚上，我在大雨之中驾车来到迈阿密滩附近，看见大水不仅淹没了日落港，周围地方也是一片汪洋。在枫丹白露酒店前面以及林肯路步行街附近（此处恰好有本城最昂贵的商业房产），路面上的水有汽车轮子那么深。水流冲击着位于第四十大街（Fortieth Street）上的佛罗里达电力照明公司（Florida Power & Light Substation）的临时性挡水堤。所幸高水位只持续了几个小时，随着潮水的退去而结束。虽然重新露出的干爽地面令人宽慰，但密切关注此事的人们都感受到了恐惧，这是大自然为将要到来的灾难片所做的预演。

＊　＊　＊

　　第二天早晨9点钟，当下一个周期的天文大潮将要来临的时候，佛罗里达国际大学的一位地质学家亨利·布里塞尼奥（Henry Briceño）带我坐上了他的银色本田思域车。汽车后备厢里堆满了冰柜、塑料瓶和科研仪器。布里塞尼奥已经70岁了，他出生于委内瑞拉，一直在那里从事科研工作，直到后来离开。此时此刻他看起来好像刚从五金店出来要回家一样，穿着绿色的马球衫，上面有一大片水渍，土黄色的裤子，还有破旧的登山鞋。他是一位研究水质的专家，在我搭车的时候，他已经干了几个小时的活了。有几组大学生在迈阿密滩不同的地点采集水样，他驾车去检查他们的工作。

　　我们开出去后不久，布里塞尼奥在红绿灯前停下了车，看着我穿的低帮运动鞋，他抱歉地说道，"我应该提醒你带一双高筒胶鞋的，你肯定不想把脚弄湿。"

　　"我明白，是应该事先考虑到的。"我说道，感觉自己有些笨拙。

　　"只要你脚上没有什么外伤，问题就不大。"他说道，虽然听起来也不太令人安心。

　　但我知道他的意思。他将要在水中行走，而水体很可能被人类粪便中的细菌污染过，如果我要跟他一起的话，就得了解这个风险。

　　我没有放弃，继续跟他一起前行。布里塞尼奥的工作很重要，因为他的研究揭示了一个简单但未被意识到的真相，那就是海面上升不是什么好事。在市区，涌入的洪水不是清洁的蓝色海水，人们不要幻想在里面玩水上摩托艇。涌上来的水是黑色的，散发着臭味，被有机和无机化合物污染过，有的地方水中还会含有病毒和人类粪便。

　　布里塞尼奥对迈阿密滩水质的兴趣始于2013年，当时他看到他的邻居在街上蹚过齐膝深的洪水，心里想，这种水对人安全吗？于是取来仪器做了一次检测，他很快发现，水的确受到了污染。可是，这种脏水不仅会有人在里面行走，还会被水泵抽到生态脆弱的比斯坎湾。为了更好地了解究竟发生了什么，布里塞尼奥申报了一个合作研究项目，与来自佛罗里达国际大学、美国国家海洋和大气管理局、迈阿密大学和诺瓦东南大学（Nova Southeastern University）的科学家们合作开展研究。2014 年和 2015 年十月大潮到来的时候，他们在多处排污口连续 4 天采集水样。在 2015 年 4 个站位采集的水样中，每一处水体中的粪便含量都超标了[7]。其中，在镇上的一条交通要道印第安克里克路（Indian Creek Drive）采集的水样中，粪便含量是国家标准的 622 倍，而在第十四大街（Fourteenth Street）的一处雨水排放口采集的水样中，粪便含量则达到 630 倍。

布里塞尼奥的研究组在 2015 年提交的一份报告中公布了他们的发现，但市政官员们在差不多一年的时间里都没有予以理睬，直到 2016 年 1 月《迈阿密先驱报》听到风声后发表了有关迈阿密滩洪水水体污染的报道。当地许多有头有脸的政界和商界人士被激怒了，莱文镇长指责该报的报道是为了"卖出广告"[8]。我参加过一次庆祝迈阿密滩建立 100 周年活动的午餐会，罗宾斯在演讲中说，"有些人说我们把污水排入海湾，这不是真的……这是一个谎言……写这篇文章的人是在撒谎[9]。"（后来，我问布里塞尼奥，当罗宾斯讲话的时候，他有什么反应？他回答说，"我禁不住大笑了一番，我说，'是谁在说我撒谎！！！'然后我就站起来走出了会场。"）镇上的海滩管理官员迈克尔·格列科（Michael Grieco）说这篇报道是"炒作"。莱文镇长在一次政府办公会议上指责布里塞尼奥，意思是他想要挟政府付给他用来分析海水的 60 多万美元合同经费[10]。迈阿密滩检察官给《迈阿密先驱报》写信，要求他们撤下这篇报道，并指控这篇文章"毫无根据地、错误地把城市周围的水环境说成是不安全的和糟糕透顶的[11]"。但该报最终拒绝撤稿。

布里塞尼奥本人也没有屈服，他的研究工作受到了科学界同事们的广泛尊重，他在电子邮件的签名里引用了著名物理学家尼尔·德格拉斯·泰森（Neil deGrasse Tyson）的话，"科学的好处在于，无论你是否相信，它都是真实的。""我不知道这位镇长有什么后台，我并不是攻击他个人，"那天早上布里塞尼奥驾车穿过城市的时候说道，"我只是想让人们知道，他们不能在脏水里游泳，那样会暴露在细菌之下。但镇长一直试图掩盖这一真相，他们明明早就知道了，却什么也不说。虽然他们最终还是向人们披露了，那是因为我们所进行的研究已经受到了许多媒体的关注，所以他们才被迫承认。"

话说到这里的时候，我们到达了布里塞尼奥研究组的第一个采样地点，和日落港之间有几个街区的距离。我们走向海堤，几名研究生正把塑料瓶放入从排水管道里流出的污水中。水里冒出一股臭气，这是有机物被分解后产生的硫化氢导致的。站在海堤上，布里塞尼奥介绍了不论是源于高潮位还是暴雨，又或是两者兼而有之的洪水是如何循环的：水体首先冲刷街道，然后渗入地下，最后流入洪水排放管道。虽然有污水系统，但是许多管道，特别是从住宅和办公室连到主管道的那些直径较小的管道，有些被腐蚀了，有些已经开裂了。于是污水就漏了出来，与涨上来的洪水混在一起，最后要么冒到街面上来，要么被抽出来排放到海湾里。"说到底，情况其实很简单，"布里塞尼奥指着附近的一座公寓大楼说道，"有人在那里上厕所，粪便最后就来到了这里。"

布里塞尼奥非常清楚为什么有些人不愿意听到这些事情。他解释道，"旅游经济整体上就依赖于这里的水质，游客之所以到迈阿密来，是因为他们能够在海里游泳、划船和玩水上摩托艇。如果整个海湾都像这里一样散发着臭味，我认为他们就不会来了。事情就是这样，经济是要受到保护的，我能理解，但我也知道，由于海面上升，这里的每一个人或早或晚都会离开。在此期间，我们必须在尽可能长的时间里保持最高的生活标准和最好的水质。如果这个条件被破坏了，就没有人会来，我们也就无法筹集资金去抬高街道和修建海堤，什么也做不了。因此我们必须在尽可能长的时间里保持海水的洁净，同时规划搬离这个地方的步骤。"

我们考察水体污染的第二站，是肖克莱斯特（Shorecrest），它是迈阿密的一个穷人居住区，和迈阿密滩只有一桥之隔。我们到达的时候，正值上午的高潮位时间，街道上的水有 3 英尺深，流入了住户的庭院和草坪，直达房屋门前。街上没有锥形交通路标，没有警察指引交通，也没有公共卫生官员提醒人们远离污水。

布里塞尼奥停好车，穿上高筒胶鞋，开始安装采水设备。他注意到有一个背着照相机的人正要走入水中，于是朝那个人喊道："如果我是你，就不会进入这样的水里面。"那人点了点头，但还是走了进去，拿出照相机拍起照片来。

布里塞尼奥采集水样的时候，我踮起脚从干爽的地面走向附近的一栋公寓大楼。有一位妇人站在门口的第二层台阶上盯着涌上来的水。她叫玛丽亚·托韦斯（Maria Toubes），是一位 65 岁的残疾人，脸上刻着艰难生活留下的痕迹。屋内还有她 8 岁的侄女，因为水位较高，托韦斯要她待在屋里不要出门。托韦斯告诉我，她靠一份固定收入生活，几个月前刚搬到了这里，因为这样每个月就可以省下 200 美元的租金。

在我们交谈的时候，水位还在继续上涨。水冲上了房屋前的大街，淹上了行车道。感觉好像我们也要漂走了一样。

"以前你见过这样高的水位吗？"

"见过，有时候比这还高呢。"她说。

"那你怎么办呢？"

　　她盯着我的神情，就好像我问了一个愚蠢的问题。"待在家里呀。"
她说。

　　"镇上或州里有没有人来这里通知你们水体可能受到污染了？"

　　她摇头说道："没有人来说过任何事情。"

　　谈话结束的时候，水位涨得更高了，我只能蹚水回到布里塞尼奥
的车上去。上车后，我脱掉鞋袜，用瓶装水冲洗了脚，此后的整个上
午都赤着脚。我看着布里塞尼奥处理他的水样，他用注射器把水抽出
来，再注射进过滤器，过滤器可以把所有杂质留下。他将水样和过滤
器一起存放进塑料冷藏箱，以保存细菌和其他成分，这些材料都将运
回实验室去分析。

　　几个星期之后，他用电子邮件给我发送了肖克莱斯特和迈阿密滩
周围水样的分析结果。美国环境保护署追踪到水体中排泄物污染的指
示物是肠球菌，这是一种易于追踪和识别的细菌。根据环境保护署的
标准，水体污染不得超过每100毫升35个菌落单元。但布里塞尼奥在
肖克莱斯特采集的样品里，每100毫升水里有3万个菌落单元，从迈
阿密滩附近的采样点得到的大多数样品，其数值也差不多有这么高。
简单地说，我曾经蹚过的水，还有托韦斯等人所居住地的洪水，都是
被高度污染的。

*　*　*

　　在迈阿密戴德县，大多数住宅和商铺都有与城市排污系统连通的
管道，通过地下管道收集废水，然后输送到中心污水处理厂，经过处
理之后排入海洋。2014年，超过150个排污口倾倒了5 000多万加仑
的污水进入比斯坎湾。此事披露之后，县政府与环境保护署之间达成
了协议，要花费16亿美元来修复排污系统[12]，其方案是把废水注入

一个 3 000 英尺深的地下井里。然而，此方案的一大问题在于，迈阿密戴德县有 20% 的人使用的是老式的后院化粪池。迈阿密戴德县约有 86 000 个这样的掩埋系统[13]，而在整个州有 200 万个，其中大部分系统都很陈旧或已经年久失修。

化粪池可以看成是精心设计的地下洞穴。冲厕所的时候，污水流入一个水泥池，粪便和其他污物留在化粪池里，分解为一种泥浆，而液体则流入一个围绕着水泥池的渗漏区。这个系统工作正常的时候，渗漏区的土壤相当于过滤器，过滤掉细菌和病原体。化粪池需要日常的维护：泥浆要定期清除；渗漏区要经常检查，确保没有阻塞或损坏。但与许多州政府一样，佛罗里达州政府没有要求对化粪池进行定期检查。根据佛罗里达州卫生部（Florida Department of Health）的报告[14]，本州只有 1% 的化粪池系统会进行一年一度的检查和维修。有一项估算说，超过 40% 的化粪池无法正常运行[15]。

那么当海面上升，越来越多的地区被淹没的时候，这个问题就会愈发严重。"随着地下水位抬升，化粪池里的物质会难以正常排放。"迈阿密戴德县水务及排水管理部门（Miami-Dade Water and Sewer Department）的资深地质学家弗吉尼亚·沃尔什（Virginia Walsh）向我解释说，"渗漏区不能正常过滤细菌，被洪水淹没的化粪池系统就没有价值。"对于沃尔什和其他关注迈阿密水质和公共卫生的人们来说，海面上升对各家各户的化粪池影响巨大。沃尔什告诉我，"以前我们在洪水泛滥的区域见到过，化粪池从地底下露出，里面的东西都漂了起来。"

杰森污水处理公司（Jason's Septic Inc.）是迈阿密戴德县最大的化粪池安装和服务公司，该公司的共有人布里廷尼·内森曼（Brittinie Nesenman）告诉我，渗漏区的高度应该在潜水位以上 1 英尺，这样才能正常工作，否则的话，渗漏区就会崩溃。"由于潜水位的抬升，我们现在接到的维修电话明显增多。"内森曼说道。

佐治亚大学公共卫生学院（University of Georgia's College of Public Health）的微生物学家埃琳·利普（Erin Lipp）参与了佛罗里达群岛（Florida Keys）的一个化粪池实验，该区域的潜水位较高。当地居民注意到，珊瑚正在死亡，藻类却呈暴发式增长。利普和她的同事们在测试过的几条运河水样里发现了水污染的证据。他们在一个马桶里放了病毒示踪剂[16]，接着冲了水，11 个小时后，示踪剂就在附近的运河里出现了。所以，不难猜到这些污水是从哪里来的。"而这里的人们都认为他们的化粪池运行得不错。"利普说道。

海草对于比斯坎湾这样的海湾生态系统来说是十分重要的。然而，来自化粪池渗漏区的污水含有过多的营养物质，影响了海草生长，却引起了藻类暴发，而有些藻类对人类有害，比如蓝藻含有肝毒素和神经毒素。在这一点上，佛罗里达人有过一次深刻的记忆：印第安河口（Indian River）是美国最多样化的河口湾之一。2016 年，河里满是絮状的绿色黏稠物[17]，造成数百万条鱼死亡。油管网站上有一段视频，是乐善好施的人在救一群海牛，他们用水管里的淡水冲洗海牛皮肤表面的藻类。印第安河的藻类暴发，一部分原因是由于农业排放造成过多的营养物质进入奥基乔比湖，但人们猜测河流沿岸化粪池系统的渗漏是一个主要的原因。

饮用水被人类粪便污染所引发的公共卫生风险早有记录可查。2010 年，海地（Haiti）有 1 万人死于霍乱[18]，成千上万人得病。就是因为联合国维和部队的一个营地对化粪池处理不当，造成污水排入河流里，从而引发海地霍乱流行。

饮用水被污染的确是个问题，但在污染的水体中游泳或洗澡也是一大风险。20 世纪 20 年代，在美国广泛使用现代的化粪池系统之前，伤寒是一种常见的疾病。然而，根据利普的研究，通过食物摄入引发霍乱和伤寒等疾病的细菌的概率较低，因为即使在潮湿的化粪池系统里，这些细菌也只能被圈闭在土壤空隙里。相反，风险更高的是肠道病毒，因为肠道病毒在海水中能存活数周，它能引起发热、皮疹和腹泻，有些甚至会导致甲型肝炎，而且这种风险在短期内难以消除。所以说，在被污染的水体中游泳或洗澡具有很大的风险。

对于迈阿密这样的城市而言，解决化粪池渗漏问题的最佳办法是让房屋都接入统一的城市污水系统，并确保对污水处理系统的维护。但这需要资金，也需要良好的规划。一户居民的下水管接入城市污水处理系统，大约要花费 15 000 美元，前提是周边有这样的管道可以接入。如果没有管道，那就要重新安装，这样一来费用就更高了。

当城市面临洪涝灾害的时候，化粪池系统渗漏不是唯一的污染源。在迈阿密，被人们称为"垃圾山"（Mount Trashmore）的垃圾场占地200 英亩[19]，位于比斯坎湾的岸边。自从 1980 年投入使用以来，数百万吨含有化学物质的碎屑物被倾倒在这里，包括指甲油、打印机墨水、烤箱清洁剂、氟利昂、车用机油、去污剂、房屋涂料、除草剂、肥料和毒鼠药等。处理坑的底部铺设了层层黏土，目的是防止有害物质渗漏下去，但当初设计时没有考虑到砷、铬、铜、镍、铁、铅、汞、锌和苯之类的元素也会掩埋在此处。

在南佛罗里达州，海面上升对逝去的人来说也不安全。由于棺材有浮力，当暴雨或海水来临的时候，有的棺材就会出露出地表。有时，水把棺材盖都提了起来，里面的东西就一齐漂浮出去[20]。这样的情形在洪水淹没区并不少见。2015 年，路易斯安那州的巴吞鲁日（Baton Rough）在经历了几天的特大暴雨后，几十具棺材漂浮起来，人们不得不一一将其找回并重新埋葬。

在迈阿密，不少墓地位于地势很低的地方，很容易被水淹没[21]，而迈阿密的创始人塔特尔则比较幸运。她的墓地在迈阿密城市公墓

（Miami City Cemetery），差不多在海面以上 10 英尺。相比之下，20 世纪 50 年代的喜剧演员杰基·格利森（Jackie Gleason）就没有这么幸运了，他的墓地在仁慈圣母公墓（Our Lady of Mercy Cemetery），距离海面只有 3.5 英尺。芒特内博迈阿密纪念花园（Mount Nebo Miami Memorial Gardens）是黑帮教父迈耶·兰斯基（Meyer Lansky）安息的地方，在海面以上 4.5 英尺。演员莱斯利·尼尔森（Leslie Nielsen）埋在劳德代尔堡的长青公墓（Evergreen Cemetery），距离海面 7 英尺。2016 年在佛罗里达州一家夜总会杀害了 49 个人的枪手奥马尔·马丁（Omar Mateen）的墓地，那里的海拔是 4 英尺。历史悠久的基韦斯特岛公墓（Key West Cemetery）埋葬着 6 万人[22]，海拔不到 8 英尺。

* * *

结束与布里塞尼奥的活动后某天的一个早晨，在迈阿密滩市政大厅三楼杂乱的办公室里，我见到了莫里。与往常一样，他的话题非常发散。"自从我开始在这里工作，没有一天是少于 12 小时的。"他自夸道。在一周的工作日里，他居住在中部海岸的一个小套间，而他的妻子居住在向北 250 英里、靠近代托纳比奇（Daytona Beach）的家中（他在周末回家）。他所在的部门一共有 12 位工程师，工作内容是防洪工程，另外，同样重要的是，要防止人们产生城市将要被淹没的想法。

莫里不是一个空想家，他很有策略并且能够制定出计划。他说，"从根本上说，这里的人们不太喜欢我，感觉我是在恐吓他们。但是我告诉他们，就像我当初来这里的时候就告知市执政官一样，我来这里只有一个目的，就是在去世前尽可能多地建立项目。有些人会说我的态度不好，但是我认为，我是做项目的，这就是我处事的方式。"

我们那天的谈话，提到了他手头正在做的几个项目：其中一个，要解决排放到海湾中的污水里的细菌超标问题。他正在考虑一个系统，用紫外线照射所有的排放物质，以此来杀灭细菌或病毒（这或许可以解决海湾部分水体污染的问题，但对解决化粪池系统的泄漏毫无帮助，而后者是海湾水体污染的主要原因，就像我在肖克莱斯特看到的那样，虽然那片区域不属于迈阿密滩）。为了测量城市地下水位上升幅度，他钻了 42 口观测井；为了更好地监测局部海面变化，他在城市的不同地方安装了 2 个新的潮位计。他还亲自监督安装了 6 台更大的新水泵（莫里说，按照城市总体规划，一共要在地势低洼区域安装 60 台这样的水泵。到 2017 年年初，已有 30 台完成安装并投入使用）。他与主张保护历史文物的人们讨论在具有历史文化价值的街区如何选用建筑规范条文的问题。他与市政相关官员进行沟通，要求提高建筑第一层的天花板高度，这样的话，未来海面上升的时候可以垫高建筑的底部，而垫高之后第一层仍然有足够的高度空间。他与建筑设计企业联系，要他们想办法把水泵的柴油发电机安放到更加合适的地方（人们抱怨柴油发电机模样太丑、噪声太大）。而最引人注目的是他监督的一个价值 2 500 万美元的项目，该项目要把本岛靠海湾一侧的关键通道印第安克里克路的地面抬升，并在同一地点建造一道新的海堤，再安装一个新的水泵站。

　　在莫里看来，这些项目的最终目的是赢得应对海面变化的时间。他说，"我把海面上升看成一个让我们开始更新基础设施的机会，而方式就是按照常规去做。如果一条道路需要重建，那就去建，只是建的时候把路面抬高一些。我认为类似的项目开始之后，就可以创造出一种多米诺效应。在未来 30～50 年里，这座城市的地势将会变得越来越高。有价值的建筑最终都会被抬高，而价值不大的会被拆除，然后再建新的。"

　　但是莫里明白，行动要快。他说道，"问题在于，我们要考虑这个地方的经济发展，在由于无所作为而导致城市经济崩溃之前，我们就必须采取行动。我们现在就应该开始，趁着还有预算。不能坐等水从地面冒出来后才想到需要考虑地下水的问题。"

　　莫里还清楚地知道，工程师并不是上帝，工程也有局限性。迈阿密未来的繁荣并非基于它现在不在水下这个简单的事实。这座城市只有充满活力、富有创造力、安全、公平，且恰好没有被淹没于水下，才有可能繁荣。

　　"我认为，没有什么困难是我们不能克服的。"莫里说道，"这是一座城市，而我只是这里的其中一员。我只能起到技术顾问的作用，我告诉政府官员什么是我能做的，什么是我们这座城市能做的。然而，如果当地的居民不同意，商界的人士不同意，来到这座城市的外来人员也不同意，工程师也就失业了，那么这座城市的经济就会走向衰亡。换句话说，仅仅是提供如何解决这些问题的答案还不够，如果这个答案不符合这座城市的文化，不适用于城市的未来，那么它就不是一个好的答案。"

　　迈阿密的未来究竟会是什么样？这个问题在了解该城市所面临的风险的人群中不断引发讨论。几个星期之前，我参加了美国建筑师协会（American Institute of Architects）的一个分会在迈阿密市中心举行的主题沙龙活动，组织者是建筑师博尔赫斯。在讨论中，景观建筑地方办公室（Local Office Landscape Architecture）的景观建筑师沃尔特·迈耶（Walter Meyer）和珍妮弗·博尔斯塔德（Jennifer Bolstad）阐述了一个要重新塑造迈阿密周边区域的计划，这个计划在佛罗里达州充填沼泽的发展思路之下显得既巧妙又具有颠覆性。迈耶和博尔斯塔德把他们的方案称为"法医生态"（forensic ecology）。跟我在前面提到的奥尔夫保护纽约的创新性提案一样，迈耶和博尔斯塔德旨在顺应自然，而不是对抗自然。例如，他们展示了位于迈阿密北部的拱溪盆地（Arch Creek Basin）的改建规划。他们建议把原本建在地势低洼区域的房子推倒，那一片原先就是天然沼泽，再将大沼泽地与海洋连通，然后在地势高的地方建新房子。"我们的想法是，降低重新安置居民的风险，将整个工作地方化，原先的家庭模式和社区关系都不用被打破。"迈耶说道。如此一来，天然沼泽将得到恢复，海水会沿着陆地上的天然通道进出。这虽然不是一个帮助社区应对海面上升问题的长远方案，但它能够争取时间，并让城市规划者们不再仅仅将其看成是一堆可以推平或在上面铺路的泥土，从而改变他们对自然景观的看法。

活动结束后，我与博尔赫斯一起走出去，在他停在停车场的路虎车里又讨论了几个小时。（博尔赫斯说他的路虎车特别适合迈阿密，"我的车能在水深 4 英尺的地方跑，毫无问题。"）在写这本书的时候，我跟博尔赫斯讨论过多次，我发现他对海面上升问题有着深刻的思考。作为一名建筑师，他理解维持迈阿密经济持续运转的紧迫性。作为两个女儿的父亲，他也知道要给市政官员施加压力，为迈阿密应对未来的海面上升做好准备。他花了很多时间开会，为制定更合适的建筑标准而展开讨论，并指出修建带有地下停车场的公寓大楼是多么的荒唐。然而，他也懂得怎样才能使陆地与海洋达到平衡（博尔赫斯本人住在迈阿密市中心一座公寓大楼的第 25 层）。他对我说，"人是亲水的，他们喜欢水带来的平静、闲适的感觉。如果我能够建一座恰好在水上的建筑，人们肯定会喜欢的。"

博尔赫斯把海面上升看成是一个具有创造性的挑战，而限制我们应对这种挑战的因素，就是我们自己的想象力。按照哈佛大学哲学家罗伯托·曼加贝拉·昂格尔（Roberto Mangabeira Unger）所说，"在某些层次上，改造世界的最大障碍，是我们没有清晰地认识到，没有大胆地去设想。否则的话，我们可以创造一个完全不一样的世界。"博尔赫斯很欣赏日本建筑师菊竹清训（Kiyonori Kikutake），他在 20 世纪50 年代制定了详尽的计划来建设东京湾（Tokyo Bay）的漂浮城市。博尔赫斯在业余时间勾勒出自己的一些想法，包括在通往弗吉尼亚岛的

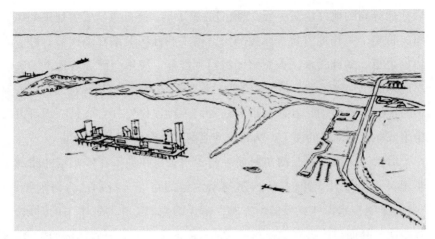

博尔赫斯提出的迈阿密比斯坎湾水上平台城市的草图。(图片由博尔赫斯提供)

大桥两侧建水景公寓房。这一灵感来自佛罗伦萨一座著名的中世纪桥梁——维奇欧桥(Ponte Vecchio)。另一个想法是在他看到一幅石油钻塔画作时想到的,就是在比斯坎湾海面以上约75英尺的地方建造一系列平台,以重型支架为支撑,在每一座平台上建起高楼大厦,每座楼房之间可通过渡船往来。那天晚上我们待在漆黑的停车场里时,博尔赫斯说道,"我们为什么不能做类似的事情呢?的确,我们有很多问题,这样的工程也确实需要十分激进的想法。但我认为,这是一个激动人心的时代。迈阿密最大的优势之一在于,它仍然是一座新城市,还在成长,还在形成自己的特色,这里有太多的能量、资金和创造力。我们所需要的,就是以一种新的方式将它们都运用起来。"

* * *

　　像世界上的其他城市一样,迈阿密还有一个希望:如果海面上升速率足够慢,就能够逐渐转变政界人士先前的否定态度,并激发出他们的创新和创造性思维，那么整个危机将是可控的。比如不愿在高海面风险下生活的人们可以搬到丹佛去，而愿意尝试平台城市、愿意体验与水为友的新颖生活方式的人们则可以留下，他们将成为建在一个水世界里的新型城市的首批居民。

接下来的问题在于，海面上升也同时提高了其他方面的风险，比如突发性灾难。在迈阿密，人们最关切的问题是土耳其角核电站的潜在核灾难。该核电站就位于迈阿密以南比斯坎湾的边缘，完全暴露在飓风和海面上升的威胁之下。"再也找不出一个比土耳其角更糟糕的地方来建核电站了。"南迈阿密镇长菲利普·斯托达德（Philip Stoddard）公开批评道。

土耳其角核电站建成于 20 世纪 70 年代初，那时人们远没有认识到海面上升会是一个风险。但当时的确采取了预防措施来保护这座核电站免受飓风的袭击。最重要的是，核反应堆容器被抬升到海面之上 20 英尺高的地方[23]，比本区域所经历过的最大的风暴潮还要高数英尺。按照给核电站供电的佛罗里达电力照明公司的说法，风暴潮几乎没有机会给核反应堆造成影响。为了支撑这一说法，该公司发言人迈克尔·沃尔德伦（Michael Waldron）指出了一个事实，飓风"安德鲁"是五级强度的飓风，1992 年它直接从核电站的上方经过，但没有造成什么破坏。"安全是我们考虑的首要问题。"沃尔德伦在给我发送的一封电子邮件里写道。

但斯托达德和其他批评这座核电站的人对此并不认同。一方面，虽然这座核电站经受过飓风的考验，但当时最大的风暴潮为 17 英尺，而且并未正面袭击核电站，而是经过了其北面 10 英里的地方[24]。根据佛罗里达国际大学已故知名地质学家彼得·哈莱姆（Peter Harlem）所说，核电站本身只经历过约 3 英尺高的风暴潮，很难证明它具备承受暴风暴潮的能力。假如来一次"卡特里娜"级别的飓风，风暴增水

"再也找不出一个比土耳其角更糟糕的地方来建核电站了。"南迈阿密镇长斯托达德说道。（照片由 Shutterstock 图库提供）

达到 28 英尺，土耳其角的情况会怎么样呢？

斯托达德也指出，虽然核反应堆本身被抬到了高处，但其他一些设备却没有被抬高。他说，"2011 年我去参观了这座核电站，虽然它的抗风能力给人以极深的印象，但是对海水的抵抗能力还是较弱的，这一点即使是我也能看出来。"斯托达德注意到，有些辅助装备没有放置在足够高的地方。最让他惊讶的是一部应急柴油发电机的位置，这部发电机至关重要，因为当核电站断电时，需要用它来确保冷却水的循环（2011 年日本福岛核电站的核反应堆在海啸袭击之后熔毁，就是四层供电系统故障导致的）。斯托达德说，"该发电机被置于海面之上 15英尺的地方，安装在一个有敞开式散热孔的容器里。假如水涨到这里，就很容易灌进去。假如被水淹没，这部发电机还能正常工作吗？"

另一个问题是，土耳其角核电站使用一个冷却水道系统来散热。这些水道通向周边的海滨沼泽，它们只在海面以上 2 英尺的位置，除了难以抵抗风暴潮的袭击之外，冷却水道本身也会造成海湾污染。2014 年，行业监管机构发现这条泄漏的水道正在将地下的咸水向内陆推送[25]，威胁饮用水的安全供应，而含有放射性同位素氚的泄露水体，则流入了比斯坎国家公园（Biscayne National Park）生态脆弱的水域。

但在所有问题中，最大的问题是，洪水淹没范围地图显示[26]，海面只要上升 1 英尺，核电站的冷却池就会进水；海面上升 2 英尺，冷却池就会完全淹没于水下；海面上升 3 英尺，土耳其角就会与陆地隔开，要去那里的话只能通过船或飞机。海面上升得越高，这个地方就会被淹没得越深。

根据美国忧思科学家联盟（Union of Concerned Scientists）核安全项目负责人、核电工程师戴夫·洛赫鲍姆（Dave Lochbaum）的意见，土耳其角的情况显示了我们估算核电风险方式的落后性。美国核管理委员会（Nuclear Regulatory Commission）是督查美国核电站安全性的机构，他们要求核电站负责人关注以前发生过的自然灾害，如风暴和地震。"然而他们没有提到未来的灾害，如海面上升和风暴潮增加。"洛赫鲍姆说道。福岛海啸发生后，审查核安全规范的任务组建议核管理委员会将未来的事件纳入考虑范围内，然而到目前为止，委员会还没有接受建议。

佛罗里达电力照明公司仍然坚持说核电站十分安全。当我询问该核电站免受海面上升影响的保护计划细节时，公司的公共事务发言人解释得非常不清楚。他们告诉我，核电站目前的设计能适应海面上升，但上升到多少是极限？6 英寸还是 6 英尺？他们没有提。另外，他们并不想透露保护或者重新设计冷却水道的计划。他们只是保证，"所有密切关系到核电站安全的设备和部件都是有防洪保护的，能够应对海面上升 22 英尺所带来的风险。"然而当我要求去该核电站亲眼看一看的时候，他们没有同意。

后来我就离开了。尽管他们不让我参观内部的情况，但我还是清晰地看到了已有 40 年历史之久的 2 个核反应堆暴露在海面上升影响区域，而数百万人就居住在附近只有几英里远的地方。这是我见过的最疯狂的现代生活情景。

佛罗里达电力照明公司认为，土耳其角是建核电站的理想场所，所以他们提出一个价值 200 亿美元的计划[27]，再建 2 个核反应堆。考虑到核电站的使用寿命至少到 2085 年，南佛罗里达州的人们将会一直生活在头顶上笼罩着放射性云的威胁之中。2016 年年末，经过 7 年的环境调查[28]，联邦监管部门批准了这项计划，批准书说，2 个新的核反应堆基本上不会对环境产生什么影响。但报告中没有提到海面上升的相关问题。

第 12 章

后会有期在何时

10 年前，一群优秀的科学家、经济学家和政府官员汇聚在科罗拉多州阿斯彭（Aspen）附近的斯诺马斯（Snowmass）滑雪胜地[1]，思考世界的终点。为期一周的研讨会是在 14 000 英尺高的山峰背光处的一间小屋里进行的，由能源模拟论坛（Energy Modeling Forum）组织，该论坛隶属于斯坦福大学，汇集了学术和行业领导者。此前几个月，能源模拟论坛负责人、斯坦福大学教授约翰·韦安特（John Weyant）要求与会者想象一个噩梦般的情境：大约在 10 年之后，气候变化的影响加剧。格陵兰岛和南极大陆西部冰盖的融化速度呈指数式增加。预计到 2070 年，海面会大幅度上升。南佛罗里达州消失了，纽约变成了一个水族馆，而伦敦看上去就像现在的威尼斯。光是孟加拉一个国家，就有 4 000 万人被迫搬迁。

韦安特问道，"如何才能做到既能立刻停止二氧化碳排放，又不会对全球经济造成重创呢？"

在斯诺马斯的研讨会上，大家都非常明白，立刻停止温室气体的排放，仅靠投资风电机是不够的。太平洋西北国家实验室（Pacific

Northwest National Laboratory）首席科学家贾·埃德蒙兹（Jae Edmonds）在他的展示环节中提出，大规模削减碳排放又不重创经济的一种方法，是收集并掩埋从发电厂排出的二氧化碳，并用基因工程生产的生物燃料来取代煤炭和石油。如果被用作燃料来源的作物在生长的时候能够吸收足够多的二氧化碳，那么就可能创造负排放。然而，要想实现这一方法，就必须大规模扩张农业，彻底改变世界能源供给基础设施，还要有大胆的政治领导人以及数万亿美元的资金。

接下来，洛厄尔·伍德（Lowell Wood）登上了讲台。他 65 岁，身材魁梧，壮硕得像一座导弹发射架，留着一嘴红胡子，淡蓝色的眼睛炯炯有神。在学术圈里，伍德是一个暗星一般的人物，他是氢弹发明者以及里根时代星球大战导弹防御系统的设计师爱德华·泰勒（Edward Teller）的门生。作为物理学家，他在劳伦斯利弗莫尔国家实验室（Lawrence Livermore National Laboratory）工作了 40 多年，长久以来他一直是国防部顶尖武器专家之一，是威胁评估和武器研制的权威人士。他捍卫边缘科学，如 X 射线激光、冷融合反应堆，并加入了隶属斯坦福大学的右翼人士组成的智库——胡佛研究所（Hoover Institution）。关于他的名声，与会者人人皆知。对某些人来说，他是一位打破常规的卓越思想家；而对另一些人而言，他则是与大科学背离正道的化身。

伍德打开电脑，屏幕上出现了第一张幻灯片，他开始切入主题：假如关于如何处理全球变暖的常规想法都是错误的，应该怎么办？假如能够有一种终极方式，绕过碳交易机制、国际协定和政治僵局，但实际上能解决问题的话，会怎么样？假如启动资金并非万亿美元量级，而是每年 1 亿美元，比投资一座规模适中的风电发电厂还低，又会怎么样？

伍德的提议在技术上没有什么复杂之处。它是基于大气科学家已经证明的一个理念，即火山喷发改变气候的时间尺度可以达到数月。

因为喷发时注入空中的细小颗粒物起到了微型反射器的作用，能遮住阳光，使地球冷却。那么为何不能应用相同的原理来拯救冰盖呢？把颗粒物释放到平流层并不困难，只要焚烧硫酸盐就可以了，然后用几架高空喷气式飞机把这些颗粒物喷撒出去。几个月后，这些颗粒物会从空中落下，因此必须持续地补充。伍德说，这些颗粒物肉眼是不可见的，它们对环境也无害。如果喷撒的颗粒数量合适，不仅可以稳定格陵兰岛的冰盖，而且还可能使其继续增长。其成效将非常显著，假设明天在平流层释放颗粒，几个月之后就能在冰盖上看到变化了。此外，如果这个办法在北极可行，那么就可以把项目范围扩大到全球其他地区。总之，可以创造一个全球性的恒温器，人们可以根据自己的需求（或者北极熊的需求）去调节温度。

与会者对伍德的提议做出了又快又激烈的反应。在场的一些科学家，包括来自都柏林的经济与社会研究所（Economic and Social Research Institute）的气候模拟专家理查德·托尔（Richard Tol）认为伍德的想法值得进一步研究。然而，另一些人对这位武器专家违背科学的、冒险的、傲慢自大的提议感到愤怒。其中一位科学家争辩说，地球气候是一个混沌系统，将颗粒物注入平流层可能产生无法预料的后果，例如臭氧层空洞扩大，而我们也许只有在破坏发生之后才能发现。如果这些颗粒物影响云的形成，导致欧洲干旱，该怎么办？来自耶鲁大学的经济学家比尔·诺德豪斯（Bill Nordhaus）对这一提议的政治影响表示担忧：这不是明显地在鼓励使用更多化石燃料吗？就像给海洛因成瘾者使用美沙酮一样。此外，如果人们相信已经有了一个解决办法应对全球变暖，并不需要他们做出艰难的抉择，那么我们提议人们改变生活方式，减少碳排放，还有什么意义呢？

韦安特对伍德的发言引起的“感情用事、宗教式”的争论感到惊讶，于是立刻终止了讨论，以免演变成一场口水仗。但伍德对于争吵感到高兴，"是的，讨论非常激烈。"研讨会结束后，我与他在硅谷的一家墨西哥餐馆吃午饭时，他对我夸耀道："没想到有那么多人对我说，'为什么以前我们没听到这些？为什么我们现在没有这么做？'"

接着伍德坏坏地笑了，"我觉得他们中的一些人已经准备好要跨越黑暗了。"

*   *   *

我们现在生活在技术快速发展的时代，每年都会出新的苹果手机、机器人能做外科手术、电脑能操纵波音 757、科学家正在解开 DNA 之谜，并解析出人脑的电路图。对技术感到乐观的人，比如雷·库日韦尔（Ray Kurzweil），公开谈论永生，埃隆·马斯克（Elon Musk）渴望在不久的将来创造出"多星球文明"[2]。因此，像海面上升这样缓慢发展的问题也自然会有一个技术性的解决方法。我们每年释放数十亿吨的温室气体，一直在改变地球的控制系统。我们的方法错了，为什么不能改正过来呢？为什么不为地球造一个恒温器？

10 年前伍德在阿斯彭做报告的时候，很少有人听说过地球工程的概念，而现在这一概念已经成了气候和能源领域一个公开争论的话题。主流科学家谨慎地承认，地球工程的确有可能成为我们应对未来气候变化的一件重要工具。正如 IPCC 最近的一次报告所得出的结论，"模型始终如一地表明，与一个温室气体浓度提高而又没有太阳能地球工程的世界相比，太阳能地球工程能广泛地减少气候差异。"另一些科学家，包括英国皇家学会（United Kingdom's Royal Society）和美国国家科学院的科学家在内，支持进一步的研究。环境组织，例如美国环保协会（Environmental Defense Fund）和自然资源保护协会（Natural Resources Defense Council），也持相同的态度。在奥巴马总统第二个任期快结束时，白宫甚至建议联邦支出经费来组织研究项目[3]，以便更好地了解地球工程的风险和效益（可惜的是，后来并没有实际的动作）。但正如人们越来越意识到需要进一步研究一样，人们也越来越意识到研究带来的潜在麻烦。2017 年在瑞士达沃斯举行的世界经济论坛上[4]，地球工程又被视为世界面临的顶级风险之一。

伍德在 10 年前所说的，到了今天仍然是对的。当人们思考应对海面上升问题的大型技术手段时，在大气中喷撒颗粒物来反射阳光是在全球范围内唯一可能停止或减缓海面上升的解决方法。而其他的想法或许会成为引起争端的思维实验，比如将数十亿吨的海水抽到南极洲任其结冰[5]，从而使海面下降，或者在西伯利亚重新创造出一个冰期的地貌（配上基因处理的猛兽，可以是一种介于大象和长毛象之间的动物），来帮助阳光反射，保持住冻原的冰冻状态。但很少有科学家将其当真。

伍德对于全面实施地球工程计划所需的成本有点过于乐观了。哈佛大学教授戴维·凯斯（David Keith）对设计和执行地球工程计划有过深入的思考，他估计所需的费用并非每年 1 亿美元，而是每年 20 亿美元[6]。这个数字听起来也许比较大，但要知道，全球对于化石燃料工业的补贴是它的 1 000 倍[7]（每年 1 万亿美元）*。

伍德作为一个沉迷科技的人，在阿斯彭的研讨会上也低估了地球工程的风险。虽然在阳光到达地球之前就反射掉一部分，能够降低冰盖表层的融化速率，但需要花很长时间才会对海洋变暖产生影响，而海洋变暖是南极洲西部大冰川面临的最紧迫的威胁。地球工程对于降低海洋酸化也没有什么作用，海洋酸化是由大气中高水平的二氧化碳浓度引发的，已经损害了珊瑚礁，威胁着海洋的食物链。地球工程还

---

　* 1 万亿不论是相对 1 亿还是 20 亿都不是 1 000 倍，原文可能计算有误。——译者注

会给臭氧层带来风险，更不用说当这些颗粒慢慢地从大气中沉降下来的时候，会被人们吸进体内（如今每年约有 650 万人由于大气污染而过早死亡[8]。据凯斯估计[9]，全面推进地球工程计划可能会导致每年再有数千人死亡，但另一方面，又会有成千上万人因为高温暴晒减少而被拯救回来）。最后，伍德指出，一旦我们开始把颗粒喷撒到平流层当中，就必须坚持数十年，否则会面临突然变暖的风险，这实际是创造了一把气候版的达摩克利斯之剑，时刻悬在我们头上。

地球工程同时也增加了政府管理的复杂性。地球恒温器由谁来控制？即便不是科幻作家也能明白，地球工程或地球工程的隐患将导致冲突甚至气候大战。

当然，如果在 30 年前科学家们首次发出警告时，全世界就认真地开展减少温室气体排放的工作，那么今天也就没有人会把地球工程作为海面上升（或其他任何事情）的一个解决办法。我们需要弄清楚一点：光明会（Illuminati）* 目前没有把颗粒物释放到大气中，也没有任何大型的现实研究计划，尽管有些阴谋论者是这么认为的。我们已知的有关地球工程的信息，大部分来自计算机模型以及少数适度的室内实验。为了更好地了解颗粒物在平流层中的反应，凯斯和他哈佛大学的同事提出，可以通过热气球在新墨西哥州（New Mexico）的上空释放少量冰粒。评论家们已经把凯斯等人的温和实验看成是创造出一颗弗兰肯斯坦行星的第一步，不难想象，未来肯定会引发一场有关地球工程道德问题的大争论。

地球工程面临的现实是，它是一个解决非常复杂的难题的科技手段，但又简单得极具诱惑力。它不需要我们改变日常生活方式，不需要增加能源开支，也不需要放弃越野车而改用滑板。它只要求人们认

---

* 光明会是美国国内各种自称获得上帝特别光照启示的基督教神秘主义派别的总称。——译者注

同每个星期用几架飞机飞到平流层去喷撒一些颗粒物的想法，并同意让一部分人为全人类管理气候。

这正是地球工程危险的原因。地球工程并不相信解决气候变化的个别行动，而是把信任寄托在技术的魔力上。正如以色列历史学家、《未来简史》（*Homo Deus*）的作者尤瓦尔·赫拉利（Yuval Noah Harari）在一封电子邮件里所写的，"政府、企业、公民之所以允许他们自己采取一种非常不负责任的方式，是因为他们认为到了危急关头，科学家们一定会有所发明，以此来解决问题。"

当我看着莱文镇长欢迎人们前来参加名人荟萃的迈阿密滩 100 周年庆典时，就在思考这一问题。庆典在迈阿密滩的一个舞台上举办。莱文是个聪明人，他毫不犹豫地向那些认为等到迈阿密滩 200 年庆典时只能穿着潜水服来参加的人喊话，"我相信人类的创造力，"他对着人群说道，"如果在三四十年前，我告诉你，人们未来能用一个放在口袋里的电话给世界各地的朋友发信息，你会觉得我的脑子出了问题。而从现在开始再过三四十年，我们将会有今天无法想象的创造性的解决办法来回击海面上升。"

我来翻译一下：伙计们，继续开派对吧，未来的事情未来自然会得到解决的。

* 　 * 　 *

然而未来并不会自己去解决问题。未来是由我们昨天所做的和明天将要实施的决策去塑造的。对于居住在海滨城市的人们而言，应对海面上升需要做出许多艰难的选择，比如：在哪些社区投资新的基础设施？在哪里建造海堤？哪些历史建筑要保护？哪些可以放弃？智慧城市将会发展总体规划，阐述长期战略远景，修改分区方案，将税收用于开发地势更高的地方。但这些仅仅是个开端。"你只能拯救一定数量的灯塔。"马里兰州安纳波利斯历史遗产保护负责人莉萨·克雷格（Lisa Craig）告诉我。

居住在脆弱海岸带的人们将要面对的所有决定里，最困难的一个是撤退。如果站在海滩上看见潮水很快涌上来，人们最终只能选择撤退。1 000 年前卡卢萨人在佛罗里达州的海岸就是这么做的，这也是曾经生活在现在这片已经被淹没于北海之下的土地上的猎拾者 1 万年前所做的事。然而，我们现代人类已经在海岸边用掉了如此多的水泥，铺设了那么多的柏油马路，架设了无数的钢管，这个时候要我们马上卷铺盖搬到高处去，是很难下决心的。

在许多方面，向内陆撤退是和地球工程相对立的，后者依靠科学家来替我们解决问题，而前者是个人的行为，包括考虑周到的行动计划和改变生活的意愿。最重要的是，这意味着我们放弃与水的斗争，承认大自然赢得了胜利。这是许多人不愿意接受的。从严格的操作层面上看，撤退需要城市和州一级的官员们主动降低计税基数，需要政界人士主动放弃权力，谁愿意这么做呢？

分析一下新泽西州汤姆斯河（Toms River）镇的案例。这个镇有 9.2 万人居住在曼哈顿以南 75 英里长的海岸线上。直到 20 世纪 50 年代，这里一直是个安静的乡村，以生产鸡蛋闻名，农户会把商品用船运到纽约去出售。后来，这里建起了生产染料的化工厂。几十年下来，人口数量大增，再往后工厂在技术创新和全球竞争中败下阵来，纷纷倒闭，留下了一大批因从事有毒产业而罹患癌症的病人[10]，还有严重污染的土地以及许多分布在巴尼加特湾（Barnegat Bay）岸线的廉价房屋。

从某种意义上说，汤姆斯河镇就像是迈阿密的工人阶级版本。镇中心位于海岸线附近，但这座城镇的灵魂则在海湾另一边的海滩上，那里是一个面朝大西洋的细长砂岛。就像迈阿密滩一样，汤姆斯河镇非常依赖海滩旅游业。此外，这个镇的环境也特别脆弱，不仅从海洋方面看如此，从海湾方面看也是如此，许多房屋就建在水上。汤姆斯河镇已经是泽西海岸洪水发生频率最高的地方之一了。随着海面上升，洪涝只会变得更严重。根据区域规划协会（Regional Plan Association）的一份报告[11]，该协会由纽约地区一群有影响力的业界领导人和大学研究者组成，海面上升 1 英尺，将会淹没巴尼加特湾周边 3 000 名居民的住宅；假如上升 3 英尺，那么将会有 23 000 人的房子被淹没。报告下结论说，"当海面上升 6 英尺的时候，泽西海岸的海滩、人行步道、购物中心和游乐园都会被淹没，从而影响新泽西州的旅游经济。"

飓风"桑迪"来临的时候，汤姆斯河镇遭受了重创。风暴潮达到了 9 英尺[12]，镇上的主要区域被淹没，1 万座房屋被损毁[13]。堡岛边缘的奥特利海滩（Ortley Beach）上的 2 600 座房屋只剩下了 60 座[14]，其余都被损毁了。堡岛内侧以及沿着海湾岸线分布的房屋未受到风暴潮的直接破坏，但仍然被涌入海湾的海水所淹没。然而令人惊奇的是，汤姆斯河镇没有人因此死亡。邻近的小镇锡赛德（Seaside）上淹入水中的过山车成为这场自然灾害的一幅象征性图景。

灾害过后，人们非常关心如何降低未来洪水的风险。罗格斯大学的一些科学家和研究者花了一年的时间，与当地官员和居民讨论并制定出一项规划。按照一份文件的说法[15]，要"帮助堡岛上的社区摆脱过分依赖海滩的状况，努力发展更加细致的、多样化的、可持续的海岸生活方式"。罗格斯大学的研究小组想要设计一道内陆的"栈桥"或通道，使得海岸线能够与附近的松林荒原（Pine Barrens）相连。松林荒原是一片树木稠密的森林区域，拥有独特的海岸生态系统（包括兰科植物和食肉植物），因此这条通道的建设将使当地人和野生动物的活动变得更加便利。他们设想在海滩和内陆区域间开通缆车和水上巴士，建立更加适应海面上升的运输系统。他们同时又设想，随着海面上升，海滩旅游将让位给更有可持续性、更有广阔空间的生态旅游，包括在松林荒原徒步、骑自行车和观鸟。这份规划还包含建在高地上的 5 000个新的住房单元，以便居民们能够逐渐脱离海岸线。总而言之，这是一个大胆的构想，会花费大量的时间和资金，还要有政治力量的支撑才能实现。但从另一方面看，这个计划有可能让城市在未来海面上升和风暴加剧的世界里继续繁荣。

　　与此构想不同的是，汤姆斯河镇的重建，是要基本修复原样。大部分重建的房屋抬升了几英尺，一些关键性的基础设施如电站挪动了位置。此外，陆军工程兵团同意花费 1.5 亿美元来建设一道加固的人工沙丘[16]，沿着堡岛面向大西洋的一侧延伸，包括汤姆斯河镇前面的那一段在内，有几英里长。自从 20 世纪 60 年代以来，陆军工程兵团就一直在建此类"加固的"人工沙丘。它们能暂时抵挡风暴潮，但需要不断重建。对于陆军工程兵团而言，这也许是一件好事，因为给了他们申请更多联邦预算资金的理由。但从长远来看，这些人工沙丘也只是海滩上的沙堡。如果海面继续上升，加固的人工沙丘并不能对巴尼加特湾的居民住宅起到保护作用，这就是人工沙丘真正的风险所在。的确，部分富裕的居民已经把他们的家垫高了，但总的来说，飓风"桑迪"过去 5 年了，但汤姆斯河镇在应对未来海面上升方面却并没有比风暴来临前做得更好。

　　为什么呢？最简单的解释是，汤姆斯河镇的人们喜欢居住在原来的地方，不想做任何改变。一位常住居民告诉我："这个地方很独特，是美国最好的一座小镇。我十分喜欢它现在的样子。"那么海面上升呢？我采访过的多数人对恐怖分子的担忧程度远高于海面上升。汤姆斯河镇镇长是汤姆·凯拉赫（Tom Kelaher），83 岁，是一位已连任三届的共和党人，当我问他关于气候变化有何看法时，他说："我认为气候是在变化，但是否由人类活动引起，我没法告诉你。"而当我问他汤姆斯河镇大多数的居民是否也这么认为时,他回答:"我不知道,我们不太谈论这一话题。"我猜测,关于气候变化,凯拉赫镇长也许有更明朗的观点(几年前他曾加入了一个代表团去挪威了解过气候科学),只是他不想过多阐述,因为他知道公开谈论这个话题是危险的。毕竟,汤姆斯河镇在2016年的总统选举当中多数人是支持特朗普的。像其他人一样,凯拉赫也知道,如果你认为气候变化是一个严重的问题,那你就不会投票给特朗普了。

新泽西州的汤姆斯河镇,飓风"桑迪"所造成的破坏(上图)和灾后重建的情形(下图)。[照片由克里斯托弗·拉亚(Christopher J. Raia)/汤姆斯河镇警察局提供]

　　但这不仅仅是意识形态的问题，还是钱的问题。汤姆斯河镇有大约价值 20 亿的可征税房产在风暴中被摧毁，使得城市的年度预算少了 1 800 万美元[17]。对于汤姆斯河镇这样靠低税收维持繁荣的地方，税收的进一步减少就成了危机。凯拉赫镇长等人相信，如果提高税收，这里的居民就会逃离，而如果不提高税收，那么镇政府的服务就不得不削减。

　　后来，汤姆斯河镇被迫稍微提高了一点税收。他们主要通过鼓励人们再建更大的房屋来增加税收基数。在某些情况下，提高建筑标准、改变分区规则[18]，只能促使人们搬离风险区域，因此，部分城市会放宽政策。新泽西州的官员们做了一些工作，以确保联邦应急管理署在泛洪区的划定上不会做出大的改变[19]。我向镇长询问洪水保险率在飓风"桑迪"过后是否提高了，他说道，"不完全。"

　　美国的赈灾工作就是这样。有很多刺激重建的措施，但很少有措施鼓励进行不同形式的重建，关于沿海城镇长远未来的反思就更少了。反正不用汤姆斯河镇上的人们出钱，所以他们也就没有改变固有思维方式的动力。到 2016 年年底，新泽西州已经花了 46 亿美元来修复飓风"桑迪"造成的破坏[20]，而其中 95% 来自联邦政府。实际上，堪萨斯州（Kansas）、华盛顿州和艾奥瓦州（Iowa）的人们可能从未见过新泽西州的海滩，但他们却要为重建工作支付费用。在汤姆斯河镇，飓风损坏了约 4 000 座房屋，美国纳税人通过联邦修复基金垫付了约 3 亿美元用于灾后重建[21]。此外，过去 5 年里，州政府还额外提供了 3 000 万美元的资助[22]，仅用于填平房地产税收减少所造成的亏空。

　　考虑到与汤姆斯河镇类似的城镇在未来所要面临的风险，人们不由得会想：现状还能持续多久？当海面上升、洪水事件变得越来越频繁，造成的破坏和费用不断增加，越来越多的城镇会像新泽西州的官员一样乞求帮助：如果不帮我们摆脱困境，这个镇就完了。"问题在于，没有从灾后重建中受益的纳税人什么时候会醒悟过来并拒绝支付这笔钱？"乔治敦大学环境法和政策研究所（Environmental Law and Policy Institute at Georgetown University）所长彼得·伯恩（Peter Byrne）说道，"让全社会为海滩旁的房产买单应该有一个时间限度。我们所有人都知道，这些房产终将被海水淹没。"

在一次前往汤姆斯河镇的时候，我与凯拉赫镇长沿着海滩边的木板人行道走了一段路。就在几天前，一场东北风暴袭击了镇上刚建起来的一个临时性的人工沙丘，他们当时正在等待陆军工程兵团前来加固。凯拉赫和我交谈的时候，几辆翻斗车在我们身旁排成一行，把沙子运到岸边去保护海滩前沿的房屋，以防下一次风暴的冲击。凯拉赫告诉我，每运送 2 000 车的沙，镇上大约要支付 100 万美元。"但是除此之外，我们还能做什么呢？面对大风暴，我们肯定要有一些保护措施。"他站在人行道上对我说。绿色的针织领带在冬天的冷风中飘动。

他指着海滩上排列整齐的房屋说："人们喜欢这个地方，"语气中明显带着自豪，"他们每年夏天都带着家人过来，已经连续来好几年了，他们离不开这里了。"

"你认为海面上升对这个镇来说是一个风险吗？"我问道。

"我想是的，但我有生之年看不到了。"

我委婉地指出，他 83 岁了，所以这么说并不过分，听到这里他笑了起来。

"如果你告诉这里的人们，即使有人工沙丘保护，未来的几十年里被洪水淹没的风险也会越来越高，而没有做好准备的人或许应该把房屋卖掉搬到高处去，他们会有什么反应呢？"

凯拉赫看着我，仿佛我说的话不太正常。"如果我挨家挨户去告诉人们这件事情，恐怕我就没法活着离开了。对他们来说，不能够继续在这里生活，那简直是一场经济和情感上的大灾难。"

＊　＊　＊

在一个海面快速上升的世界里，应当鼓励人们离开可能遭受损害的地方，原因很简单：既能节省金钱，也能拯救生命。但对于选举上任的官员们来说，不鼓励人们离开的原因也非常简单：如果你要求为你投票的人做困难又费时的事，或者更糟糕的事，而做这些事会花他们的钱，那就没人投你票了，甚至还会被起诉。

谈到新发展，许多城市都采取了鼓励措施，鼓励人们在地势高的地方建房。最简单的措施是设定分区规则和限制，规定住房与水边的最大距离。包括迈阿密在内的一些城市正在考虑向开发商收取开发影响费，尤其是当他们计划在地势低洼地区建房时，然后用这笔费用来资助清洁能源和气候适应项目。

但最困难的问题不在于新开发，而是在于如何处理已经建成的区域。税收激励和其他规定能够鼓励人们搬离，但其效果是缓慢而不确定的。提高洪水保险费能直接地让人们感受到生活在风险地方所付出的真实代价，对人们搬离此地能够起到一点作用。但是，让人们搬出地势低洼地区最简单的方式，是付钱让他们搬迁。州政府可以利用政府对私有财产的征用权迫使人们交出房产，但这种措施带有强烈的专制意味，会招致敌视，还会导致激烈的法庭辩论。而自愿的收购则能避免这些麻烦。一般来说，州政府或联邦政府会按照市场价收购居民的住宅，让他们搬走。对于居住在风险地区的人们，也许他们的住宅市场价值不高，但这种政策对他们具有很强的吸引力。纽约州曾出资2.4 亿美元买下了 610 套房产[23]，多数在斯塔滕岛上，这里在 2012 年遭受了飓风"桑迪"的严重袭击。2016 年，美国政府花费 4 800 万美元给 23 户家庭重新安置了住处[24]，他们原本生活在路易斯安那州的让·查尔斯岛（Isle de Jean Charles），但洪水使该岛损失了98%的土地。当水位上升、洪水风险增加的时候，政府官员和民间领袖的压力也会越来越大，促使他们寻找让人们迁出危险地带的方法。

可是，作为一项长期策略，这种做法还是存在一些问题。首先，只有整个区域的住户一致同意搬出，才能达到最好的效果。如果有不愿意搬出的钉子户，城镇就不得不在税收大幅缩减的情况下继续提供城市服务（垃圾收集、供水、排污、道路维护、清扫积雪、路灯、警察、消防等）。这样一来，搬迁地区就不能顺利回归自然状态，而这本来是动员搬迁的目的之一。

其次是经费问题。在路易斯安那州安置23户家庭是一回事，把整个城镇都搬迁出去就完全是另外一回事了。买下汤姆斯河镇被飓风"桑迪"损坏的4 000座房屋并让人们搬走，差不多需要10亿美元。根据2017年路易斯安那州的沿海总体规划[25]，未来50年将有24 000座房屋受到洪灾影响（这还是假定该州将会花费数几十亿美元来改建海堤以及其他防洪设施情况下的数据）。经粗略的计算，完成搬迁需要花费的资金总额是60亿美元。

第3个问题是，由谁来决定哪些房屋应该收购，哪些房屋应该任其被洪水淹没？ 2015年，阿拉斯加州政府官员向美国住房和城市发展部申请从联邦基金中拨出6 200万美元来帮助纽托克（Newtok）村的350位居民[26]，这个村子位于安克雷奇以西约500英里的地方，海岸侵蚀十分严重，居民们要被安置到9英里外的内陆高地。2015年奥巴马总统视察该州的时候，曾坦率地说到海面上升的危险。但是后来住房和城市发展部为让·查尔斯岛提供了重新安置的资金，却没有拨款给纽托克村。这是什么原因呢？住房和城市发展部官员向"彭博视点"（Broomberg View）的作者克里斯托弗·弗拉维尔（Christopher Flavelle）含混地解释说[27]，这涉及让·查尔斯岛对于地方和州政府基金的"杠杆作用"。弗拉维尔认为住房和城市发展部的决策过程是一个"在气候适应资助方面完全不近情理的官僚化"的典型事例。

据我在汤姆斯河镇所见,任何安置策略都需要克服的最大问题就是,人们喜欢他们的家,不愿意搬走。即便是在荷兰那样公民非常认同政府有权力为降低洪涝风险而采取一切必要措施的国家,重新安置也困难重重。在荷兰最古老的城市奈梅亨(Nijmegen)[28],政府花费了约 5 亿美元来改造瓦尔河(Waal River)的部分河段,以降低河水冲过河堤淹没部分市区及周边农田的风险。为此,大约 50 户居民需要迁走。"这个任务不容易,"奈梅亨政府顾问马蒂厄·斯豪滕(Mathieu Schouten)对我说,"我们不得不给每一户钱,并在地势高的区域为他们安排一块新的地方。即便如此,还是有些人不愿意离开。谈判的难度很大,最长的一次谈判花了 11 年的时间。"

在斯塔滕岛,居住在奥克伍德海滩(Oakwood Beach)附近的 145 户居民联合起来[29],试图说服纽约州官员,在飓风"桑迪"摧毁了他们的住房后,政府应该帮助他们搬迁。当然即便如此,也有人不愿意搬走。2016 年我去的时候,看见许多老房子已经被推倒,不少地基已经长成了草坪,街道旁长满了芦苇(Phragmites australis),这是一种入侵植物,有 4 英尺高而且密集,看上去就像竖起了一道绿墙。野鸭也在街上到处游走。虽然还有一些被遗弃的房屋尚未被完全推倒,但我能够感觉到大自然回归的力量。看见这种住宅区又被自然改造回去的景象,我有一种荒凉怪异的感受,好像看见文明的车轮又往后转了。我看见有两三座房子里面还住着人,我在其中一户门前停下了脚步。这是一座白色的简易平房,门厅处有守护精灵像,略微显得拥挤。房屋的主人叫洛伊丝·凯利(Lois Kelley),快 60 岁了,面目和善。她告诉我,飓风"桑迪"刮来的时候,她独自在家,洪水冲进客厅,她只好站到了长沙发上。后来洪水上升到 5 英尺深。她亲眼看到椅子在黑色的水里漂浮，冰箱被冲走。"我在黑暗中度过了整个晚上，抱着我的猫随着沙发漂浮。"她对我说。在呼啸的大风中，她听见了邻居哭着求助的声音（她后来得知，街对面的那户人家有一对父子被淹死在地下室了）。第二天洪水退去。她又湿又冷，但没有受伤。她给猫喂了食，叫人来修复受潮的房屋（洪水保险包含了所有费用），又开始继续生活了。差不多一年以后，当镇上的官员敲响她家的门，表示愿意按照市场价收购她的房屋时，她拒绝了，"这是我的家，我为什么要搬走？"她告诉我说。

＊　＊　＊

如果纯粹考虑经济因素的话，花费30亿～40亿美元在曼哈顿下城建造一座海堤，还是可以理解的。但如果要花费同样的钱来拯救布朗克斯区（Bronx）的亨茨波因特（Hunts Point），理由就不好找了。除了简单的成本收益分析以外，决定保护什么，不保护什么还要考虑其他因素（如种族、历史价值和政治影响等），但更重要的一点非常明显：并非每一个人都会被救助。富人们自然会自己想办法解决，要么搬家、要么抬高地势、要么建造海堤，甚至可以在房屋被海水冲垮时直接放弃。但对于居住在海边的绝大多数人而言，当他们某一天醒来，意识到州政府或者联邦政府并没有钱，也没有政治意愿来营救他们时，那会感到多么难受。

在美国，如果有人拥有海滩旁的房产，那么他们就有权居住在那里，直到土地被淹没在海底为止。根据普通法[30]，淹入海底的土地就成为公益信托的一部分。但除此之外，法律问题会变得更加复杂。人们有没有权利在自己的房产旁建一座海堤？哪怕海堤会导致邻居的房屋被洪水淹没。如果房产的一半被淹在水里，人们是不是只要支付一半的房产税？如果居住在一个地势高的地方，而周边地势低的房子已经被淹了，房主是否仍然有权利期待基本的政府服务，包括消防和警察？

在许多类似的方面，法律规定都是含糊不清的。但在佛罗里达州的萨默黑文（Summer Haven）[31]，一块位于圣约翰斯县（St. Johns County）圣奥古斯丁南面的世袭飞地，人们可以看到法律规定运行的一个版本。直到20世纪20年代，这个地方还没有公路，人们只能从圣奥古斯丁乘船或者沿着海滩的道路驾车而来。州里最终沿着海岸修了一条路，称为"A1A州级公路"。路面最初是用砖铺的，但被冲垮几次之后，又用砾石和沥青重建了。萨默黑文一直是个闭塞的小地方，居民不足100人，但随着时间的变化，当地居民对公路越来越习惯了，公路成为他们回家最方便的通道。

在20世纪70年代，由于每一次风暴之后公路都会遭到破坏而需要重建，州里的官员们对此感到厌倦，于是把A1A公路的路线朝内陆方向移动了不少，到最后该公路只有通往县里长1.5英里的一段被保留了下来，当地人称为"老A1A"。老A1A基本上成了萨默黑文居民们连通外界的道路。2004年，这条路又一次被洪水冲毁[32]，于是县政府就面临一个选择：要么花费100万美元来修复，然后看着它再次被洪水冲垮；要么不予理会，任由这条道路被冲垮和消失。此前，圣约翰斯县已经花费了超过每年平均维持费用25倍的钱来保持这条道路畅通[33]，并维持其正常运行。

此外，海面上升正在让情况变得更加糟糕。于是，县政府决定利用联邦基金提供的95万美元修建一条6英尺宽的护道[34]，来保护公路免受海水的影响，但是护道也很快被冲毁了。

2008年，在经受了反复的风暴和洪水袭击之后，萨默黑文的65户居民联合起来控告县政府在维修道路上的失职[35]。他们认为，海面上

佛罗里达州萨默黑文沿着老 A1A 公路分布的房屋。（照片由圣约翰斯县公共工程处提供）

升、风暴潮加剧确实是道路变得脆弱的原因，但房产拥有者付了税，县政府拥有这条公路，维护道路自然就是县政府的职责。房主们说，县政府未能尽到这份责任，就侵犯了他们维持通往房产现有的公共通道的权利。因此，依据美国宪法第五修正案，县政府的行为构成了占有，修正案中的表述是，"没有合理的补偿，私有财产不得占为公用。"

　　这一争论极不寻常。在此之前，已经有多件产权人胜诉的案子，他们控诉工程的缺陷影响了他们房产的价值，地方、城市或联邦级别的官员们应为此负责。举个例子：飓风"卡特里娜"过后[36]，有些人争论道，陆军工程兵团的防洪堤设计水平太差，致使洪水损坏了他们的房屋。这些案子一直告到了美国联邦最高法院（US Supreme Court），而产权人最终打赢了官司。

　　但眼下这件案子不同，并不是政府的某些作为导致了房产的损坏。

但萨默黑文富裕的居民们认为，他们之所以受到了伤害，是因为政府只拿出了相当于本县其他道路单位长度维护费的 25 倍来处理本地道路，却没有付出更多行动。

县政府的人争辩道，作为地势低洼的海岸道路，老 A1A 公路遭受了风暴和海岸侵蚀等自然力的持续破坏。按照县政府官员们的说法，唯一保护道路免受海洋侵袭的可行办法是花费超过 1 300 万美元来抬升路面[37]，再用一道延伸到高潮线的沙堤来保护。此外，县里每过几年就要再多花 500 万～800 万美元进行维护，超过了整个县 800 英里公路的全部维修预算。假如还要继续维修这条道路的话，县政府就要破产了。

地方法院的判决有利于县政府，但房主们上诉到了地区法院[38]。地区法院推翻了初审法庭的判决，转过来支持房主。裁决县政府有义务修复和合理维护老 A1A 公路，确保公路通畅。然而更值得注意的是，地区法院主张，"按照积极负责并采取行动的原则，地方政府的不作为可以成为反向征收的理由。"这个案件在佛罗里达州开创了一个先例，政府不作为可能会成为原告按照宪法指控的依据。

2014 年，县政府和房主们拟定了解决办法，县政府同意努力保持、保护并保养这条公路。但法庭支持房主们索赔的决定仍然成立。对于任何想知道海面上升对城镇经济影响的人来说，这个案子定下了一个令人不安的基调。正如佛罗里达海洋基金会（以大学为主，与州政府和地方政府建立合作关系的组织）海岸规划专家、律师鲁珀特在分析这项法院决定时所说，"如果一个法庭决定地方政府必须保持一定的服务水准来排出洪水，而不是维护现存的基础设施本身，就会迫使地方政府面临两难的抉择：或者不现实地花费巨额资金来保证每个人的房产免于水淹，或者面临法律诉讼的风险。"

更直截了当地说，这意味着只要相关的道路或桥梁被洪水冲毁，佛罗里达州的房产拥有者们都可以援引第五修正案来起诉地方政府，而且起诉的原因不是道路设计得不好，而是道路修建之初工程师们没有预料到海面上升。"居民可以告诉地方官员，'我们认为政府应该重修大桥，桥面要比原来的高出 20 英尺。如果做不到，那我们就去告政府，我们应该获得赔偿。'"乔治敦大学的伯恩说道，"判决的后果是，这样的心态正在传播到其他各州。"这也同时意味着，富裕的、有政治关系的房主们将能够决定地方政府如何花钱、在哪里花钱。然而，也将导致那些无法应用法律手段威胁政府的穷困居民们越来越分不到钱。

"随着海面上升，地方政府可能会因为要维护道路、桥梁以及其他基础设施而难以运行下去，"鲁珀特说道，"事情就是这么简单，像这样的法律判决，只会让那样的日子来得更快，因为他们剥夺了地方政府酌情决定如何利用很有限的资金来更好地服务公民的权利。"而一旦城镇政府的职能减弱，鲁珀特说他仿佛看到了未来海岸边出现的割裂场景：被水包围的贫民窟和飞地同时存在。一边是生活在政府管辖范围之外的穷人，另一边是生活在海上堡垒里的超级富豪，进出都用船或者直升机。"我承认，那就像是世界末日，"他说道，"麻烦的是，我们确实正在朝着那个方向发展，除非我们能够在危机到来之前学会如何适应新情况，做出艰难且痛苦的抉择。"

* * *

一天，我正在泽西海岸考察时，驾车经过了堡岛小镇拉瓦莱特（Lavallette）的避暑别墅群，它就在汤姆斯河镇的北面。当时正值冬季，别墅都关着门，我离开了主路，把车停下，下车在别墅周边转了几分钟。大部分别墅都建于 20 世纪四五十年代，其材料可能是从西尔斯（Sears）公司选购并就地安装的。有些别墅进行了改建，有的增加了二楼，有的扩大了门廊，其他的看上去似乎 50 年里一点也没变过。住在这里的都不是有钱人。小别墅的主人不是对冲基金的经理，而是管道工、学校教师和公路施工员。他们努力工作攒钱，为了他们的家庭，才在海滩上买下了这么一点点地方。他们每年只能在这里过上两三个星期，作为每周工作 50～60 个小时之外的短暂享受，支撑着他们继续度过一年中剩下的时光。当然，许多别墅都是直接建在沙滩上的。

我回到车上，继续向北驶向阿斯伯里帕克（Asbury Park）。虽然从未在泽西海岸居住过，但我在这里花了足够多的时间，也听了很多布鲁斯·斯普林斯汀（Bruce Springsteen）的音乐，所以自认为对这里是有感情的。记得许多年前在大西洋城的一个夜晚，我的父亲给我打电话，告诉我他快不行了，还有更早之前的一个快乐的夜晚，我与当时的女朋友在怀尔德伍德（Wildwood）玩打鼹鼠游戏。很久以来，我都没有回想过这两件事，但是这些记忆却以令人惊讶的方式留存在了某个地方。随着海面上升，失去的不仅是房屋和财产，许多人将会失去与记忆相连的一部分，还有一些人将会失去更多。

驾车途中，我打开了车上的收音机[39]，调到新泽西 NPR 电台，希望能听到一些新闻。但当时没有在播的新闻，只听到收音机里传出一名男子绝望的声音，"是的，飓风'卡特里娜'过后，我们失去了一切，州里搞起了这项'公路房屋'计划，他们以低于市场价的价格来收购我们的房产，但如果谁愿意留下来重建房屋，就会被给予全价补偿。按我们的理解，肯定会得到保护和帮助，所以我们在这里建了房子。但实际上什么也没得到。"

接下来我得知，收音机里说话的人叫安东尼·卡罗尼亚（Anthony Caronia），居住在庞恰特雷恩湖（Lake Pontchartrain）岸边，就在新奥尔良北面，我去过那个地方好几次。他一边说，我一边就想象出了那里低平的湖边景观，还有连排的商场和车行发出的阵阵喧嚣。卡罗尼亚正在接受一个采访，关于路易斯安那州花费 500 亿美元挽救该州免受海洋侵蚀的计划。飓风"卡特里娜"过后，路易斯安那州曾鼓励他在原址重建房屋，他当时同意了，现在又后悔了。

"……州里告诉我们可以继续在这里住下去，他们会帮助我们，并给我们提供保护，然而什么也没有，他们什么也没有做。所以你们做新闻报道的能不能跟进一下？确保我们不会被撇在一边不管了，因为我有妻子和孩子，总有一天我会不在，我要把房子留给他们，这是属于他们的财产。"

从卡罗尼亚的声音里，可以听出愤怒、失望和恐惧，他到最后终于弄明白了他将会失去多少东西。

"但是，洪水变得越来越糟、越来越糟。我已经做好了准备，我本该在飓风'卡特里娜'之后就离开的，但是我妻子要再建一座房子，问题在于，我真的累了，我已经准备好离开。校车有好几天都来不了了，我只好蹚水接送孩子。水位太高了，国民警卫队和消防队的人也来不了我们这里。因为只有一条路进出，我们只能被困在屋子里。每年春天我都要干活的，可是我的拖拉机、船、汽车和零转向割草机这些工具该怎么办？"

"我实话告诉你，我已经放弃了！我 51 岁了，什么也不关心了。虽然我知道不该这样想，这是不对的和不公平的。有些事今天就该做，今天非做不可。请理解我，我迫切地需要帮助。每一位在收听的美国人。我，卡罗尼亚，乞求路易斯安那州和美国政府来帮我搬出去，帮我们家搬出这个危险的地方。我的哭诉，你们听懂了吗？我已经准备好离开了，我在乞求帮助。我不是在请求帮助，我是在乞求帮助。"

说到这里，收音机里的采访就结束了。我开车进入海滩边的一个停车场，做了一点笔记，以便以后能找到卡罗尼亚，进一步了解他的遭遇。我猜测，在他的声音里我所听到的愤怒和恐惧，只是许多更强烈的愤怒和恐惧的开头。当海水汹涌而来的时候，人们失去他们所钟爱的一切，那时这样的情绪还会更加激烈。我想起曾经与荷兰景观设计师古兹的一次对话。那天他在鹿特丹的一个会议上做关于海面上升的讲座，会后他邀请我到他家吃饭。我们坐在他家一楼的厨房里，他指出这一层地面是低于海面的。我们谈到，如果应对海面上升必须要做的向内陆撤退的管理工作不到位的话，就会引发愤怒、怨恨和苦难。古兹认为，人们将需要重新思考政府的作用。如果政府最基本的工作是保障民众安全，那么当人们意识到他们并不安全的时候将会发生什么？在保护民众免受灾难伤害方面政府的作用是什么？古兹将海面上升与其他带来变革的灾难相对比，例如20世纪30年代的沙尘暴，一场部分地区受到人类活动影响而发生的自然灾害，它深刻地改变了美国的地理环境，也增强了政府在保障最脆弱的那部分民众的长期福利上的作用。"我们需要一个'新政'，"古兹说，"需要重新思考政府与公民之间的社会契约。"

可能会有新的契约，并且可能始于像卡罗尼亚这样的民众。听完收音机的新闻部分后，我钻出汽车，步行来到海滩上。外面已是黄昏，透着丝丝寒意。除了几只海鸥在头顶上盘旋之外，海滩上只有我孤身一人。我听着波浪冲刷着海岸的声音，这些声音百万年来一刻都不曾停息。

公寓楼潜水

20 世纪 70 年代后期，加州大学伯克利分校（UC Berkeley）的地质学家沃尔特·阿尔瓦雷茨（Walter Alvarez）在结束意大利的研究工作后，在回家的途中曾在丹麦停留[1]。阿尔瓦雷茨想要寻找证据来支撑他尚未被证明的颠覆性想法，即 6 600 万年前，是一次行星尺度的灾难，例如巨型陨石坠落，造成了恐龙灭绝。恐龙（以及地球上几乎所有比浣熊大的其他动物）可能由于一次极端事件而灭绝的想法与进化论的说法相悖。进化论认为，生物灭绝是一个长期而缓慢的过程，就像进化本身一样。

阿尔瓦雷茨受到了他的父亲——诺贝尔物理学奖获得者路易斯·阿尔瓦雷茨（Luis Alvarez）的启发，另有不同的想法。在丹麦，沃尔特·阿尔瓦雷茨和他的一位同事驾车从哥本哈根出发，来到了斯泰温斯崖（Stevens Klint，在丹麦语中，"Klint"是悬崖的意思），这是波罗的海（Baltic Sea）的一处著名地质遗迹。那里白色陡峭的悬崖是世界上为数不多的几个能看到恐龙最后踪迹的地方，它们就记录在易于辨认的石灰岩层里。在悬崖中部，有一层薄薄的暗色黏土夹杂在石灰岩层中。"很明显[2]，当时有件不太妙的事情发生在丹麦海底黏土堆积的地方。"阿尔瓦雷茨后来写道。黏土层之下的石灰岩富含化石，说明海洋当时拥有丰富的生命迹象，而黏土层本身是黑色的，有硫磺味，除了鱼类骨架以外没有别的化石。阿尔瓦雷茨观察到，"在黏土发生堆积的那个时段[3]，海底由于缺氧变成了没有生命、死气沉沉的坟场，死鱼沉落到海底，慢慢地腐烂。"他采集了含有鱼化石的黏土样本，发现里面含有铱元素，一种地球上稀有的金属元素，但在陨石中却很普遍。这是一个关键性的证据，是我们那个时代最令人吃惊的科学发现之一。如今，即便是三年级的学生也知道是陨石杀死了恐龙。

我很幸运，在写这本书的时候正好在丹麦，主要是在哥本哈根，一座为自己是全世界最环保的城市之一而感到骄傲的城市，度过了几个星期的时间。这里到处都有自行车，这个国家40%的电力供应来自可再生能源，丹麦能源署（Danish Energy Agency）说，到2035年这一比例将达到100%[4]。我遇到了哥本哈根市的气候顾问吕克·里欧那德森（Lykke Leonardsen），他给我介绍了这座城市用来应对不断增加的强降雨引发的街道淹水问题所采取的几项措施。例如建"水广场"，跟我在荷兰所见的水公园相似。为了保护城市免受海面上升的影响，城市规划者们已考虑在主运河末端建造一座水闸，将其与厄勒海峡（Øresund）隔开，该海峡在丹麦和瑞典之间，连接北海和波罗的海。事实上，相较于波罗的海的洪水问题，丹麦更可能将面临来自孟加拉国或尼日利亚的气候难民所带来的问题。如何安置来自叙利亚内战的难民已经使丹麦的政治开始右摆，不难看出气候难民会把这个问题变得更加严重。

从哥本哈根驾车出发，约一个半小时就可以到达斯泰温斯崖。自然而然，由于与本书主题相关，我必须亲自看一下。我穿越城市和郊区，沿着公路来到了一个散布着农家房屋的地方，房屋都保持得很好，有些还有茅草屋顶。我把租用的车停在悬崖的顶部，靠近一座11世纪的教堂，从上面可以俯瞰波罗的海。几年前，由于悬崖遭受了侵蚀，教堂的后半截已经坍塌并没入大海。教堂的其余部分如今颤巍巍地悬挂在那里，正在等待着相同的命运。

从长长的金属阶梯往下走，下到底就是海滩。仿佛是通往《侏罗纪公园》（*Jurassic Park*）的阶梯。1 亿年前，悬崖的底部还是海底，那时的世界跟现在完全不同：欧洲还非常靠近美洲，海洋比现在要高出 300 英尺，当然了，那时候恐龙还在地球上到处漫游。

我沿着曲折的海岸线，一直走近白垩质悬崖，开始寻找含有鱼化石的黏土。虽然找起来并不容易，但最终还是被我找到了，在 40 英尺高的地方，薄薄的、有些破裂的黑色层，像是用马克笔画出来的。真的很难相信，这就是我们所知道的地球上最痛苦的事件之一的最终最好的证据。跌入现在的墨西哥尤卡坦半岛（Yucatán peninsula）的陨石有曼哈顿那么大，当其撞击地球时，释放出的能量相当于 100 万亿吨 TNT 炸药[5]。大火烧光了方圆 1 000 英里内的一切，炙热的硫酸液和尘埃遮住了太阳。随后地球进入了长达 1 000 年的寒冷黑暗的时期。

我在海滩散步的时候，天气晴朗温和，微风从波罗的海吹来。燧石子在我的脚下翻滚。我想，对于恐龙来说，这一层薄薄的鱼化石黏土层代表着不祥的消息。恐龙统治了地球数百万年，但是它们却没有进化出适应快速变化的世界的本领。很久以前，火山喷发所导致的气候变化很可能只对它们产生影响。而陨石却把它们的生命带向了终结。但对于我们人类来说，陨石撞击是一件非常幸运的事，这也是不争的事实。在进化论的意义上，它对自然界进行重新洗牌，使得哺乳类动物能够繁盛起来。可以想象，假如陨石没有造成恐龙这种地球上最可怕的觅食者的灭绝，那么我们人类又怎么可能出现在地球上？怎么会建造出像迈阿密这样的城市？更不要说因为使用恐龙骨骼和其他古生物身体变成的化石燃料而使城市被洪水淹没了。

当然，恐龙没有计算机模型来帮助它们了解未来流星撞击地球的可能性。我们人类自认为要比恐龙聪明得多，适应性也更强，并且由于我们拥有许多复杂巧妙的工具，以及关于地球的过去、现在和未来的宏大想法，所以我们可以安全度过前进路上的一切难关。但这种想法或许很快就要经受考验了。

* * *

如果我们要在 22 世纪把海面上升的影响降到最低，那么现在应该做的就是：停止使用化石燃料，搬到地势高的地方。我们甚至不用立刻就停止燃烧化石燃料，只要在 2050 年之前停止就足够了。虽然海面上升不会因此完全停止，但却有可能阻止最坏的事情发生。这样一来，到 21 世纪末，海面上升的幅度或许可以控制在 2～3 英尺，而不会达到 6 英尺、7 英尺、8 英尺，甚至更多。虽然在这种情况下，我们仍需从地势低洼的海岸地区迁移出来，但却不至于要仓促逃命，而是可以慢悠悠地离开。

可惜的是，现在我们还没有信心在不久的将来做到大幅度降低二氧化碳排放，更不用说在 2050 年之前达到零排放的目标了。如果这件事做不到，那么为应对未来全球海面快速上升而制定规划，就会变得十分困难。

在我准备写这本书的时候，遇到了很多有思想的公民领袖和政界人士，他们苦苦思索如何在一个海面快速上升的世界里重新构想未来。在弗吉尼亚州的诺福克，官员们与美国海军及大学研究者合作，提出了一份 2100 年综合发展规划，来帮助人们确定哪些地区风险最大。佛罗里达州东南区域气候变化的冲击，包括区域内四个典型的县（如迈阿密戴德县）发生的事情，推动地方和州的官员重新思考住房分区法规，去除影响到积极应对海面上升的官僚障碍。路易斯安那州雄心勃勃地制定了一份投入很大的区域规划来拯救正在下沉的海岸地带[6]。在英国，政府鼓励民众以温和的方式从海岸区地区撤退，这种方式被称为"管理有序的重新调整"[7]，以促进湿地和其他沿海栖息地向内陆迁移，形成天然的缓冲带来应对海面上升。在荷兰，人们思考了1 000年如何与大海争斗的问题，他们的知识现在被输出到全世界。随便到一个面临洪水风险的城市，就可能看到一位荷兰工程师在提供解决方案，或者说，出售解决方案。

这些倡议都非常重要，但它们只是未来几十年里人类要作出改变的初步草图。向部分沿海地区逼近的纯粹的经济混乱还很难掌握，更别提预测和准备工作了。这些倡议也无法弥补失去整座城市和沿海地区以及与之相关的希望与梦想所带来的政治及心理上的创伤。地球在发生变化，我们自己也必然需要改变。

或许在我们日益完善的工程化的世界里，失去一些海滩和城市并没有那么严重。如果哪一天真的威尼斯被海水淹没了，人们还可以去拉斯维加斯的假威尼斯。或许迈阿密滩在虚拟现实中也一样很棒。（当然，也可能不是这样。）或许我们还能期望海面快速上升的世界原来是一个行星尺度的关于创造性破坏的实验，迫使我们放弃许多落后的基础设施，以及关于如何与水共存，如何与其他人共存的一些愚蠢想法，代之以更智慧、更持久、更灵活的方案。毕竟，除了蟑螂，人类可能是地球上最具有适应能力的物种了。"说真的，我对此充满了期待，"迈阿密的一位房地产开发商告诉我，"我们能够继续生存的唯一方式是拆除许多旧大楼，然后建造更高、更好、更牢固的新大楼。我跟妻子开玩笑说，'嘿，我们去买一辆悍马 * 吧！让这个过程再快一点！我们

---

* 悍马（Hummer）是一款时兴的车型，跑起来很给力；这个词的发音与"锤子"（hammer）接近，因此可以联想到拆除旧大楼。——译者注

还等什么呀？'"

　　我们人类从未见过一座现代海岸城市被淹没。我们见过洪水和风暴，只不过无法与将要发生的事相提并论。即便是发生得很快，看上去也像是很慢。就像人们看到自己的孩子突然长大一样。

　　以类似的方式，人们将注意到高潮位的发生会越来越频繁。洪水在我们的街上和停车场会停留得更久。树木因为吸收了咸水而枯黄、死亡。然后又一次风暴来临，把巨量的海水带进城市。有些人搬到更高的新大楼里面，而其他人则搬到地势比较高的地方。路面用工程措施来抬高。太阳能电池板大量出现在屋顶上。被遗弃的房屋幽灵般地留在原地，里面住进了野猫和前来寻找高地的难民。海水继续涌进来，闪耀着金属般的光泽，闻起来一股恶臭。孩子们患上奇怪的皮肤病和热病。更多的人搬离。海堤被冲毁。再过几十年，低平区域淹没在及膝深的水里。木头房子倒入漂浮着汽水瓶、洗衣粉包装袋和塑料牙刷的海水中。从棺材里漂出来的人类骨骼将随处可见。寻宝的人趁机而入，用小型水下机器人寻找钱币和珠宝。现代化的写字楼和高层公寓大楼在海水腐蚀掉混凝土基座和结构梁之后发生倾斜。鱼群游到学校的教室里。被水淹没的灯杆上，牡蛎开始繁殖。宗教领袖们谴责导致城市被淹没的罪人。新闻记者们乘坐水上飞机而来，写下回归大自然的新闻。

　　但最终，整座城市会被遗忘，因为它不过是众多沉入海洋的地方之一。在未来某个时刻，有人，或者人形机器人，可能会来探测沉入水中的城市，然后找到保龄球、不锈钢餐刀、黄金婚戒和瓷砖。他们或许会好奇，当初住在这里的是什么人？他们的生活是什么样的？当他们的世界被海水淹没的时候，他们在想什么？

致 谢

　　我非常感谢利特尔＆布朗（Little Brown）出版社的所有人，正是他们的勤奋使这本书得以问世。感谢编辑约翰·帕斯利（John Parsley），他从一开始就对这本书充满信心，并很耐心地给出专业意见，指导本书的写作。感谢里根·阿瑟（Reagan Arthur）的支持，感谢迈克尔·努恩（Michael Noon）整理了全部文稿，感谢芭芭拉·佩里斯（Barbara Perris）思考周全的文本编辑，感谢加布里埃拉·蒙杰利（Gabriella Mongelli）对我所有电子邮件的幽默回复，不论邮件内容有多奇怪。我要特别感谢劳伦·维拉斯克斯（Lauren Velasquez）、卡丽·尼尔（Carrie Neill）和伊丽莎白·加里加（Elizabeth Garriga），正是他们的努力才使得这本书没有被铺天盖地的媒体所淹没。

　　希瑟·施罗德（Heather Schroder）多年来担任我的经纪人，甚至在我写这本书之前，他就已经意识到了这件事情的重要性。如果每一位作者在自己的写作生涯中都能有施罗德这样的指导者，那就太幸运了。

　　作为一名新闻记者，我也很幸运，过去20年我一直在《滚石》杂志工作。在许多事情上我要感谢詹恩·温纳（Jann Wenner），特别要感谢的是他坚信气候变化是我们这个时代最大的事件。我要感谢贾森·法恩（Jason Fine）、肖恩·伍兹（Sean Woods）和威尔·达娜（Will Dana）编辑的智慧和汗水，他们为我在曾经是极好的、但却已经停办的曼哈顿周报《七天》（7 Days）上发表的第一篇文章撰写了标题，他们还收集了多年来发生的重大新闻事件的材料并发送给我。感谢艾利森·魏因弗拉什（Alison Weinflash），在我需要她的时候总能出现，还有伊丽莎白·加伯-保罗（Elisabeth Garber-Paul）和科科·麦克弗森（Coco McPherson），他们帮助我更准确地记述事实。

写这本书的时候，我在新美国智库担任了两年研究员，从学术研讨会和与其他研究人员的交流中获益匪浅。像我这样的新闻记者，能够当上新美国智库的研究员，感觉就像是被一个大家庭所接受一样，这里的每位成员白天在自己的研究领域里勤奋工作，夜晚则享受有趣思想的碰撞。我要特别感谢安妮-马里·斯劳特（Anne-Marie Slaughter）、卡蒂·马顿（Kati Marton）及彼得·伯根（Peter Bergen）的支持和他们朋友般的善意。

如果没有许多科学家的帮助，这本书不可能完成，他们曾花费了大量的时间，对我表现出了非同寻常的耐心，而我实际上并没有权力让他们这么做。我非常感谢已故的越战老兵、具有奉献精神的科学家彼得·哈莱姆（Peter Harlem），他与我分享了南佛罗里达州 LiDAR高程地图，并驾驶着他的迷你库珀车带我到迈阿密各处访问，讲述关于海面上升的过去、现在和未来的故事。感谢哈尔·万利斯（Hal Wanless）将我引荐给哈莱姆，并带领我前往红树林，在科勒尔盖布尔斯区的 Burger Bob's 餐厅招待了我那么多顿大餐，与我分享他关于佛罗里达州地质学的诸多知识。我也欠安德烈亚·达顿（Andrea Dutton）一份人情，他带我深刻了解了佛罗里达群岛的珊瑚化石，帮我厘清了有关古代冰川和海洋的许多问题。感谢贾森·博克斯（Jason Box）带我去格陵兰岛，在那里我不仅亲眼见到了正在融化的冰盖和开裂的冰川，而且还见到了热忱的科学家，并领略了他们的工作方式。感谢布赖恩·麦克诺尔迪（Brian McNoldy）、克伦·博尔特（Keren Bolter）、唐纳德·麦克尼尔（Donald McNeil）、埃琳·利普（Erin Lipp）、菲利普·奥顿（Philip Orton）、约亨·欣克尔（Jochen Hinkel）、本·斯特劳斯（Ben Strauss）、理查德·科普（Richard Kopp）、理查德·阿利（Richard Alley）、彼得·克拉克（Peter Clark）、罗布·德孔托（Rob DeConto）和詹姆斯·汉森（James Hansen），他们为我抽出了宝贵的时间。

在我过去三年的写作过程中，得到了许多人的帮助，尽管不可能列出所有人的名字，但我仍然要特别感谢谢里尔·戈尔德（Sheryl Gold）、罗尼·阿维萨尔（Roni Avissar）、菲利普·斯托达德（Philip Stoddard）、艾伯特·斯拉普（Albert Slap）、韦恩·帕斯曼（Wayne Pathman）、戴维·马丁（David Martin）、布鲁斯·莫里（Bruce Mowry）、阿拉斯泰尔·戈登（Alastair Gordon）、芭芭拉·德弗里斯（Barbara De Vries）、约翰·斯图尔特（John Stuart）、理查德·萨尔特里克（Richard Saltrick）、迈克尔·杰勒德（Michael Gerrard）、卡伦·奥尼尔（Karen O'Neil）、苏珊娜·德雷克（Susannah Drake）、曼纽尔·罗莎·达席尔瓦（Manuel Rosa da Silva）、丹·扎里利（Dan Zarrilli）、南希·凯特（Nancy Kete）、乔·达席尔瓦（Jo da Silva）、理查德·约里森（Richard Jorissen）、米兰达·门斯（Miranda Mens）、彼得·佩尔松（Peter Persoon）、汤姆·伍德罗夫（Thom Woodroofe）、迪安·比亚莱克（Dean Bialek）、梅甘·查普曼（Megan Chapman）、安德鲁·梅基（Andrew Maki）、布赖恩·迪斯（Brian Deese）、乔恩·芬纳（Jon Finer）和戴维·基思（David Keith）。我还要感谢布赖恩·帕

尔马蒂尔（Brian Palmateer）、帕特·帕尔马蒂尔（Pat Palmateer）和杰夫·凯莱赫（Jeff Kelleher），当我特别想去海滩的时候，他们用榔头和锯子发出的音乐声激励着我继续打字。

此外，我还要特别感谢雷纳尔多·博尔格斯（Reinaldo Borges），他与我分享了对迈阿密的炽热情感；感谢丹·杜德克（Dan Dudek）的友好和他关于气候政策的智慧；感谢凯文·克诺布洛赫（Kevin Knobloch）和妮科尔·圣克莱尔（Nicole St. Clair），他们机智幽默，还请我喝了不少威士忌酒；还有吉姆（Jim）和卡伦·谢泼德（Karen Shepard），他们在我特别困难的时候提醒我，写作本该是件有趣的事情。

谨以本书献给米洛（Milo）、乔治娅（Georgia）和格雷丝（Grace），他们一再证明，忍受一位注意力分散且工作缠身的父亲，并不妨碍他们成长为卓越的人。

最后，难以用语言来表达我对佩妮莱（Pernille）的感谢。写这本书的时候，她同我一起乘风破浪，帮助我避开了水面之下的海怪。感谢她对编辑工作的深刻理解，在里斯本和波尔图陪我长时间漫步，还有那数不清的午餐以及她对当今世界以及未来世界之美的欣赏。

注　释

引言

［ 1 ］　Interview with phillip Frost. *The Sunshine State*. WLRN, June 12, 2017.

［ 2 ］　Jeff Goodell. "We Must Act Now." *Rolling Stone,* August 20, 2009, 65.

［ 3 ］　Andrew Dutton et al. "Sea-Level Rise Due to Polar Ice-Sheet Mass Loss During Past Warm Periods." *Science* 349, no. 6244 (2015).

［ 4 ］　Richard B. Alley et al. "Ice-Sheet and Sea-Level Changes." *Science* 310, no. 5747 (October 21, 2005), 457.

［ 5 ］　Robert Kopp et al. "Temperature-Driven Global Sea-Level Variability in the Common Era." *Proceedings of the National Academy of Sciences* 113, no. 11 (2016), 1435.

［ 6 ］　Carling C. Hay et al. "Probabilistic Reanalysis of Twentieth-Century Sea-Level Rise." *Nature* 517, no. 7535 (2015), 481.

［ 7 ］　根据 IPCC 的最新报告，2100 年海面上升幅度的估算值是 26～98 厘米，但其中未包括南极冰盖融化所带来的影响。部分原因是 IPCC 报告完成之时对该冰盖动态的了解程度较低，不足以给出合理的估算值，而从那以后，随着研究的进一步开展，已逐渐消除了一部分不确定性。参见：John Church and Peter Clark et al. *Climate Change 2013: The Physical Science Basis. Contribution of Working Group I to the Fifth Assessment*

Report of the Intergovernmental Panel on Climate Change (Cambridge and New York: Cambridge University Press, 2013)。https://www.ipcc.ch/report/ ar5/wg1/ 此外，2017 年，美国国家海洋和大气管理局独立进行了对未来海面上升状态的评估，并发表了许多关于南极大陆冰盖动态的最新论文。不出意料，美国国家海洋和大气管理局的报告给出的海面上升数据要大于 ICPP 的数据，这表明到 2100 年，海面上升的幅度可能为 0.3～2.5 米。另见: William Sweet et al. "Global and Regional Sea-Level Rise Scenarios for the United States." NOAA technical report January 2017,vi.https://tidesandcurrents.noaa.gov/publications/techrpt83_Global_and_ Regional_SLR_Scenarios_for_the_US_final.pdf。

[8] "NASA, NOAA Data Show 2016 Warmest Year on Record lobally." NASA press release, January 18, 2017. Accessed March 3, 2017. https://www. nasa.gov/press-release/nasa-noaa-data-show-2016-warmest-year-on-record-globally

[9] Chris Mooney and Jason Samenow. "The North Pole Is an Insane Thirty-Six Degrees Warmer Than Normal as Winter Descends." The Washington Post, November 17, 2016.

[10] Pierre Deschamps et al. "Ice-Sheet Collapse and Sea-Level Rise at the Bølling Warming 14,600 Years Ago." Nature 483, no. 7391 (2012), 559.

[11] David Archer. *The Long Thaw: How Humans Are Changing the Next 100,000 Years of Earth's Climate* (Princeton: Princeton University Press, 2008), 1.

[12] Sweet et al. "Global and Regional Sea-Level Rise Scenarios for the United States," 12.

[13] Ricarda Winkelmann et al. "Combustion of Available ossil Fuel Resources Sufficient to Eliminate the Antarctic Ice Sheet." *Science Advances* September 11, 2015, vol. 1, no. 8.

[14] Krishna Rao. "Climate Change and Housing: Will a Rising Tide Sink All Homes?" Zillow, August 2, 2016. Accessed March 2, 2017. https://www. zillow.com/research/climate-change-underwater-homes－12890/

[15] Jochen Hinkel et al. "Coastal Flood Damage and Adaptation Costs under 21st Century Sea-Level Rise." *Proceedings of the National Academy of Sciences* 111, no. 9 (2014), 3292.

[16] David Anthoff et al. "Global and Regional Exposure to Large Rises in Sea-

Level: A Sensitivity Analysis." Report by the Tyndall Centre for Climate Change Research (2006), 8.

[17] Benjamin H. Strauss et al. "Mapping Choices: Carbon, Climate, and Rising Seas, Our Global Legacy." Climate Central Research Report (November 2015), 5. 另一份有关人口迁移的视角稍有不同的研究，参见：A slightly different way of looking at populations of displaced people can be found in Robert Nicholls et al. "Sea-level rise and Its Possible Impacts Given a 'Beyond 4 C World' in the Twenty-first Century." *Philosophical Transactions of the Royal Society* 369 (2011), 161–181。关于海面上升将会造成的人口迁移估算数值的较好讨论，参见：Michal Lichter et al. "Exploring Data-Related Uncertainties in Analyses of Land Area and Population in the 'Low Elevation Coastal Zone.'" *Journal of Coastal Research,* vol. 27, no. 4 (July 2011), 757–768。

第 1 章

[1] Kathryn Eident. "Farewell to the *Knorr.*" *Oceanus,* December 1, 2014.

[2] Jessi Halligan et al. "Pre-Clovis Occupation 14,550 Years Ago at the Page-Ladson Site, Florida, and the Peopling of the Americas." *Science Advances* 2, no. 5 (May 1, 2016), e1600375.

[3] Pierre Deschamps et al. "Ice-Sheet Collapse and Sea-Level Rise at the Bølling Warming 14,600 Years Ago." *Nature* 483, no. 7391 (March 29, 2012), 559.

[4] 引自 2016 年 10 月，作者与杰西·哈利根（Jessi Halligan）的个人通信内容。

[5] R. M. W. Dixon, *A Grammar of Yidiɲ* (Cambridge: Cambridge University Press, 1972).

[6] Patrick D. Nunn and Nicholas J. Reid. "Aboriginal Memories of Inundation of the Australian Coast Dating from More Than 7,000 Years Ago." *Australian Geographer* 47, no. 1 (September 7, 2015), 12.

[7] Patrick D. Nunn and Nicholas J. Reid. "Aboriginal Memories of Inundation of the Australian Coast Dating from More Than 7,000 Years Ago." *Australian Geographer* 47, no. 1 (September 7, 2015), 26.

[8] Irving Finkel. *The Ark Before Noah* (New York: Anchor, 2014), 35.

[9] William Ryan and Walter Pitman. *Noah's Flood* (New York: Simon and Schuster, 2000), 235.

[10] Liviu Giosan et al. "Was the Black Sea Catastrophically Flooded in the Early

Holocene?" *Quaternary Science Reviews* 28, no. 1 (January 2009), 1–6.

［11］ Victor D. Thompson et al. "From Shell Midden to Midden-Mound: The Geoarchaeology of Mound Key, an Anthropogenic Island in Southwest Florida, USA." Karen Hardy, ed. PLoS ONE 11, no. 4 (April 28, 2016), 46.

第 2 章

［ 1 ］ Debora Lima. "Former Miami Beach Home of Lenny Kravitz Listing for $25 Million." *The Miami Herald,* March 27, 2016.

［ 2 ］ Rachel Carson. *The Sea Around Us* (New York: Oxford University Press, 1951), 14.

［ 3 ］ Albert C. Hine. *Geologic History of Florida* (Gainesville: University Press of Florida, 2013), 47.

［ 4 ］ Albert C. Hine. *Geologic History of Florida* (Gainesville: University Press of Florida, 2013), 197.

［ 5 ］ Albert C. Hine. *Geologic History of Florida* (Gainesville: University Press of Florida, 2013), 199.

［ 6 ］ T. D. Allman. *Finding Florida* (New York: Grove/Atlantic, 2013), 320.

［ 7 ］ Arva Moore Parks. *George Merrick, Son of the South Wind* (Gainesville: University Press of Florida, 2015), 68–72.

［ 8 ］ T. D. Allman. *Miami* (Gainesville: University Press of Florida, 2013), 239.

［ 9 ］ Michael Grunwald. *The Swamp: The Everglades, Florida, and the Politics of Paradise* (New York: Simon and Schuster, 2007), 176.

［10］ Michael Grunwald. The Swamp: The Everglades, Florida, and the Politics of Paradise (New York: Simon and Schuster, 2007), 176.

［11］ Michael Grunwald. The Swamp: The Everglades, Florida, and the Politics of Paradise (New York: Simon and Schuster, 2007), 174.

［12］ Jerry M. Fisher. *The Pacesetter* (Victoria, BC: Friesen Press, 2014), 208.

［13］ Cited in John R. Gillis. *The Human Shore* (Chicago: University of Chicago Press, 2012), 115.

［14］ Cited in John R. Gillis. The Human Shore (Chicago: University of Chicago Press, 2012), 149.

［15］ Fisher, *The Pacesetter,* 141.

［16］ Fisher, The Pacesetter, 142.

［17］ Mark Davis, ed. *American Experience:* "Mr. Miami Beach." WGBH, Boston, 1998.

［18］ Fisher, *The Pacesetter,* 161.

［19］ Fisher, The Pacesetter, 165.

［20］ Davis, *American Experience:* "Mr. Miami Beach."

［21］ Beth Duff Sanders. "Affluent Area Has Problems and Squabbles Too." *Sun Sentinel,* April 26, 1989.

［22］ Davis, *American Experience:* "Mr. Miami Beach."

［23］ Fisher, *The Pacesetter,* 320.

［24］ Fisher, *The Pacesetter,* 300−304.

［25］ Quoted in Polly Redford. Billion-Dollar Sandbar: A Biography of Miami Beach (New York: Dutton, 1970), 123.

［26］ Grunwald, *The Swamp,* 192.

［27］ Jerry Iannelli. "Miami Beach Plans to Use Alarming Ads to Scare Away Airbnb-Style Renters." *Miami New Times,* September 8, 2016.

［28］ Grunwald, *The Swamp,* 180.

［29］ Grunwald, *The Swamp,* 188.

第 3 章

［1］ "An Intense Greenland Melt Season: 2012 in Review." Nsidc.org, February 5, 2013. Accessed February 12, 2017.http://nsidc.org/greenland-today/2013/02/greenland-melting-2012-in-review/

［2］ 根据贾森·博克斯（Jason Box）的数据，2012 年炎热期沃森河的洪峰流量平均为 1 200 立方米 / 秒，最大值为 3 200 立方米 / 秒。而在 2014 年 1 月，泰晤士河的最大流量是 275 立方米 / 秒。参见：Matt McGrath. "River Thames Breaks Records for Water Flows in January." *BBC News,* February 13, 2014. Accessed May 3, 2017。http://www.bbc.com/news/science-environment−26175213

［3］ "Quick Facts on Ice Sheets." National Snow and Ice Data Center. Nsidc.org. Accessed February 19, 2017. https://nsidc.org/cryosphere/quickfacts/icesheets.html

［4］ "Richard Alley at INSTAAR, April 2015." University of Colorado Boulder, April 6, 2015.

［ 5 ］ John Mercer. "West Antarctic Ice Sheet and CO_2 Greenhouse Effect: A Threat of Disaster." *Nature* 271, 1978, 1–5. 另见：Ian Joughin et al. "Marine Ice Sheet Collapse Potentially Under Way for the Thwaites Glacier Basin, West Antarctica." *Science* 344 (May 2014), 735–738.

［ 6 ］ Personal communication with Penn State glaciologist Richard Alley, February 7, 2017.

［ 7 ］ Jay Zwally et al. "Surface Melt-Induced Acceleration of Greenland Ice-Sheet Flow." *Science* 297, no. 5579 (July 12, 2002), 218–222.

［ 8 ］ Jerry X. Mitrovica et al. "The Sea-Level Fingerprint of West Antarctic Collapse." *Science* 323, no. 5915 (February 6, 2009), 753–53.

［ 9 ］ William Sweet et al. "Global and Regional Sea Level Rise Scenarios for the United States." *NOAA Technical Report* NOS CO-OPS 083 (January 2017), 17.

［ 10 ］ Darryl Fears. "New Study Affirms Ice-Sheet-Loss Estimates in Greenland, Antarctica." *The Washington Post,* November 29, 2012.

［ 11 ］ Chelsea Harvey. "Greenland Lost a Staggering One Trillion Tons of Ice in Just Four Years." *The Washington Post,* July 19, 2016.

［ 12 ］ Will Oremus. "The Upside of Global Warming: Luxury 'Northwest Passage' Cruises for the Filthy Rich." Slate, August 17, 2016. Accessed March 3, 2017. http://www.slate.com/blogs/future_tense/2016/08/17/crystal_serenity_s_northwest_passage_cruise_is_a_festival_of_environmental.html

［ 13 ］ Andrea Thompson. "2016 'Arctic Report Card' Gives Grim Evaluation." Climate Central, December 14, 2016. Accessed February 20, 2017. http://www.climatecentral.org/news/2016-arctic-report-card-grim-20968

［ 14 ］ S. Y. Wang et al. "Probable Causes of the Abnormal Ridge Accompanying the 2013–2014 California Drought: ENSO Precursor and Anthropogenic Warming Footprint." *Geophysical Research Letters* 41, no. 9 (May 16, 2014), 3220–3226.

［ 15 ］ Michael Mann et al. "Influence of Anthropogenic Climate Change on Planetary Wave Resonance and Extreme Weather Events." *Scientific Reports* 7 (March 27, 2017), 45242.

［ 16 ］ 引自 2013 年 6 月，作者采访记录。

［ 17 ］ "Astronomers Find Largest, Most Distant Reservoir of Water." NASA. gov, July 22, 2011. https://www.nasa.gov/topics/universe/features/universe20110722.html

[18] N.B. Karlsson et al. "Volume of Martian Midlatitude Glaciers from Radar Observations and Ice Flow Modeling." *Geophysical Research Letters*, 42(April 28, 2015), 2627.

[19] Cassie Stuurman et al. "SHARAD detection and characterization of subsurface water ice deposits in Utopia Planitia, Mars." *Geophysical Research Letters* 43 (2016), 9484–9491.

[20] Brian Greene. "How Did Water Come to Earth?" *Smithsonian,* May 2013.

[21] Steve Graham. "Milutin Milankovitch." NASA Earth Observatory, March 24, 2000. Accessed March 1, 2017. https://earthobservatory.nasa.gov/Features/ Milankovitch/

[22] Amy Dusto. "Reading Between the Tides: 200 Years of Measuring Global Sea Level." Climate.gov, August 4, 2014. Accessed February 20, 2017. https:// www.climate.gov/news-features/climate-tech/reading-between-tides-200- years-measuring-global-sea-level

[23] "Glacial Rebound: The Not So Solid Earth." NASA.gov, August 26, 2015. Accessed March 10, 2017. http://www.nasa.gov/feature/goddard/glacial- rebound-the-not-so-solid-earth

[24] John Church and Peter Clark et al. *Climate Change 2013: The Physical Science Basis. Contribution of Working Group I to the Fifth Assessment Report of the Intergovernmental Panel on Climate Change,* 1161.

[25] Paul B. Goddard et al. "An Extreme Event of Sea-Level Rise Along the Northeast Coast of North America in 2009 –2010." *Nature Communications* 6 (February 24, 2015), 6346.

[26] Jerry X. Mitrovica et al. "Reconciling Past Changes in Earth's Rotation with Twentieth-Century Global Sea-Level Rise: Resolving Munk's Enigma." *Science Advances* 1, no. 11 (December 1, 2015), e1500679–79.

[27] Cited in Jeff Goodell. "The Ice Maverick." *Rolling Stone,* August 3, 2013.

[28] James Hansen and Larissa Nazarenko. "Soot Climate Forcing via Snow and Ice Albedos." *Proceedings of the National Academy of Sciences* 101, no. 2 (January 13, 2004), 423–428.

[29] "Larsen B Ice Shelf Collapses in Antarctica." Nsidc.org, March 18, 2002. Accessed March 2, 2017. https://nsidc.org/news/newsroom/larsen_B/2002.html

[30] 引自 2016 年 7 月，作者采访记录。

［31］ 引自 2016 年 8 月，作者采访记录。

［32］ John Church and Peter Clark et al. *Climate Change 2013: The Physical Science Basis. Contribution of Working Group I to the Fifth Assessment Report of the Intergovernmental Panel on Climate Change.*

［33］ James Hansen et al. "Ice Melt, Sea-Level Rise, and Superstorms: Evidence from Paleoclimate, Data, Climate Modeling and Modern Observations that 2℃ Global Warming Could Be Dangerous." *Atmospheric Chemistry and Physics Discussions* 23 (2015), 20063.

［34］ Robert DeConto and David Pollard. "Contribution of Antarctica to Past and Future Sea-Level Rise." *Nature* 531, no. 7596 (March 30, 2016), 591.

［35］ Quoted in Don Jergler. "RIMS 2016: Sea-Level Rise Will Be Worse and Come Sooner." *Insurance Journal,* April 12, 2016, 64.

第 4 章

［1］ Erica Martinson. "Obama's Budget Shows Alaska's on the President's Mind." *Alaska Dispatch News,* February 9, 2016.

［2］ "Climate Impacts in Alaska." EPA.gov. Accessed February 21, 2017. https://www.epa.gov/climate-impacts/climate-impacts-alaska

［3］ The Associated Press. "Alaska: Walrus Again Crowd onto Shore." *The New York Times,* September 10, 2015.

［4］ Tim Bradner. "Fiscal Year 2016 Budget Deficit Estimated at $3.7 Billion." *Alaska Journal of Commerce,* July 8, 2015.

［5］ US Energy Information Administration. "Arctic Oil and Natural Gas Resources." Eia.gov, January 20, 2012. Accessed March 4, 2017. http://www.eia.gov/todayinenergy/detail.php?id=4650

［6］ Nichelle Smith and Sattineni Anoop. "Effect of Erosion in Alaskan Coastal Villages." Proceedings of Fifty-Second ASC Annual International Conference, 2016, 98.

第 5 章

［1］ Siobhan Morrissey. "Twenty-Five Most Influential Hispanics in America." *Time,* August 22, 2005.

［2］ "Museum Receives $40 Million Gift from Miami Developer Jorge M. Pérez."

PAMM.org, December 1, 2011. Accessed March 2, 2017. http://www.pamm.org/
about/news/2011/museum-receives-40-million-gift-miami-developer-jorge-
m-pérez. 另见："Pérez Art Museum Miami Receives \$15 Million Gift from
Philanthropist and Patron of the Arts Jorge M. Pérez." PAMM.org, November
30, 2016. Accessed March 2, 2017。http://pamm.org/about/news/2016/pérez-art-
museum-miami-receives-15-million-gift-philanthropist-and-patron-arts-jorge

[3] 引自 2017 年 2 月 21 日，作者与公寓房产分析专家彼得·扎莱夫斯基
（Peter Zalewski）的个人通信内容。

[4] Jorge Pérez. *Powerhouse Principles* (New York: Penguin, 2008), xi.

[5] "The Forbes 400." Forbes.com. Accessed February 21, 2017. http://www.
forbes.com/profile/jorge-perez/

[6] "National Coastal Population Report." NOAA's State of the Coast website,
March 2013.

[7] "Risky Business: The Economic Risks of Climate Change in the United
States." The Risky Business Project, June 2014.

[8] 引自 2017 年 1 月 20 日，作者与迈阿密-戴德税务办公室人员的个人通信
内容。

[9] Nichola Nehamas. "Buying a Home in Miami-Dade Is So Expensive It Could
Hurt the Economy." *The Miami Herald,* February 9, 2017.

[10] "Feds Want to Know Who's Behind Purchases in Number One Cash Real
Estate Market Miami." Zillow, January 13, 2016. Accessed March 2, 2017.
https://www.zillow.com/blog/cash-buyers-in-real-estate-market-190774/

[11] "Hurricanes in History." National Hurricane Center. Accessed February 21,
2017. http://www.nhc.noaa.gov/outreach/history/#andrew

[12] Harvey Liefert. "Sea-Level Rise Added \$2 Billion to Sandy's Toll in New
York City." *Eos,* March 16, 2015. Accessed May 1, 2017. https://eos.org/
articles/sea-level-rise-added-2-billion-to-sandys-toll-in-new-york-city

[13] United States Government Accountability Office. "GAO Report to Congressional
Committees: High Risk Series." February 2017.

[14] "Policy Information by State" section at FEMA.gov. Accessed May 5, 2017.
https://bsa.nfipstat.fema.gov/reports/1011.htm

[15] "Policy Information by State" section at FEMA.gov. Accessed May 5, 2017.
https://bsa.nfipstat.fema.gov/reports/1011.htm

[16]   Ann Carrns. "Federal Flood Insurance Premiums for Homeowners Rise." *The New York Times,* April 2, 2015.

[17]   Jake Martin. "Proposed FEMA Maps Remove over 10,000 Structures from St. Johns County Flood Zones." *The St.Augustine Record,* July 14, 2016.

[18]   Theo Karantsalis. "Sweetwater's History Rich with Circus-Like Troubles." *The Miami Herald,* December 12, 2014.

[19]   "QuickFacts: Sweetwater, Florida." *United States Census Bureau.* Accessed February 21, 2017. www.census.gov/quickfacts/table/PST045216/1270345,12,56037,00

[20]   Marc Caputo. "2013: A Dirty Year When It Came to Public Corruption in Miami-Dade." *The Miami Herald,* December 28, 2013.

[21]   "City of Sweetwater Adopted Budget FY 2016−2017." Cityofsweetwater. fl.gov, 2017. Accessed March 1, 2017. http://cityofsweetwater.fl.gov/documents/ Budget%202016−2017%20FINAL%20ADOPTED%20BUDGET.pdf

第 6 章

[1]   Charles Fenyvesi. "The City Nobel Laureate Joseph Brodsky Called Paradise." *Smithsonian Journeys,* Winter, 2015, 68−72.

[2]   Egnazio's edict, translated from engraving on a marble slab in Museo Correr, Venice. http://correr.visitmuve.it/en/il-museo/layout-and-collections/venetian-culture/

[3]   Thomas F. Madden. *Venice: A New History* (New York: Viking, 2012), 63.

[4]   John Berendt. *The City of Falling Angels* (New York: Penguin, 2006), 183.

[5]   Madden, *Venice,* 412−413.

[6]   Madden, *Venice,* 412.

[7]   "Mayor of Venice Arrested over Alleged Bribes Relating to Flood Barrier Project." *The Guardian,* June 4, 2014.

[8]   Opera composed by Filippo Perocco, libretto by Roberto Bianchin and Luigi Cerantola. Premiered November 4, 2016, at La Fenice, Venice.

[9]   Nick Squires. "Venice Dawn Raids over Flood Barrier Corruption." *The Telegraph,* July 12, 2013.

[10]   Salvatore Settis. *If Venice Dies* (New York: New Vessel Press, 2016), 171.

[11]   "From Global to Regional: Local Sea-Level Rise Scenarios." Report of workshop organized by UNESCO Venice office, November 22−23, 2010.

［ 12 ］ Tracy Metz and Maartje van den Heuvel. *Sweet and Salt* (Rotterdam: NAi Publishers, 2012), 227.

［ 13 ］ From "Ode to Venice." Collected in George Gordon Byron. *Lord Byron: The Major Works* (London: Oxford University Press, 2008), 301.

第 7 章

［ 1 ］ 引自比尔·德布拉西奥（Bill de Blasio）市长办公室提供的风暴损毁统计数据。

［ 2 ］ "OneNYC: 2016 Progress Report." The City of New York, Mayor Bill de Blasio. May 2016, 160.

［ 3 ］ 引自作者与丹·扎里利（Dan Zarrilli）的个人通信内容。

［ 4 ］ Richard Florida. "Sorry, London: New York Is the World's Most Economically Powerful City." TheAtlantic.com, March 3, 2015. Accessed March 1, 2017. http://www.citylab.com/work/2015/03/sorry-london-new-york-is-the-worlds-most-economically-powerful-city/386315/

［ 5 ］ Snejana Farberov. "How Hurricane Sandy Flooded New York Back to Its Seventeenth-Century Shape as It Inundated 400 Years of Reclaimed Land." *Daily Mail,* June 16, 2013.

［ 6 ］ "On the Front Lines: $129 Billion in Property at Risk from Floodwaters." Office of the New York City Comptroller, October 2014, 2.

［ 7 ］ Robert Kopp et al. "Probabilistic Twenty-First and Twenty-Second-Century Sea-Level Projections at a Global Network of Tide-Gauge Sites." *Earth's Future* 2, no. 8 (August 1, 2014), 383－406.

［ 8 ］ Rebuild by Design website. Accessed March 2, 2017. http://www.rebuildbydesign.org/our-work/exhibitions/rebuild-by-design-hurricane-sandy-design-competition-exhibition. 另见：Rory Stott. "OMA and BIG Among Six Winners in Rebuild by Design Competition." ArchDaily, June 3, 2014. Accessed March 4, 2017。http://www.archdaily.com/512516/oma-wins-rebuild-by-design-compet it ion-with-resist-delay-store-discharge

［ 9 ］ A. J. Reed et al. "Past, Present, and Future Threat of Tropical Cyclones and Coastal Flooding in New York City." American Geophysical Union fall meeting abstracts, December 1, 2015.

［ 10 ］ Quirin Schiermeier. "Floods: Holding Back the Tide." *Nature* 508 (April 10,

2014), 164-166.

[11] 关于下曼哈顿区德雷克计划的总体情况介绍，见该公司 2017 年 5 月 5 日的网页。http://www.dlandstudio.com/projects_moma.html

[12] SCAPE 公司关于斯塔滕岛的计划简介，见纽约州长风暴灾后重建办公室 2017 年 5 月 5 日的网页。https://stormrecovery.ny.gov/living-breakwaters-tottenville

[13] Kate Orff. "Adapt to the Future with Landscape Design." *The New York Times,* October 28, 2015.

[14] 关于"蓝色沙丘"计划的总体情况介绍，见 2017 年 5 月 5 日的 "West 8" 网页。http://www.west8.nl/projects/all/blue_dunes_the_future_of_coastal_protection/

[15] Cynthia Rosenzweig et al. *Responding to Climate Change in New York State: The ClimAID Integrated Assessment for Effective Climate Change Adaptation.* Technical report. New York State Energy Research and Development Authority (NYSERDA), Albany.

[16] Deepti Hajela. "New York Reveals $4 Billion Plan for a New LaGuardia Airport." The Associated Press, July 27, 2015.

[17] Mireya Navarro. "New York Is Lagging as Seas and Risks Rise, Critics Warn." *The New York Times,* September 10, 2012.

[18] Nicholas Kusnetz. "NYC Creates Climate Change Roadmap for Builders: Plan for Rising Seas." *InsideClimate News,* May 3, 2017. Accessed May 8, 2017. https://insideclimatenews.org/news/02052017/nyc-publishes-building-design-guidelines-adapting-climate-change

[19] Lisa L. Colangelo. "Queens Residents Still Struggle to Rebuild Homes Damaged by Hurricane Sandy Two Years Ago." *The New York Daily News,* October 26, 2014.

[20] "Atlantic Coast of New York, East Rockaway Inlet to Rockaway Inlet and Jamaica Bay." Report by US Army Corps of Engineers New York District, August 2016.

第 8 章

[1] Corel Davenport. "The Marshall Islands Are Disappearing." *The New York Times,* December 1, 2015.

［ 2 ］ "The Legacy of US Nuclear Testing and Radiation Exposure in the Marshall Islands." Report by the US Embassy in the Republic of the Marshall Islands. Accessed March 7, 2017. https://mh.usembassy.gov/the-legacy-of-u-s-nuclear-testing-and-radiation-exposure-in-the-marshall-islands/

［ 3 ］ Oliver Milman and Mae Ryan. "In the Marshall Islands, Climate Change Knocks on the Front Door." *Newsweek,* September 15, 2016.

［ 4 ］ Steven L. Simon et al. "Radiation Doses and Cancer Risks in the Marshall Islands Associated with Exposure to Radioactive Fallout from Bikini and Enewetak Nuclear Weapons Tests: Summary." *Health Physics* 99, no. 2 (August 1, 2010), 105.

［ 5 ］ 这是一个粗略的估计。马绍尔群岛在 2000 年向大气排放的物质相当于 12.5 万吨二氧化碳。参见："Republic of the Marshall Islands Intended Nationally Determined Contribution." Report to the UNFCC, July 21, 2015。据波特兰市政策分析专家凯尔·迪斯纳（Kyle Diesner）的数据，俄勒冈州马尔特诺马县 2014 年的总排放当量为 706.4 万吨二氧化碳。因此有以下计算公式：12.5 万吨 ×50 年 =65.5 万吨 <706.4 万吨。

［ 6 ］ "Climate Change Migration Is Cultural Genocide." Tony de Brum interview on Radio New Zealand, October 6, 2015. Accessed March 1, 2017. http://www.radionz.co.nz/international/programmes/datelinepacific/audio/201773361/climate-change-migration-is-cultural-genocide-tony-de-brum

［ 7 ］ *The World Factbook: 2013－14* (Washington, DC: Central Intelligence Agency, 2013).

［ 8 ］ "Reagan Test Site, Marshall Islands: Managing a Missile Test Range Crucial to US Defense." Bechtel. Accessed January 14, 2017. http://www.bechtel.com/projects/kwajalein-test-range/

［ 9 ］ Nick Perry. "US Ignored Rising Sea Warnings at Radar Site." The Associated Press, October 18, 2016.

［10］ "Fresh Water Sources." Marshall Islands Guide. October 9, 2015. Accessed January 20, 2017. http://www.infomarshallislands.com/fresh-water-sources/

［11］ W. Snowdon and A. M. Thow. "Trade Policy and Obesity Prevention: Challenges and Innovation in the Pacific Islands." *Obesity Reviews* 14, no. 2 (October 23, 2013), 150－158.

［12］ Jean-Daniel Stanley and Pablo L. Clemente. "Increased Land Subsidence and

Sea-Level Rise Are Submerging Egypt's Nile Delta Coastal Margin." *GSA Today* 27, no. 5. (May 2017).

［13］ Susmita Dasgupta et al. "River Salinity and Climate Change: Evidence from Coastal Bangladesh." World Bank Group, Policy Research working paper, March 2014.

［14］ Joanna Lovatt. "The Bangladesh Shrimp Farmers Facing Life on the Edge." *The Guardian,* February 17, 2016.

［15］ David Talbot. "Desalinization out of Desperation." *MIT Technology Review,* December 16, 2014.

［16］ 一般情况下定义为高潮位以下 30 英尺以内的范围，参见：Barbara Neumann et al. "Future Coastal Population Growth and Exposure to Sea-Level Rise and Coastal Flooding— A Global Assessment." *PLoS ONE* vol. 10, issue 3 (2015)。

［17］ Michael Slezak. "Obama Transfers $500 Million to Green Climate Fund in Attempt to Protect Paris Deal." *The Guardian,* January 17, 2017.

［18］ "Bikini Atoll Nuclear Test Site." UNESCO World Heritage List. Accessed March 1, 2017. http://whc.unesco.org/en/list/1339

［19］ "Migration, Climate Change, and the Environment: A Complex Nexus." International Organization for Migration website. Accessed January 24, 2017. https://www.iom.int/complex-nexus#estimates

［20］ "What Is a Refugee?" The UN Refugee Agency website. Accessed March 2, 2017. http://www.unrefugees.org/what-is-a-refugee/

［21］ Bryce Covert. "The Hellish Conditions Facing Workers at Chicken Processing Plants." Thinkprogress.com, October 27, 2015. Accessed May 5, 2017. https://thinkprogress.org/thehellish-conditions-facing-workers-at-chicken-processing-plants-1eb2f4206968

［22］ "Blood, Sweat, and Fear: Workers' Rights in U.S.Meat and Poultry Plants." Report by Human Rights Watch (January 24, 2005), 32.

［23］ Laurence Caramel. "Besieged by the Rising Tides of Climate Change, Kiribati Buys Land in Fiji." *The Guardian,* June 30, 2014.

［24］ Shalveen Chand. "Kiribati's Hope for Land." *The Fiji Times,* February 14, 2014.

［25］ Quoted in Michael Gerrard. "America Is the Worst Polluter in the History of the World. We Should Let Climate Change Refugees Resettle Here." *The*

Washington Post, June 25, 2015.

[26] Quoted in Michael Gerrard. "America Is the Worst Polluter in the History of the World. We Should Let Climate Change Refugees Resettle Here." The Washington Post, June 25, 2015.

[27] Michael Gerrard. "A Pacific Isle, Radioactive and Forgotten." *The New York Times,* December 3, 2014.

第 9 章

[1] "On the Front Lines of Rising Seas: Naval Station Norfolk, Virginia." Fact sheet, Union of Concerned Scientists. Accessed March 20, 2017. http://www. ucsusa.org/global-warming/global-warming-impacts/sea-level-rise-flooding-naval-station-norfolk#.WMqvUBiZNN0

[2] Benjamin I. Cook et al. "Spatiotemporal Drought Variability in the Mediterranean over the Last 900 Years." *Journal of Geophysical Research: Atmospheres* vol. 121, no. 5 (2016), 2060−2074.

[3] Chuck Hagel. Quadrennial Defense Review. US Department of Defense, March 4, 2014, 40.

[4] "Military Expert Panel Report: Sea-Level Rise and the US Military's Mission." The Center for Climate and Security, September 2016, 67.

[5] John Collins Rudolf. "A Climate Skeptic with a Bully Pulpit in Virginia Finds an Ear in Congress." *The New York Times,* February 22, 2011.

[6] Rebecca Leber. "Virginia Lawmaker Says 'Sea-Level Rise' Is a 'Left-Wing Term,' Excises It from State Report on Coastal Flooding." ThinkProgress, June 10, 2012. Accessed March 3, 2017. https ://thinkprogress .org/v i rginia-lawmaker-say s-sea-level-rise-is-a-left-wing-term-excises-it-from-state-report-on-coastal-805134396adc?gi=7f60ed42a9be#.3xm2pbn1v

[7] Ladelle McWhorter and Mike Tidwell. "Virginia Governor Terry McAuliffe Has Abysmal Climate Record." *The Washington Post,* June 10, 2016.

[8] "Recurrent Flooding Study for Tidewater Virginia." Virginia Institute of Marine Sciences, January 2013.

[9] Francesco Femia and Caitlin Werrell, eds. "The Arab Spring and Climate Change." The Center for Climate and Security, February 2013.

[10] Erika Eichelberger. "How Environmental Disaster Is Making Boko Haram

Violence Worse." MotherJones.com, June 10, 2014. Accessed May 3, 2017. http://www.motherjones.com/environment/2014/06/nigeria-environment-climate-change-boko-haram

[11]   Emily Russo Miller. "For New Coast Guard Head, Mission Still the Same." *The Juneau Empire,* December 7, 2014.

[12]   Steve Brusk and Ralph Ellis. "Russian Planes Intercepted near US, Canadian Airspace." CNN.com, November 13, 2014. Accessed March 7, 2017. http://www.cnn.com/2014/09/19/us/russian-plane-incidents/

[13]   Trude Pettersen. "One More Missile Launch from Barents Sea." *Barents Observer,* November 5, 2014.

[14]   Doug Struck. "Russia's Deep-SeaFlag-Planting at North Pole Strikes a Chill in Canada." *The Washington Post,* August 7, 2007.

[15]   Mac Thornberry. "Washington Won't Solve Our Drought." *USA Today,* August 10, 2011.

[16]   Peter Schwartz and Doug Randall. "An Abrupt Climate Change Scenario and Its Implications for United States Security." US Department of Defense, October 2003.

[17]   Hagel, Quadrennial Defense Review, 34.

[18]   John D. Banusiewicz. "Hagel to Address 'Threat Multiplier' of Climate Change." DoD News, October 13, 2014.

[19]   Andrew Revkin. "Trump's Defense Secretary Cites Climate Change as National Security Challenge." ProPublica, March 14, 2017. Accessed March 20, 2017. https://www.propublica.org/article/trumps-defense-secretary-cites-climate-change-national-security-challenge

[20]   John McCain. "Remarks on Climate Stewardship Act of 2007." Office of Senator John McCain press release. January 12, 2007.

[21]   Annie Snider. "Amid Budget Scrutiny, CIA Shutters Climate Center." Greenwire, November 19, 2012. Accessed December 20, 2016. http://www.eenews.net/ stories/1059972724

[22]   Ryan Koronowski. "House Votes to Deny Climate Science and Ties Pentagon's Hands on Climate Change." ThinkProgress, May 22, 2014. Accessed March 1, 2017. https://thinkprogress.org/house-votes-to-deny-climate-science-and-ties-pentagons-hands-on-climate-change-6fb577189fb0#.bd9dd1dwq

[23] W. J. Hennigan. "Climate Change Is Real: Just Ask the Pentagon." *The Los Angeles Times,* November 11, 2016.

[24] Colin P. Kelley et al. "Climate Change in the Fertile Crescent and Implications of the Recent Syrian Drought." *Proceedings of the National Academy of Sciences* 112, no. 11 (2015), 3241–3246.

[25] Colin P. Kelley et al. "Climate Change in the Fertile Crescent and Implications of the Recent Syrian Drought." Proceedings of the National Academy of Sciences 112, no. 11 (2015), 3246.

[26] Bryan Bender. "Chief of US Pacific Forces Calls Climate Biggest Worry." *The Boston Globe,* March 9, 2013.

[27] Ryan Koronowski. "Congress: Where the Bible Disproves Science and a Senator Tries to Torpedo an Admiral." ThinkProgress, April 10, 2013. Accessed March 7, 2017. https://thinkprogress.org/congress-where-the-bible-disproves-science-and-a-senator-tries-to-torpedo-an-admiral-73dc1772710

[28] When Kerry and I talked in late 2015, the latest annual CO_2 emissions data showed a long upward trend. In 2015 and 2016, due largely to reduced coal consumption in China and improved energy efficiency in the US, the upward curve flatlined at about thirty-two gigatons per year of CO_2. "IEA Finds CO_2 Emissions Flat for Third Straight Year Even as Global Economy Grew in 2016." International Energy Agency, March 17, 2017. Accessed March 24, 2017. https:// www.iea.org/newsroom/news/2017/march/iea-finds-CO_2-emissions-flat-for-third-straight-year-even-as-global-economy-grew.html

第 10 章

[1] United Nations Data Booklet. "The World's Cities in 2016." Accessed March 10, 2017. http://www.un.org/en/development/desa/population/publications/pdf/urbanization/the_worlds_cities_in_2016_data_booklet.pdf

[2] National Population Commission, Nigeria. The easiest way to access its population count is here: https://www.citypopulation.de/php/nigeria-metrolagos.php.

[3] Walter Leal Filho and Ulisses M. Azeiteiro, eds. *Climate Change and Health: Improving Resilience and Reducing Risks* (New York: Springer, 2016), 175.

[4] "World Development Indicators 2013." The World Bank, 2013. Accessed March 7, 2017. http://hdr.undp.org/en/content/population-living-below-125-ppp-day

［ 5 ］ "OPEC Annual Statistical Bulletin: Organization of the Petroleum Exporting Countries," 2016. Accessed March 7, 2017. http://www.opec.org/opec_web/ static_files_project/media/downloads/publications/ASB2016.pdf

［ 6 ］ "Nigeria Floods Kill 363 People, Displace 2.1 Million." Reuters, November 5, 2012.

［ 7 ］ The development has a glitzy website, which includes a virtual tour of the site: http://www.ekoatlantic.com/

［ 8 ］ "Such Quantities of Sand." *The Economist,* February 26, 2015.

［ 9 ］ "Such Quantities of Sand." The Economist, February 26, 2015.

［ 10 ］ Alister Doyle. "Coastal Land Expands as Construction Outpaces Sea-Level Rise." Reuters, August 25, 2016.

［ 11 ］ Stephane Hallegatte et al. "Future Flood Losses in Major Coastal Cities." *Nature Climate Change 3,* no. 9 (2013), 802－806.

［ 12 ］ Daniel Hoornweg and Kevin Pope. "Socioeconomic Pathways and Regional Distribution of the World's 101 Largest Cities." Global Cities Institute working paper, 2014 Accessed March 4, 2017. http:// media.wix.com/ugd/672 989_62cfa13ec4ba47788f78ad660489a2fa.pdf

［ 13 ］ Matteo Fagotto. "West Africa Is Being Swallowed by the Sea." *Foreign Policy,* October 21, 2016.

［ 14 ］ Matteo Fagotto. "West Africa Is Being Swallowed by the Sea." Foreign Policy, October 21, 2016.

［ 15 ］ Matteo Fagotto. "West Africa Is Being Swallowed by the Sea." Foreign Policy, October 21, 2016.

［ 16 ］ Matteo Fagotto. "West Africa Is Being Swallowed by the Sea." Foreign Policy, October 21, 2016.

［ 17 ］ Matteo Fagotto. "West Africa Is Being Swallowed by the Sea." Foreign Policy, October 21, 2016.

［ 18 ］ "Makoko Floating School/NLE Architects." ArchDaily, March 14, 2013. Accessed March 4, 2017. http://www.archdaily.com/344047/makoko-floating-school-nle-architects

［ 19 ］ Jessica Collins. "Makoko Floating School, Beacon of Hope for the Lagos 'Waterworld.' " *The Guardian,* June 2, 2015.

［ 20 ］ "The Island in Cancun Built on Recycled Plastic Bottles." BBC News, April

2, 2016.

[21]　Kyle Denuccio. "Silicon Valley Is Letting Go of Its Techie Island Fantasies." Wired.com, May 16, 2015. Accessed March 5, 2017. https://www.wired.com/2015/05/silicon-valley-letting-go-techie-island-fantasies/

[22]　Cynthia Okoroafor. "Does Makoko Floating School's Collapse Threaten the Whole Slum's Future?" *The Guardian,* June 10, 2016.

[23]　Unofficial estimate, provided by Megan Chapman of Justice & Empowerment Initiatives in Lagos.

[24]　Ben Ezeamalu. "Lagos Slum Dwellers Set for Showdown with Government over Eviction Notice." *Premium Times,* October 12, 2016.

[25]　Paola Totaro and Matthew Ponsford. "Demolitions of Lagos Waterfront Communities Could Leave 300,000 Homeless: Campaigners." Reuters, November 11, 2016.

[26]　Laurin-Whitney Gottbrath. "Thousands Displaced as Police Raze Lagos' Otodo Gbame." Aljazeera.com, April 10, 2017. Accessed May 2, 2017. http://www.aljazeera.com/news/2017/04/thousands-displaced-police-raze-lagos-otodo-gbame-170410090717831.html

第 11 章

[1]　Zachery Fagenson. "Sunset Harbour Developer Scott Robins: It's Never the Chef, It's the Business Guy." *Miami New Times,* December 28, 2015. See also Christina Lawrence. "Astute Awakening." *Miami,* October 24, 2012. Accessed March 7, 2017. http://www.modernluxury.com/miami/articles/astute-awakening

[2]　Richard Bradley. "Philip Levine's Second Wave." *Worth,* October 7, 2014.

[3]　"Moody's Assigns Negative Outlook to Miami Beach, Florida's Stormwater Revenue Bonds." Moody's Investors Service, July 10, 2015. Accessed February 4, 2017. https://www.moodys.com/research/Moodys-assigns-negative-outlook-to-Miami-Beach-FLs-Stormwater-Revenue—PR_329912

[4]　Jeff Goodell. "Goodbye, Miami." *Rolling Stone,* June 20, 2013. 另见：Suzanne Goldenberg. "US East Coast Cities Face Frequent Flooding Due to Climate Change." *The Guardian,* October 8, 2014；Joel Achenbach. "Is Miami Drowning?" *The Washington Post,* July 16, 2014。

[5] The engineering and political complexities of raising Chicago are covered in detail in Harold L. Platt. *Shock Cities: The Environmental Transformation and Reform of Manchester and Chicago* (Chicago: University of Chicago Press, 2005), 118－133.

[6] David Young. "Raising the Chicago Streets Out of the Mud." *The Chicago Tribune,* November 15, 2015.

[7] Jenny Staletovich. "Miami Beach King Tides Flush Human Waste into Bay, Study Finds." *The Miami Herald,* May 16, 2016.

[8] Fred Grimm. "The Stink Beach Mayor Smells Isn't a Conspiracy, It's Fecal Runoff." *The Miami Herald,* June 9, 2016.

[9] Personal communication between the author and an off-the-record source.

[10] Grimm, "The Stink Beach Mayor Smells Isn't a Conspiracy, It's Fecal Runoff."

[11] Letter from Raul Aguila, Miami Beach city attorney, to Aminda Marqués Gonzalez, executive editor of *The Miami Herald,* May 25, 2016. Accessed March 15, 2017. http://www.miamiherald.com/latest-news/article82543332. ece/binary/Letter%20To%20Aminda%20Gonzalez.pdf

[12] Patricia Mazzei. "Federal Judge Signs Agreement for $1.6 Billion in Miami-Dade Sewer Repairs." *The Miami Herald,* April 15, 2014.

[13] Linda Young. "Florida Waters: 'Fountains of Youth' or 'Fountains of Yuk'?" Report for the Florida Clean Water Network, February 13, 2015. Accessed March 12, 2017. http://floridacleanwaternetwork.org/florida-waters-fountains-of-youth-or-fountains-of-yuk/

[14] 引自作者与论文作者的个人通信内容。

[15] Young, "Florida Waters: 'Fountains of Youth' or 'Fountains of Yuk'?"

[16] Craig Pittman. "Toxic Algae Bloom Crisis Hits Florida, Drives Away Tourists." *Tampa Bay Times,* July 1, 2016.

[17] John H. Paul et al. "Viral Tracer Studies Indicate Contamination of Marine Waters by Sewage Disposal Practices in Key Largo, Florida." *Applied and Environmental Microbiology* 61, no. 6 (1995), 2230.

[18] Jonathan M. Katz. "UN Admits Role in Cholera Epidemic in Haiti." *The New York Times,* August 17, 2016.

[19] Sean Rowe. "Our Garbage, Ourselves." *Miami New Times,* January 25, 1996.

[20] Lydia O'Connor. "Even the Dead Have Been Displaced by Louisiana

Flooding." *The Huffington Post,* August 19, 2016. Accessed March 12, 2017. http://www.huffingtonpost.com/entry/louisiana-flooding-caskets_us_57b5e6d7e4b034dc73262ee2

［21］作者根据谷歌地图的高程服务系统计算了这里提到的墓地的高程数值，所用的 Web 应用程序是佛罗里达国际大学开发的。http://citizeneyes.org/app/

［22］引自作者与基韦斯特教堂司事罗素·布里顿（Russell Brittain）的个人通信内容。

［23］引自作者 2013 年 4 月与佛罗里达照明供电部门发言人迈克尔·沃尔德伦（Michael Waldron）的个人通信内容。另见：Christina Nunez, "As Seas Rise, Are Coastal Nuclear Plants Ready?" *National Geographic,* December 16, 2015。

［24］Ed Rappaport. "Preliminary Report: Hurricane Andrew, 16–28 August, 1992." National Hurricane Center. Accessed March 12, 2017. http://www.nhc.noaa.gov/1992andrew.html

［25］Jenny Staletovich. "Evidence of Salt Plume Under Turkey Point Nuclear Plant Goes Back Years." *The Miami Herald,* April 21, 2016.

［26］作者使用了气候中心的海上风暴增水风险识别软件。http://sealevel.climatecentral.org

［27］Susan Salisbury. "FPL's Turkey Point Cost Estimate Rises to Top Range of $20 Billion." *The Palm Beach Post,* June 27, 2015.

［28］"FPL Gets Environmental Approval for Two More Reactors at Turkey Point." *The Miami Herald,* November 3, 2016.

第 12 章

［ 1 ］ "Workshop on Critical Issues in Climate Change." Energy Modeling Forum. July 25–August 3, 2006. 作者通过采访包括洛厄尔·伍德（Lowell Wood）在内的许多参与者，重建了事件经过的细节。

［ 2 ］ Ross Andersen. "Exodus." Aeon, September 30, 2014. Accessed March 12, 2017. https://aeon.co/essays/elon-musk-puts-his-case-for-a-multi-planet-civilisation

［ 3 ］ Henry Fountain. "White House Urges Research on Geoengineering to Combat Climate Change." *The New York Times,* January 10, 2017.

［ 4 ］ The Global Risks Report 2017. World Economic Forum, Geneva, 43. Accessed March 12, 2017. http://www3.weforum.org/docs/GRR17_Report_

web.pdf

[5] Chris Mooney. "This Mind-Boggling Study Shows Just How Massive Sea-Level Rise Really Is." *The Washington Post,* March 10, 2016.

[6] David Keith. *A Case for Climate Engineering* (Cambridge, MA: MIT Press, 2013), 43.

[7] 要想得出化石燃料补贴的确切数额是有难度的，部分原因在于它取决于你如何定义补贴。这里提到的 1 万亿美元补助来自国际石油变革组织（Oil Change International）的《化石燃料补贴概述》一文，见 2017 年 3 月 12 日的网页：http://priceofoil.org/fossil-fuel-subsidies/。如果把广义的空气污染对健康的影响、钻井和采矿作业对环境的破坏以及气候变化的影响等外部因素也计算在内，按照国际货币基金组织（International Monetary Fund）的估算，化石燃料的补贴每年将超过 5 万亿美元，见 2017 年 3 月 12 日的网页：http://www.imf.org/external/pubs/ft/survey/so/2015/NEW070215A.htm。

[8] Stanley Reed. "Study Links 6.5 Million Deaths Each Year to Air Pollution." *The New York Times,* June 26, 2016.

[9] Keith, *A Case for Climate Engineering,* 69.

[10] Dan Fagin. *Toms River: A Story of Science and Salvation* (New York: Bantam, 2013), 332.

[11] "Under Water: How Sea-Level Rise Threatens the Tri-State Region." A report of the Fourth Regional Plan. Regional Plan Association, December 2016, 18. Accessed March 2, 2017. http://library.rpa.org/pdf/RPA-Under-Water-How-Sea-Level-Rise-Threatens-the-Tri-State-Region. pdf

[12] "Barnegat Bay Storm Surge Elevations During Hurricane Sandy." The Richard Stockton College of New Jersey, October 29, 2014, 14. Accessed March 2, 2017. http://www.nj.gov/dep/shoreprotect ion/docs/ibsp-barnegat-bay-storm-surge-elevations-during-sandy. pdf

[13] Jill P. Capuzzo. "Not Your Mother's Jersey Shore." *the New York Times,* June 16, 2017.

[14] Jill P. Capuzzo. "Not Your Mother's Jersey Shore." *the New York Times*, June 16, 2017.

[15] "Resilience + the Beach: A Regional Strategy and Pilot Projects for the Jersey Shore." Jury brief by Rutgers University, Saski, and ARUP for Rebuild by

Design Competition, March 2014, 19. Accessed March 2, 2017. http://www.rebuildbydesign.org/data/files/670.pdf

［16］ Karen Wall. "Protection for Toms River: Long-Awaited Army Corps Dune Project Goes Out to Bid." Toms River Patch, September 29, 2016.

［17］ Personal communication with Mayor Tom Kelaher's office, January 2017.

［18］ Gregory Kyriakakis. "Toms River Continues Aim to Relax Construction Rules for Sandy-Damaged Homes." Toms River Patch, May 8, 2013.

［19］ Leslie Kaufman. "Sandy's Lessons Lost: Jersey Shore Rebuilds in Sea's Inevitable Path." Inside Climate News, October 26, 2016. Accessed February 20, 2017. https://insideclimatenews.org/news/25102016/hurricane-sandy-new-jersey-shore-rebuild-climate-change-rising-sea-chris-christie

［20］ State of New Jersey, Office of the State Comptroller. NJ Sandy Transparency funds tracker. http://nj.gov/comptroller/sandytransparency/funds/tracker/。新泽西州用于飓风"桑迪"恢复重建的总预算基金为 90 亿美元，但到目前为止，只花费了 46 亿美元。据新泽西州民政部门"桑迪"恢复重建战略联络处主任莉萨·瑞安（Lisa Ryan）的说法，这 46 亿美元中的 95% 来自联邦基金。引自 2017 年 3 月 21 日，作者的个人通信内容。

［21］ 引自 2017 年 1 月，作者与汤姆·凯拉赫（Tom Kelaher）市长办公室的个人通信内容。

［22］ 同上。

［23］ "NY Rising 2012−2016: Fourth Anniversary Report." Governor's Office of Storm Recovery, 8. Accessed March 9, 2017. https://stormrecovery.ny.gov/sites/default/files/crp/community/documents/10292016_GOSR4thAnniversary.pdf

［24］ Coral Davenport and Campbell Robertson. "Resettling the First American 'Climate Refugees.'" The New York Times, May 2, 2016.

［25］ "Louisiana's Comprehensive Master Plan for a Sustainable Coast." Coastal Protection and Restoration Authority of Louisiana, 2017, 145. Accessed March 9, 2017. http://coastal.la.gov/wp-content/uploads/2016/08/2017−MP-Book _ Single_Combined_01.05.2017.pdf

［26］ "Alaska Seeks Federal Money to Move a Village Threatened by Climate Change." The Associated Press, October 3, 2015.

［27］ Christopher Flavelle. "The Toughest Question in Climate Change: Who Gets Saved?" Bloomberg View, August 29, 2016. Accessed March 8, 2017. https://

www.bloomberg.com/view/articles/2016-08-29/the-toughest-question-in-climate-change-who-gets-saved

[28] Mathieu Schouten. "Partnering a River." *My Liveable City,* January——March 2016, 68-73. https://www.ruimtevoorderivier.nl/english/

[29] Jada Yuan. "Last Stand on Oakwood Beach." *New York,* March 3, 2013.

[30] Peter J. Byrne. "The Cathedral Engulfed: Sea-Level Rise, Property Rights, and Time." *Louisiana Law Review* 73, no. 12(2012), 69-118.

[31] Sue Bjorkman. "Good Ole Summer Haven Time." Old CityLife.com, September 29, 2016. http://www.oldcitylife.com/features/good-ole-summer-haven-time/

[32] Ken Lewis. "Great Location, Lovely View, but There's No Road." *The Florida Times-Union,* August 16, 2005.

[33] 引自 2017 年 1 月 26 日，作者与圣约翰斯县代理律师帕特里克·麦科马克（Patrick F. McCormack）的个人通信内容。

[34] 同上。

[35] *Robert and Linnie Jordan et al. v. St. Johns County,* case no.CA05-694 (Florida Seventh Judicial Circuit, May 21, 2009).

[36] Edward P. Richards. "The Hurricane Katrina Levee Breach Litigation: Getting the First Geoengineering Liability Case Right." *University of Pennsylvania Law Review,* 2012, vol. 160, issue 1, article 13. Accessed March 12, 2017. http://scholarship.law.upenn.edu/penn_law_review_online/vol160/iss1/13

[37] Thomas Ruppert and Carly Grimm. "Drowning in Place: Local Government Costs and Liabilities for Flooding Due to Sea-Level Rise." *The Florida Bar Journal,* November 2013, vol. 87, no. 9, 29-33.

[38] *Robert and Linnie Jordan et al. v. St. Johns County,* case no.5D09 -2183 (Florida Fifth District Court of Appeal, May 20, 2011).

[39] Ryan Kailath. "Louisiana Tries New Defense Against Floods: Move People to Higher Ground." NPR, January 29, 2017. Accessed March 20, 2017. www.npr.org/2017/01/29/512271883/louisiana-tries-new-defense-against-floods-move-people-to-higher-ground

后记

[1] Walter Alvarez. *T. Rex and the Crater of Doom* (Princeton: Princeton

University Press, 1997), 70.

[2] Walter Alvarez. T. Rex and the Crater of Doom (Princeton: Princeton University Press, 1997), 71.

[3] Walter Alvarez. T. Rex and the Crater of Doom (Princeton: Princeton University Press, 1997) , 71.

[4] "Renewable Energy." Danish Ministry of Energy, Utilities, and Climate. Accessed March 2, 2017. http://old.efkm.dk/en/cl imate-energy-and-bui lding-pol icy/denmark/energy-supply-and-efficiency/renewable-energy

[5] Elizabeth Kolbert. *The Sixth Extinction: An Unnatural History* (New York: Henry Holt and Company, 2014), 75.

[6] Coastal Protection and Restoration Authority of Louisiana, 13.

[7] Nigel Pontee. "Factors Influencing the Long-Term Sustainability of Managed Realignment." *Managed Realignment: A Viable Long-Term Coastal Management Strategy?* (New York: Springer Briefs in Environmental Science, 2014), 95–107.

参考书目

Adams, Mark. *Meet Me in Atlantis: My Obsessive Quest to Find the Sunken City.* New York: Penguin, 2015.

Alley, Richard B. *The Two-Mile Time Machine: Ice Cores, Abrupt Climate Change, and Our Future.* Princeton: Princeton University Press, 2014.

Allman, T. D. *Finding Florida: The True History of the Sunshine State.* New York: Grove/Atlantic, 2013.

——. *Miami: City of the Future.* Gainesville: University Press of Florida, 2013.

Alvarez, Walter. *T. Rex and the Crater of Doom.* Princeton: Princeton University Press, 1997.

Armstrong, Karen. *A Short History of Myth.* Edinburgh: Canongate, 2005.

Ballard, J. G. *The Drowned World: A Novel.* New York: W. W. Norton and Company, 2012.

Barker, Robert, and Richard Coutts. *Aquatecture: Buildings and Cities Designed to Live and Work with Water.* Newcastle upon Tyne: RIBA Publishing, 2016.

Berendt, John. *The City of Falling Angels.* New York: Penguin, 2006.

Brodsky, Joseph. *Watermark: An Essay on Venice.* London: Penguin UK, 2013.

Burgis, Tom. *The Looting Machine: Warlords, Oligarchs, Corporations, Smugglers, and the Theft of Africa's Wealth.* New York: PublicAffairs, 2015.

Byron, George Gordon. *Lord Byron: The Major Works.* Oxford: Oxford University Press, 2008.

Carson, Rachel. *The Sea Around Us.* New York: Oxford University Press, 1951.

Clark, Nancy, and Kai-Uwe Bergmann. *Miami Resiliency Studio.* Gainesville: University of Florida, 2015.

Didion, Joan. *Miami.* New York: Simon and Schuster, 1987.

Dobbs, David. *Reef Madness: Charles Darwin, Alexander Agassiz, and the Meaning of Coral.* New York: Pantheon, 2009.

Englander, John. *High Tide on Main Street: Rising Sea Level and the Coming Coastal Crisis.* The Science Bookshelf, 2012.

Fagan, Brian. *The Attacking Ocean: The Past, Present, and Future of Rising Sea Levels.* New York: Bloomsbury Publishing, 2014.

Fagin, Dan. *Toms River: A Story of Science and Salvation.* New York: Bantam, 2013.

Finkel, Irving. *The Ark Before Noah: Decoding the Story of the Flood.* New York: Nan A. Talese, 2014.

Fisher, Jerry M. *The Pacesetter: The Untold Story of Carl G. Fisher.* Victoria, BC: FriesenPress, 2014.

Fletcher, Caroline, and Jane Da Mosto. *The Science of Saving Venice.* Turin, Italy: Umberto Allemandi and Co., 2004.

Gillis, John R. *The Human Shore: Seacoasts in History.* Chicago: University of Chicago Press, 2012.

Gould, Stephen Jay. *Leonardo's Mountain of Clams and the Diet of Worms.* New York: Harmony Books, 1998.

Grunwald, Michael. *The Swamp: The Everglades, Florida, and the Politics of Paradise.* New York: Simon and Schuster, 2007.

Harari, Yuval Noah. *Sapiens: A Brief History of Humankind.* New York: HarperCollins, 2015.

Hazen, Robert M. *The Story of Earth: The First 4.5 Billion Years, from Stardust to Living Planet.* New York: Penguin, 2013.

Hine, Albert C. *Geologic History of Florida: Major Events That Formed the Sunshine State.* Gainesville: University Press of Florida, 2013.

Hobbs, Carl H. *The Beach Book: Science of the Shore.* New York: Columbia University Press, 2012.

Keith, David. *A Case for Climate Engineering.* Cambridge, MA: MIT Press, 2013.

Keith, Vanessa, and Studioteka. *2100: A Dystopian Utopia: The City After Climate*

Change. New York: Terreform, 2017.

Kolbert, Elizabeth. *The Sixth Extinction: An Unnatural History*. New York: Henry Holt and Company, 2014.

Leary, Jim. *The Remembered Land: Surviving Sea-Level Rise After the Last Ice Age*. New York: Bloomsbury Publishing, 2015.

Lencek, Lena, and Gideon Bosker. *The Beach: The History of Paradise on Earth*. New York: Penguin, 1999.

Macaulay, Rose. *Pleasure of Ruins*. London: Thames and Hudson, 1953.

Madden, Thomas F. *Venice: A New History*. New York: Viking, 2012.

McGrath, Campbell. *Florida Poems*. New York: HarperCollins, 2003.

Meltzer, David J. *First Peoples in a New World: Colonizing Ice Age America*. Berkeley: University of California Press, 2009.

Metz, Tracy, and Maartje van den Heuvel. *Sweet and Salt: Water and the Dutch*. Rotterdam: NAi Publishers, 2012.

Mitchell, Stephen. *Gilgamesh*. New York: Free Press, 2004.

Montgomery, David R. *The Rocks Don't Lie: A Geologist Investigates Noah's Flood*. New York: W. W. Norton and Company, 2012.

Morton, Oliver. *The Planet Remade: How Geoengineering Could Change the World*. Princeton: Princeton University Press, 2015.

Ogden, Laura A. *Swamplife: People, Gators, and Mangroves Entangled in the, Everglades*. Minneapolis: University of Minnesota Press, 2011.

Oka Doner, Michele, and Mitchell Wolfson Jr. *Miami Beach: Blueprint of an Eden: Lives Seen Through the Prism of Family and Place*. New York: HarperCollins, 2007.

Oshima, Ken Tadashi (ed.). *Between Land and Sea: Kiyonori Kikutake*. Zurich: Lars Müller, 2015.

Parks, Arva Moore. *The Forgotten Frontier: Florida Through the Lens of Ralph Middleton Munroe*. Miami: Centennial Press, 2004.

——. *George Merrick, Son of the South Wind: Visionary Creator of Coral Gables*. Gainesville: University Press of Florida, 2016.

Pérez, Jorge. *Powerhouse Principles: The Ultimate Blueprint for Real Estate Success in an Ever-Changing Market*. New York: Penguin, 2008.

Pittman, Craig. *Oh, Florida!: How America's Weirdest State Influences the Rest of the*

Country. New York: St. Martin's Press, 2016.

Platt, Harold L. *Shock Cities: The Environmental Transformation and Reform of Manchester and Chicago.* Chicago: University of Chicago Press, 2005.

Purdy, Jedediah *After Nature: A Politics for the Anthropocene.* Cambridge, MA: 2015.

Redford, Polly. *Billion-Dollar Sandbar: A Biography of Miami Beach.* New York: Dutton, 1970.

Rudiak-Gould, Peter. *Surviving Paradise: One Year on a Disappearing Island.* New York: Sterling, 2009.

Ryan, William, and Walter Pitman. *Noah's Flood: The New Scientific Discoveries About the Event That Changed History.* New York: Simon and Schuster, 2000.

Schober, Theresa M. *Art Calusa: Reflections on Representation.* Fort Myers: Lee Trust for Historic Preservation, 2013.

Settis, Salvatore. *If Venice Dies.* New York: New Vessel Press, 2016.

Shearer, Christine. *Kivalina: A Climate Change Story.* Chicago: Haymarket Books, 2011.

Shepard, Francis P., and Harold R. Wanless. *Our Changing Coastlines.* New York: McGraw-Hill, 1971.

Shepard, Jim. *You Think That's Bad: Stories.* New York: Knopf, 2011.

Shorto, Russell. *Amsterdam: A History of the World's Most Liberal City.* New York: Vintage, 2013.

Sobel, Adam. *Storm Surge: Hurricane Sandy, Our Changing Climate, and Extreme Weather of the Past and Future.* New York: HarperCollins, 2014.

Sullivan, Walter. *Assault on the Unknown: The International Geophysical Year.* New York: McGraw-Hill, 1961.

Walker, Gabrielle. *Antarctica: An Intimate Portrait of a Mysterious Continent.* Boston: Houghton Mifflin Harcourt, 2013.

Ward, Peter D. *The Flooded Earth: Our Future in a World Without Ice Caps.* New York: Basic Books, 2010.

Williams, Joy. *The Florida Keys: A History and Guide.* New York: Random House, 2010.

科学新视角丛书

《深海探险简史》
[美] 罗伯特·巴拉德 著 罗瑞龙 宋婷婷 崔维成 周 悦 译

本书带领读者离开熟悉的海面，跟随着先驱们的步伐，进入广袤且永恒黑暗的深海中，不畏艰险地进行着一次又一次的尝试，不断地探索深海的奥秘。

《不论：科学的极限与极限的科学》
[英] 约翰·巴罗 著 李新洲 徐建军 翟向华 译

本书作者不仅仅站在科学的最前沿，谈天说地，叙生述死，评古论今，而且也从文学、绘画、雕塑、音乐、哲学、逻辑、语言、宗教诸方面围绕知识的界限、科学的极限这一中心议题进行阐述。书中讨论了许许多多的悖论，使人获得启迪。

《人类用水简史：城市供水的过去、现在和未来》
[美] 戴维·塞德拉克 著 徐向荣 译

人类城市文明的发展史就是一部人类用水的发展史，本书向我们娓娓道来 2500 年城市水系统发展的历史进程。

《无尽之形最美——动物演化发育的奥秘》
[美] 肖恩·卡罗尔 著 王 晗 译

本书为我们打开了令人振奋的崭新生物学分支——演化发育生物学的黑匣子，展示了这场令人叹为观止的科学革命。本书文字优美、流畅，即便您是非生物学领域的，也能从中了解关于动物、关于我们人类自身演化发育的奥秘。

《万物终结简史：人类、星球、宇宙终结的故事》
[英] 克里斯·英庇 著 周 敏 译

本书视角宽广，从微生物、人类、地球、星系直到宇宙，从古老的生命起源、现今的人类居住环境直至遥远的未来甚至时间终点，从身边的亲密事物、事件直至接近永恒以及永恒的各种可能性。

《耕作革命——让土壤焕发生机》
[美] 戴维·蒙哥马利 著 张甘霖 译

当前社会人口不断增长，土地肥力却在不断下降，现代文明再次面临粮食危机。本书揭示了可持续农业的方法——免耕、农作物覆盖和多样化轮作。这三种方法的结合，能很好地重建土地的肥力，提高产量，减少污染（化学品的使用），并且还可以节能减排。

《与微生物结盟——对抗疾病和农作物灾害新理念》
[美] 艾米莉·莫诺森 著 朱 书 王安民 何恺鑫 译

亲近自然，顺应自然，与自然合作，才能给人类带来更加美好的可持续发展的未来。

《理化学研究所：沧桑百年的日本科研巨头》
[日] 山根一眞 著 戎圭明 译

理化学研究所百年发展历程，为读者了解日本的科研和大型科研机构管理提供了有益的参考。

《火星生命：前往须知》
[美] 戴维·温特劳布 著 傅承启 译

作者历数了人们火星生命观念的演进，阐述了在火星上发现生命为何对我们探索生命进程至关重要，还讨论了我们将面临的道德和伦理问题。

《纯科学的政治》

［美］丹尼尔·S·格林伯格　著　李兆栋　刘　健　译　方益昉　审校

基于科学界内部以及与科学相关的诸多人的回忆和观点，格林伯格对美国科学何以发展壮大进行了厘清，从中可以窥见美国何以成为世界科学中心，对我国的科学发展、科研战略制定、科学制度完善和科学管理有借鉴意义。

《大湖的兴衰：北美五大湖生态简史》

［美］丹·伊根　著　王　越　李道季　译

本书将五大湖史诗般的故事与它们所面临的生态危机及解决之道融为一体，是一部具有里程碑意义的生态启蒙著作。

《一个人的环保之战：加州海湾污染治理纪实》

［美］比尔·夏普斯蒂恩　著　杜　燕　译

从中学教师霍华德·本内特为阻止污水污泥排入海湾而发起运动时采取的造势行为，到"治愈海湾"组织取得的持续成功，本书展示了公民活动家的关心和奉献精神仍然是各地环保之战取得成功的关键。

《区域优势：硅谷与128号公路的文化和竞争》

［美］安纳李·萨克森尼安　著　温建平　李　波　译

本书透彻描述美国主要高科技地区的经济和技术发展历程，提供了全新的见解，是对美国高科技领域研究文献的一项有益补充。

《写在基因里的食谱——关于基因、饮食与文化的思考》

［美］加里·保罗·纳卜汉　著　秋　凉　译

这一关于人群与本地食物协同演化的探索是如此及时……将严谨的科学和逸闻趣事结合在一起，纳卜汉令人信服地阐述了个人健康既来自与遗传背景相适应的食物，也来自健康的土地和文化。

《解密帕金森病——人类200年探索之旅》

［美］乔恩·帕尔弗里曼　著　黄延焱　译

本书引人入胜的叙述方式、丰富的案例和精彩的故事，展现了人类征服帕金森病之路的曲折和探索的勇气。

《性的起源与演化——古生物学家对生命繁衍的探索》

［美］约翰·朗　著　蔡家琛　崔心东　廖俊棋　王雅婧　译　卢　静　朱幼安　审校

哺乳动物的身体结构和行为大多可追溯到古生代的鱼类，包括性的起源。作为一名博学的古鱼类专家，作者用风趣幽默的文笔将深奥的学术成果描绘出一个饶有兴味的进化故事。

《巨浪来袭——海面上升与文明世界的重建》

［美］杰夫·古德尔　著　高　抒　译

随着全球变暖，冰川融化、海面上升已经是不争的事实。本书是对这场即将到来的危机的生动解读，作者穿越12个国家，聚焦迈阿密、威尼斯等经受海面上升影响的典型城市，从气候变化的焦点地区发回报道。书中不仅详细介绍了海面上升的原因及其产生的后果，还描述了不同国家和人们对这场危机的不同反应。